江苏文库 研究编 江苏文化专门史

江苏文脉整理与研究工程

江苏茶文化史

刘馨秋 著

江苏人民出版社

图书在版编目(CIP)数据

江苏茶文化史 / 刘馨秋著. —— 南京：江苏人民出版社，2024.6
(江苏文库. 研究编)
ISBN 978-7-214-27613-1

Ⅰ.①江… Ⅱ.①刘… Ⅲ.①茶文化-文化史-江苏 Ⅳ.①TS971.21

中国版本图书馆 CIP 数据核字(2022)第 200484 号

书　　　名	江苏茶文化史
著　　　者	刘馨秋
出版统筹	张　凉
责任编辑	石　路
责任监制	王　娟
装帧设计	姜　嵩
出版发行	江苏人民出版社
地　　　址	南京市湖南路 1 号 A 楼，邮编：210009
照　　　排	江苏凤凰制版有限公司
印　　　刷	苏州市越洋印刷有限公司
开　　　本	718 毫米×1000 毫米　1/16
印　　　张	19.5　插页 4
字　　　数	300 千字
版　　　次	2024 年 6 月第 1 版
印　　　次	2024 年 6 月第 1 次印刷
标准书号	ISBN 978-7-214-27613-1
定　　　价	70.00 元

(江苏人民出版社图书凡印装错误可向承印厂调换)

江苏文脉整理与研究工程

总主编

信长星　许昆林

学术指导委员会

主　　任　周勋初

委　　员　（按姓氏笔画排序）
　　　　　冯其庸　邬书林　张岂之　郁贤皓　周勋初
　　　　　茅家琦　袁行霈　程毅中　蒋赞初　戴　逸

编纂出版委员会

主　　编　张爱军　徐　缨

副 主 编　梁　勇　赵金松　章朝阳　樊和平　莫砺锋

编　　委　（按姓氏笔画排序）
　　　　　　马　欣　王　江　王卫星　王月清　王华宝
　　　　　　王建朗　王燕文　双传学　左健伟　田汉云
　　　　　　朱玉麒　朱庆葆　全　勤　刘　东　刘西忠
　　　　　　江庆柏　许佃兵　许益军　孙　逊　孙　敏
　　　　　　孙真福　李　扬　李贞强　李昌集　佘江涛
　　　　　　沈卫荣　张乃格　张伯伟　张爱军　张新科
　　　　　　武秀成　范金民　尚庆飞　罗时进　周　琪
　　　　　　周　斌　周建忠　周新国　赵生群　赵金松
　　　　　　胡发贵　胡阿祥　钟振振　姜　建　姜小青
　　　　　　贺云翱　莫砺锋　徐　俊　徐　海　徐　缨
　　　　　　徐之顺　徐小跃　徐兴无　陶思炎　曹玉梅
　　　　　　章朝阳　梁　勇　彭　林　蒋　寅　程章灿
　　　　　　傅康生　焦建俊　赖永海　熊月之　樊和平

分卷主编　徐小跃　姜小青（书目编）
　　　　　　周勋初　程章灿（文献编）
　　　　　　莫砺锋　徐兴无（精华编）
　　　　　　茅家琦　江庆柏（史料编）
　　　　　　左健伟　张乃格（方志编）
　　　　　　王月清　张新科（研究编）

出版说明

江苏文化源远流长、历久弥新,文化经典与历史文献层出不穷,典藏丰富;文化巨匠代有人出、彪炳史册,在中华民族乃至整个人类文明的发展史上有着相当重要的地位。为科学把握江苏文化的内涵与特征,在新时代彰显江苏文化对中华文化的贡献,江苏省委、省政府决定组织实施"江苏文脉整理与研究工程",以梳理江苏文脉资源,总结江苏文化发展的历史规律,再现江苏历史上的文化高地,为当代江苏构筑新的文化高地把准脉动、探明趋势、勾画蓝图。

组织编纂大型江苏历史文献总集《江苏文库》,是"江苏文脉整理与研究工程"的重要工作。《文库》以"编纂整理古今文献,梳理再现名人名作,探究追溯文化脉络,打造江苏文化名片"为宗旨,分六编集中呈现:

(一)书目编。完整著录历史上江苏籍学人的著述及其历史记录,全面反映江苏图书馆的图书典藏情况。

(二)文献编。收录历代江苏籍学人的代表性著作,集中呈现自历史开端至一九一一年的江苏文化文本,呈现江苏文化的整体景观。

(三)精华编。选取历代江苏籍学人著述中对中外文化产生重要影响、在文化学术史上具有经典性代表性的作品进行整理,并从中选取十余种,组织海外汉学家翻译成各国文字,作为江苏对外文化交流的标志性文化成果。

(四)方志编。从江苏现存各级各类旧志中选择价值较高、保存较好的志书,以充分发挥地方志资治、存史、教化等作用,保存江苏的地方文献与历史文化记忆。

（五）史料编。收录有关江苏地方史料类文献，反映江苏各地历史地理、政治经济、文化教育、宗教艺术、社会生活、风土民情等。

（六）研究编。组织、编纂当代学者研究、撰写的江苏文化研究著作。

文献、史料、方志三编属于基础文献，以影印方式出版，旨在提供原始文献，以满足学术研究需要；书目、精华、研究三编，以排印方式出版，既能满足学术研究的基本需求，又能满足全民阅读的基本需求。

"江苏文脉整理与研究工程"工作委员会

江苏文库·研究编编纂人员

主 编
王月清 张新科

副主编
徐之顺 姜 建 王卫星 胡发贵 胡传胜 刘西忠

一脉千古成江河

——江苏文库·研究编序言

樊和平

"江苏文脉整理与研究工程"是江苏文化史上继往开来的一个浩大工程。与当下方兴未艾的全国性"文库热"相比,江苏文脉工程有三个基本特点:一是全面系统的整理;二是"整理"与"研究"同步;三是以"文脉"为主题。在"书目编—文献编—精华编—史料编—方志编—研究编"的体系结构中,"研究编"是十分独特的板块,因为它是试图超越"修典"而推进文化传承创新的一种学术努力。

"盛世修典"之说不知起源于何时,不过语词结构已经表明"盛世"与"修典"之间的某种互释甚至共谋,以及由此而衍生的复杂文化心态。历史已经表明,"修典"在建构巨大历史功勋的同时,也包含内在的巨大文化风险,最基本的是"入典"的选择风险。《四库全书》的文化贡献不言自明,但最终其收书的数量竟与禁书、毁书、改书的数量大致相当,还有高出近一倍的书目被宣判为无价值。"入典"可能将一个时代的局限甚至选择者个人的局限放大为历史的文化局限,也可能由此扼杀文化多样性而产生文化专断。另一个更为潜在和深刻的风险,是对待传统的文化态度。文献整理,尤其是地域典籍的整理,在理念和战略上面临的最大考验,是以何种心态对待文化传统。当今之世,无论对个体还是社会,传统已经不仅是文化根源,而且是文化和经济发展的资源甚至资本。然而一旦传统成为资源和资本,邂逅市场逻辑的推波助澜,就面临沦为消费和运作对象的风险,从而以一种消费主义和工具主义的文化态度对待文化传统和文献整理。当传统成为消费和运作的对象,其文化价值不仅可能被误读误用,而且也可能在对传统的消费中使文化坐吃山空,造就出文化上的纨绔子弟,更可能在市场运作中使文化不断被糟蹋。"江苏文脉整理与研究工程"的"整理工程"以全面系统的整理的战略应对可能存在的第一种风险,即入典选择的风险;以"研究工程"应对第二种可能的风险,即消费主义与工具主义的风险。我们不仅是既往传统的继承者,更应当是未来传统的创造者;现代人的使命,不仅是继承优秀传统,更应当创造新的优秀传统,这便是传统的创造性转化与创新性发展的真义。诚然,创造传统任重道远,需要经过坚忍不拔的卓越努力和大浪淘沙般的历史积淀,但对"江苏文脉整理与研究工程"而言,无论如何必须在"整理"的同时开启"研究"的千里之行,在研究中继承和发展传统。这便是"研究编"的价值和使命所在,也是"江苏文脉整理与研究工程"在"文库热"中于顶层设计层面的拔群之处。

一 倾听来自历史深处的文化脉动

20世纪是文化大发现的世纪,20世纪以来西方世界最重要的战略,就是文化战略。20世纪20年代,德国社会学家马克斯·韦伯的《新教伦理与资本主义精神》,揭示了西方资本主义文明的文化密码,这就是"新教伦理"及其所造就的"资本主义精神",由此建构"新教伦理+资本主义"的所谓"理想类型",为西方资本主义进行了文化论证尤其是伦理论证,奠定了20世纪以后西方中心论的文化基础。20世纪70年代,哈佛大学教授丹尼尔·贝尔的《资本主义文化矛盾》,揭示了当代资本主义最深刻的矛盾不是经济矛盾,也不是政治矛盾,而是"文化矛盾",其集中表现是宗教释放的伦理冲动与市场释放的经济冲动分离与背离,进而对现代西方文明发出文化预警。20世纪70年代之后,亨廷顿的《文明的冲突与世界秩序的重建》将当今世界的一切冲突归结为文明冲突、文化冲突,将文化上升为西方世界尤其是美国国家战略的高度。以上三部曲构成西方世界尤其是美国文化帝国主义的国家文化战略,正如一些西方学者所发现的那样,时至今日,文化帝国主义被另一个概念代替——"全球化",显而易见,全球化不仅是一种浪潮,更是一种思潮,是西方世界的国家文化战略。文化虽然受经济发展制约甚至被经济发展水平所决定,但回顾从传统到现代的中国文明史,文化问题不仅逻辑地而且历史地成为文明发展的最高最难的问题,正因为如此,文化自信才成为比理论自信、道路自信、制度自信更具基础意义的最重要的自信。

在全球化背景下,文脉整理与研究具有重大的国家文化战略意义,不仅必要,而且急迫。文化遵循与经济社会不同的规律,全球化在造就广泛的全球市场并使全球成为一个"地球村"的同时,内在的最大文明风险和文化风险便是同质性。全球化催生的是一个文化上的独生子女,其可能的镜像是:一种文化风险将是整个世界的风险,一次文化失败将是整个人类的文化失败。文化的本质是什么?梁漱溟先生说,文化就是人的生活的根本样法,文化就是"人化"。丹尼尔·贝尔指出,文化是为人的生命过程提供解释系统,以对付生存困境的一种努力。据此,文化的同质化,最终导致的将是人的同质化,将是民族文化或西方学者所说地方性知识的消解和消失;同时,由于文化是人类应对生存困境的大智慧,或治疗生活世界痼疾的抗体,它所建构的是与自然世界相对应的精神世界和意义世界,文化的同质性将导致人类在面临重大生存困境时智慧资源的贫乏和生命力的苍白,从而将整个人类文明推向空前的高风险。应对全球化的挑战和西方文化帝国主义的国家战略,"江苏文脉整理与研究工程"是整个中华民族浩大文化工程的一部分和具体落实,其战略意义决不止于保存文化记忆的自持和自赏,在这个全球化的高风险正日益逼近的时代,完整地保存地方文化物种,认同文化血脉,畅通文化命脉,不仅可以让我们在遭遇全球化的滔滔洪水之时可以于故乡文化的山脉之巅"一览众山小"地建设自己的精神家园和文化根据地,而且可以在患上全球化的文化感冒甚至某种文化瘟疫之后,不致乞求"西方药"来治"中国病",而是根据自己的文化基因和文化命理,寻找强化自身的文化抗体和文化免疫力之道,其深远意义,犹如在今天经过独生子女时代穿越时光隧道,回首当年我们的"兄弟姐妹那么多"

和父辈们儿孙满堂的那种天伦风光,不只是因为寂寞,而且是为了中华民族大家庭的文化安全和对未来文化风险的抗击能力。

"江苏文脉整理与研究工程"是以江苏这一特殊地域文化为对象的一次集体文化自觉和文化自信,与其他同类文化工程相比,其最具标识意义的是"文脉"理念。"文脉"是什么?它与"文献"和文化传统的关系到底如何?这是"文脉工程"必须解决的基本问题。

庞朴先生曾对"文化传统"与"传统文化"两个概念进行了审慎而严格的区分,认为"传统文化"可能是历史上曾经存在过的一切文化现象,而"文化传统"则是一以贯之的文化道统。在逻辑和历史两个维度,文化成为传统都必须同时具备三个条件:历史上发生的,一以贯之的,在现实生活中依然发挥作用的。传统当然发生于历史,但历史上发生的一切,从《道德经》《论语》到女人裹小脚,并不都成为传统,即便当今被考古或历史研究所不断发现的现象,也只能说是"文化遗存",文化成为传统必须在历史长河中一以贯之而成为道统或法统,孔子提供的儒家学说,老子提供的道家智慧,之所以成为传统,就是因为它们始终与中国人的生活世界和精神世界相伴随,并成为人的生命和生活的文化指引。然而,文化并不只存在于文献典籍之中,否则它只是精英们的特权,作为"人的生活的根本样法"和"对付生存困境"的解释系统,它必定存在于芸芸众生的生命和生活之中,由此才可能,也才真正成为传统。《论语》与《道德经》之所以成为传统,不只是因为它们作为经典至今还为人们所学习和研究,而且因为在中国人精神的深层结构中,即便在未读过它们的田夫村妇身上,也存在同样的文化基因。中国人在得意时是儒家,"明知不可为而偏为之";在失意时是道家,"后退一步天地宽";在绝望时是佛家,"四大皆空",从而建立了与自给自足的自然经济结构相匹合的自给自足的文化精神结构,在任何境遇下都不会丧失安身立命的精神基地,这就是传统。文化传统必须也必定是"活"的,是在现实中依然发挥作用的,是构成现代人的文化基因的生命因子。这种与人的生活和生命同在的文化传统就是"脉",就是"文脉"。

文脉以文献、典籍为载体,但又不止于文献和典籍,而是与负载它的生命及其现实生活息息相关。"文脉"是什么?"文脉"对历史而言是

"血脉",对未来而言是"命脉",对当下而言是"山脉"。"江苏文脉"就是江苏人的文化血脉、文化命脉、文化山脉,是历史、现在、未来江苏人特殊的文化生命、文化标识、文化家园,以及生生不息的文化记忆和文化动力。虽然它们可能以诸种文化典籍和文化传统的方式呈现和延续,但"文脉工程"致力探寻和发现的则是跃动于这些典籍和传统,也跃动于江苏人生命之中的那种文化脉动。"江苏文脉整理与研究工程"的最大特点就在于它是"文脉工程"而不是一般的"文化工程",更不是"文库工程"。"文化工程""文库工程"可能只是一般的文化挖掘与整理,而"文脉工程"则是与地域的文化生命深切相通,贯穿地域的历史、现在与未来的生命工程。

"江苏文脉整理与研究工程"是"整理"与"研究"的璧合,在"研究工程"中能否、如何倾听到来自历史深处的文化脉动,关键是处理好"文献"与"文脉"的关系。"整理工程"是对文脉的客观呈现,而"研究工程"则是对文脉的自觉揭示,若想取得成功,必须学会在"文献"中倾听和发现"文脉"。"文献"如何呈现"文脉"?文献是人类文明尤其是人类文化记忆的特殊形态,也是人类信息交换和信息传播的特殊方式。回首人类文明史,到目前为止,大致经历了三种信息方式。最基本也是最原初的是口口交流的信息方式,在这种信息方式中,信息发布者和信息传播者都同时在场,它是人的生命直接和整体在场并对话的信息传播方式,是从语言到身体、情感的全息参与,是生命与生命之间的直接沟通,但具有很大的时空局限。印刷术的产生大大扩展了人类信息交换的广度和深度,不仅可以以文字的方式与不在场的对象交换信息,而且可以以文献的方式与不同时代、不同时空的人们交换信息,这便是第二种信息方式,即以印刷为媒介的信息方式或印刷信息方式。第三种信息方式便是现代社会以电子网络技术为媒介的信息方式,即电子信息方式。文献与典籍是印刷信息方式的特殊形态,它将人类文化史和文明史上具有特殊价值的信息以印刷媒介的方式保存下来,供后人学习和研究,从而积淀为传统。文字本质上是人的生命的表达符号,所谓"诗言志"便是指向生命本身。然而由于它以文字为中介,一旦成为文献,便离开原有的时空背景,并与创作它的生命个体相分离,于是便需要解读,在解读中便可能发生误读,但无论如何,解读的对象并不只是文字本身,而是文字背后的生命现象。

文献尤其是典籍是不同时代人们对于文化精华的集体记忆,它们不仅经受过不同时代人们的共同选择,而且经受过大浪淘沙的历史洗礼,因而其中不仅有创造它的那个个体或文化英雄如老子、孔子的生命表达,而且有传播和接受它的那个民族的文化脉动,是负载它的那个民族的文化生命,这种文化生命一言以蔽之便是文化传统。正因为如此,作为集体记忆的精华,文献和典籍是个体和集体的文化脉动的客观形态,关键在于,必须学会倾听和揭示来自远方的生命旋律。由于它们巨大的时空跨度,往往不能直接把脉,而需要具有一种"悬丝诊脉"的卓越倾听能力。同时,为了把握真实的文化脉动,不仅需要对文献和典籍即"文本"进行研究,而且需要对创造它们的主体包括创作的个体和传播接受的集体的生命即"人物"进行研究。正如席勒所说,每个人都是时代的产儿,那些卓越的哲学家和有抱负的文学家却可能成为一切时代的同代人。文字一旦成为文献或典籍,便意味着创作它的个体成为一切时代的同代人,但无论如何,文献和它们的创造者首先是某个时代的产儿,因而要在浩如烟海的文献和典籍中倾听到来自传统深处的文化脉动,还需要将它们还原到民族的文化生命之中,形成文化发展的"精神的历史"。由此,文本研究、人物研究、学派流派研究、历史研究,便成为"文脉研究工程"的学术构造和逻辑结构。

二 中国文化传统中的江苏文脉

江苏文脉是中国文化传统的一部分,二者之间的关系并不只是部分与整体的关系,借助宋明理学的话语,是"理一"与"分殊"的关系。文脉与文化传统是民族生命的文化表达和自觉体现,如果只将它们理解为部分与整体的关系,那么江苏文脉只是中国文化传统或整个中华文化脉统中的一个构造,只是中华文化生命体中的一个器官。朱熹曾以佛家的"月映万川"诠释"理一分殊"。朗月高照,江河湖泊中水月熠熠,此番景象的哲学本真便是"一月普现一切水,一切水月一月摄"。天空中的"一月"与江河中的"一切水月"之间的关系是"分享"关系,不是分享了"一月"的某一部分,而是全部。江苏文脉与中国文化传统之间的关系便是"理一分殊",中国文化传统是"理一",江苏文脉是"分殊",正因为如此,关于江苏文脉的研究必须在与整个中国文化传统的关系中整体性地把握和展开。其中,文化与地域的关系、江苏文化在中华文化发展中的贡献和地位,是两个基本课题。

到目前为止的一切人类文明的大格局基本上都是由以山河为标志的地理环境造就的,从轴心文明时代的四大文明古国,到"五大洲四大洋"的地理区隔,再到中国山东—山西、广东—广西、河南—河北,江苏的苏南—苏北的文化与经济差异,山河在其中具有基础性意义。在这个意义上,可以将在此以前的一切文明称为"山河文明"。如今,科技经济发展迎来一个"高"时代:高铁、高速公路、电子高速公路……正在并将继续推倒由山河造就的一切文明界碑,即将造就甚至正在造就一个"后山河时代"。"后山河时代"的最后一道屏障,"山河时代"遗赠给"后山河时代"的最宝贵的文明资源,便是地域文化。在这个意义上,江苏文脉的整理与研究,不仅可以为经过全球化席卷之后的同质化世界留下弥足珍贵的"文化大熊猫",而且可以在未来的芸芸众生饱尝"独上高楼,望尽天涯路"的孤独之后,缔造一个"蓦然回首"的文化故乡,从中可以鸟瞰文化与世界关系的真谛。江苏独特的地域环境与江苏文化、江苏文脉之间的关系,已经不是所谓"一方水土一方人"所能表达,可以说,地脉、水脉、山脉与江苏文脉之间的关系,已经是一脉相承。

我们通过考察和反思发现,水系,地势,山势,大海,是对江苏文脉尤其是文化性格产生重大影响的地理因素。露水不显山,大江大河入大海,低平而辽阔,黄河改道,这一切的一切与其说是自然画卷和自然事件,不如说是江苏文脉的大地摇篮和文化宿命的历史必然,它们孕生和哺育了江苏文明,延绵了江苏文脉。历史学家发现,江苏是中国唯一同时拥有大海、大江、大湖、大平原的省份,有全国第一大河长江,第二大河黄河(故道),第三大河淮河,世界第一大人工河大运河,全国第三大淡水湖太湖,全国第四大淡水湖洪泽湖。江苏也是全国地势最低平的一个省区,绝大部分地区在海拔50米以下,少量低山丘陵大多分布于省际边缘,最高峰即连云港云台山的玉女峰也只有625米。丰沛而开放的水系和低平而辽阔的地势馈赠给江苏的不只是得天独厚的宜居,更沉潜、更深刻的是独特的文化性格和文脉传统,它们是对江苏地域文化产生重大影响的两个基本自然元素。

不少学者指证江苏文化具有水文化特性,而在众多水系中又具长江文化的特性。"水"的文化特性是什么?"老聃贵柔",老子尚水,以水演绎世界真谛和人生大智慧。"天下莫柔弱于水,而攻坚强者莫之能胜。"柔弱胜刚强,是水的品质和力量。西方文明史上第一个哲学家和科学家泰勒斯向全世界宣告的第一个大智慧便是:水是万物的始基。辽阔的平原在中国也许还有很多,却没有像江苏这样"处下"。老子也曾以大海揭示"处下"的智慧:"江海所以能为百谷王者,以其善下之,故能为百谷王。"历史上江苏的文化作品、江苏人的文化性格,相当程度上演绎了这种"水性"与"处下"的气质与智慧。历史上相当时期黄河曾经从江苏入海,然而黄河改道、黄河夺淮,几番自然力量或人力所为,最终黄河在江苏留下的只是一个"故道"的背影。黄河在江苏的改道当然是一个自然事件或历史事件,但我们也可能甚至毋宁将它当作一个文化事件,数次改道,偶然之中有必然,从中可以发现和佐证江苏文脉的"长江"守望和江南气质。不仅江苏的地脉"露水不显山",而且江苏的文化作品,江苏人的文化性格,一句话,江苏文脉,也是"露水不显山",虽不是"壁立千仞",却是"有容乃大"。一般说来,充沛的水系,广阔的平原,往往造就自给自足的自我封闭,然而,江苏东临大海,无论长江、淮河,还是历史上的黄河,都从这里入大海,归大海,不只昭示江苏的开放,而且演绎江苏文化、江苏文脉、江苏人海纳百川的博大和静水深流的仁厚。

黄河与长江好似中华文脉的动脉与静脉,也好似人的身体中的任督二脉,以长江文化为基色的江苏文化在中华文脉的缔造和绵延中作出了杰出贡献。有学者指出,在中国文明史上,长江文化每每在黄河文化衰弱之后承担起"救亡图存"的重任。人们常说南京古都不少为小朝廷,其实这正是"救亡图存"的反证,"天下兴亡,匹夫有责"的口号首先由江苏人顾炎武喊出，偶然之中有必然。学界关于江苏文化有三次高峰或三次大贡献，与两次大贡献之说。第一次高峰是开启于秦汉之际的汉文化，第二次高峰是六朝文化，第三次高峰是明清文化。人们已对六朝文化与明清文化两大高峰对中国文化的贡献基本达成共识，但江苏的汉文化高峰及其贡献也应当得到承认，而且三次文化高峰都发生于中国社会的大转折时期，对中国文化的承续作出了重大贡献。在秦汉之际的大变革和大一统国家的建构中，不仅在江苏大地上曾经演绎了波澜壮阔的对后来中国文明产生深远影响的历史史诗，而且演绎这些历史史诗的主角刘邦、项羽、韩信等都是江苏人，他们虽然自身不是文化人，但无疑对中国文化产生了深远影响。董仲舒提出"罢黜百家，独尊儒术"的主张，奠定了大一统的思想和文化基础，他本人虽不是江苏人，却在江苏留下印迹十多年。江苏的汉文化高峰对中国文化的最大贡献，一言概之即"大一统"，包括政治上的大一统和思想文化上的大一统。六朝被公认为中国文化发展的高峰，不少学者将它与古罗马文明相提并论，而六朝文化的中心在江苏、在南京。以南京为核心的六朝文化发生于三国之后的大动乱，它接纳大量流入南方的北方士族，使南北方文化合流，为保存和发展中国文化作出了杰出贡献。明朝是中国历史上第一次在南京，也是第一次在江苏建立统一的帝国都城，江苏的经济文化在全国处于举足轻重的地位，扬州学派、泰州学派、常州学派，形成明清时代中国文化的江苏气象，形成江苏文化对中国文化的第三次重大贡献。三大高峰是江苏的文化贡献，在重大历史转折关头或者民族国家危难之际挺身而出，海纳百川，则是江苏文化的精神和品质，这就是江苏文脉。也正因为如此，江苏文化和江苏文脉在"匹夫有责"的担当精神中总是透逸出某种深沉的忧患意识。

江苏文脉对中国文化的独特贡献及其特殊精神气质在文化经典中得到充分体现。中国四大文学名著，其中三大名著的作者都来自江苏，这就是《西游记》《红楼梦》《水浒》，其实《三国演义》也与江苏深切相关，虽然罗贯中不是江苏人，但却以江苏为重要的时空背景之一。四大名著中不仅有明显的江苏文化的元素，甚至有深刻的江苏地域文化的基因。《西游记》到底是悲剧还是喜剧？仔细反思便会发现，《西游记》就是文学版的《清明上河图》。《清明上河图》表面呈现一幅盛世生活画卷,实际却是一幅"盛世危情图",空虚的城防,懈怠的守城士兵……被繁华遗忘的是正在悄悄到来的深刻危机。《西游记》以唐僧西天取经渲染大唐的繁盛和开放,然而在经济的极盛之巅,中国人的精神世界却空前贫乏,贫乏得需要派一个和尚不远万里,请来印度的佛教,坐上中国意识形态的宝座,入主中国人的精神世界。口袋富了,脑袋空了,这是不折不扣的悲剧。然而,《西游记》的智慧,江苏文化的智慧,是将悲剧当作喜剧写,在喜剧的形式中潜隐悲剧的主题,就像《清明上河图》将空虚的城防和懈怠的士兵淹没于繁华的海洋一样。《西游记》喜剧与悲剧的二重性,隐喻了江苏文脉的忧患意识,而在对大唐盛世,对唐僧取经的一片颂歌中,深藏悲剧的潜主题,正是江苏文脉"匹夫有责"的担当精神和文化智慧的体现。鲁迅说,悲剧将人生的有价值的东西毁灭给人看。《西游记》是在喜剧形式的背后撕碎了大唐时代人的精神世界的深刻悲剧。把悲剧当作喜剧写,喜剧当作悲剧读,正是江苏文化、江苏文脉的大智慧和特殊气质所在,也是当今江苏文脉转化发展的重要创新点所在。正因为如此,"江苏文脉研究"必须以深刻的哲学洞察力和深厚的文化功力,倾听来自历史深处的江苏文化的脉动,读懂江苏,触摸江苏文脉。

三 通血脉,知命脉,仰望山脉

江苏文化的巨大魅力和强大生命力,是在数千年发展中已经形成一种传统、一种脉动,不仅是一种客观呈现的文化,而且是一种深植个体生命和集体记忆的生生不息的文脉。这种文化和文脉不仅成为共同的价值认同,而且已经成为一种地域文化胎记。在精神领域,在文化领域,江苏不仅有灿若星河的文学家,而且有彪炳史册的思想家、学问家,更有数不尽的才子骚客。长江在这片土地上流连,黄河在这片土地上改道,淮河在这片土地上滋润,太湖在这片土地上一展胸怀。一代代中国人,一代代江苏人,在这里缔造了文化长江、文化黄河、文化淮河、文化太湖,演绎了波澜壮阔的历史诗篇,这便是江苏文脉。

为了在全球化时代完整地保存江苏文脉这一独特地域文化的集体记忆,以在"后山河时代"为人类缔造精神家园提供根源与资源,为了继承弘扬并创造性转化、创新性发展中国优秀传统文化,2016年江苏启动了"江苏文脉整理与研究工程"。根据"文脉"的理念,我们将研究工程或"研究编"的顶层设计以一句话表达:"通血脉,知命脉,仰望山脉。"由此将整个工程分为五个结构:江苏文化通史,江苏历代文化名人传,江苏文化专门史,江苏地方文化史,江苏文化史专题。

"江苏文化通史"的要义是"通血脉",关键词是"通"。"通"的要义,首先是江苏文化与中国文明的息息相通,与人类文明的息息相通,由此才能有民族感或"中国感",也才有世界眼光,因而必须进行关于"中国文化传统中的江苏文脉"的整体性研究;其次是江苏文脉中诸文化结构之间的"通",由此才是"江苏",才有"江苏味";再次是历史上各个重要历史时期文化发展之间的"通",由此才能构成"史",才有历史感;最后是与江苏人的生命与生活的"通",由此"江苏文脉"才能真正成为江苏人的文化血脉、文化命脉和文化山脉。达到以上"四通","江苏文化通史"才是真正的"通"史。

"江苏文化专门史"和"江苏文化史专题"的要义是"知命脉",关键词是"专",即"专门"与"专题"。"江苏文化专门史"在框架上分为物质文化史、精神文化史、制度文化史、特色文化史等,深入研究各类专门史,总体思路是系统研究和特色研究相结合,系统研究整体性地呈现江苏历史上的重要文化史,如哲学史、文学史、艺术史等,为了保证基本的完整性,我们根据国务院学科分类目录进行选择;特色研究着力研究历史上具有江苏特色的历史,如民间工艺史、昆曲史等。"江苏文化史专题"着力研究江苏历史上具有全国性影响的各种学派、流派,如扬州学派、泰州学派、常州学派等。

"江苏地方文化史"的要义是"血脉延伸和勾连",关键词是"地方"。"江苏地方文化史"以现省辖市区域划分为界,13市各市一卷。每卷上编为地方文化通史,讲述地方整体历史脉络中的文化历史分期演化和内在结构流变,注重把握文化运动规律和发展脉络,定位于地方文化总体性研究;下编为地方文化专题史,按照科学技术、教育科举、文学语言、宗教文化等专题划分,以一定逻辑结构聚焦对地方文化板块加以具体呈现,定位于凸显文化专题特色。每卷都是对一个地方文化的总结和梳理,这是江苏文化血脉的伸展和渗入,是江苏文化多样性、丰富性的生动呈现和重要载体。

"江苏历代文化名人传"的要义是"仰望山脉",关键词是"文化"。它不是一般性地为江苏历朝历代的"名人"作传,而只是为文化意义上的名人作传。为此,传主或者自身就是文化人并为中国文化的发展、为江苏文脉的积累积淀作出了重要贡献;或者虽然自身主要不是文化人而是政治家、社会活动家等,但对中国文化发展具有重大影响。如何对历史人物进行文化倾听、文化诠释、文化理解,是"文化名人传"的最大难点,也是其最有意义的方面。江苏历史上的文化名人汗牛充栋,"文化名人传"计划为100位江苏文化名人作传,为呈现江苏文化名人的整体画卷,同时编辑出版一部"江苏文化名人辞典",集中介绍历史上的江苏文化名人1000位左右。

一脉千古成江河,"茫茫九派流中国"。江苏文脉研究的千里之行已经迈出第一步,历史馈赠我们一次千载难逢的宝贵机遇,让我们巡天遥看,一览江苏数千年文化银河的无限风光,对创造江苏文化、缔造江苏文脉的先行者们献上心灵的鞠躬。面对奔涌如黄河、悠远如长江的江苏文脉,我们惟有以跋涉探索之心,怵惕敬畏之情,且行且进,循着爱因斯坦的"引力波",不断走近并播放来自江苏文脉深处的或澎湃,或激越,或温婉静穆的天籁之音。

我们一直在努力;

我们将一直努力!

目　录

绪　论 ··· 001

第一章　先秦至六朝的江苏茶文化 ·· 007
第一节　茶文化的萌芽与早期发展 ·· 007
第二节　建康茶文化中心的确立 ·· 016

第二章　隋唐五代的江苏茶文化 ·· 026
第一节　茶为国饮局面的形成 ·· 026
第二节　阳羡茶与贡焙 ··· 040
第三节　阳羡茶的加工与品饮 ·· 048
第四节　煎茶水记 ··· 056
第五节　文学艺术 ··· 070

第三章　宋元时期的江苏茶文化 ·· 083
第一节　茶类生产变革 ··· 083
第二节　蜀冈贡茶文化 ··· 094
第三节　榷茶制度 ··· 098
第四节　文学艺术 ··· 105

第四章　明代的江苏茶文化 ·· 120
第一节　精湛的制茶工艺 ·· 120
第二节　品鉴艺术 ··· 138
第三节　阳羡茗壶文化 ··· 152

第四节　文学艺术 ·· 168

第五章　清代的江苏茶文化 ·· 200
　　第一节　茶礼茶俗 ·· 200
　　第二节　茶食文化 ·· 209
　　第三节　文学艺术 ·· 216

第六章　近代的江苏茶文化 ·· 237
　　第一节　引领传统茶业向近代转化 ································ 237
　　第二节　传统生态茶园的发展与实践 ······························ 257

主要参考文献 ·· 269
后　　记 ·· 286

绪 论

习近平总书记在党的十九大报告中指出:"文化是一个国家、一个民族的灵魂。文化兴国运兴,文化强民族强。"中国是茶文化的发祥地,茶文化内涵丰富,源远流长。早在秦汉时期,饮茶已是巴蜀、荆楚一带居民的习俗。魏晋南北朝时期,饮茶习俗在南朝的长江中下游地区已经相当普遍。至唐代,茶叶不仅成为举国之饮,而且发展为全国甚至东亚的产业和文化。明清时期,茶叶由亚洲传播至欧洲,进而形成了洲际的、全球的文化和事业。千百年来,茶叶已经成为具有国家象征意义的特殊商品,并深深融入中国人的生活,成为传承中华文化的重要载体。从古代丝绸之路、茶马古道、茶船古道,到今天丝绸之路经济带、21世纪海上丝绸之路,茶穿越历史、跨越国界,深受世界各国人民喜爱。

中国不仅有历史悠久的中华茶文化,更有丰富多彩和各具特色的区域茶文化亟待挖掘与梳理。在提升国家文化软实力、增进文化自信、形成全方位开放新格局的目标引领下,茶文化作为中华优秀传统文化的卓越典范,相关研究应更加注重其纵贯古今、横通中外的意义与成就,而区域茶文化研究则更应成为各地文化研究的重点内容之一。江苏在中国茶文化发展史上占有极为重要的位置,是茶文化在先秦萌芽期和唐宋兴盛期之间的关键连接点,也是唐宋以后全国茶产业与茶文化发展的重要支撑地。

其一,江苏茶文化承上启下,连接了先秦与唐宋。

茶在先秦时期一直是西南地区的地方性饮料;秦汉以后,饮茶习俗沿长江向东传播,至六朝时已常见于长江流域及其以南地区;此后,茶立足于长江流域向北方普及①。其间,茶文化历经萌芽、形成、普及等重要发展阶段,每个阶段都有特定区域作为依托,这些特定区域拥有最为集中的茶文化要素,被视为茶文化中心。关于中国茶文化中心的探讨,目前学界主要有以下观点:朱自振提出"巴蜀是我国茶业和茶叶文化的摇篮",认为巴蜀早期茶业产生于春秋战国年间。② 韩金科、郭泮溪、程启坤认为,唐代是中国茶文化的形成时期,源于陆羽等文人群体的总结和推广,以及身居首都长安的统治阶层的推崇。③ 李三原认为,陕西与中国茶业发展的每一个历史节点都有深厚渊源,提出陕西茶文化是中华茶文化的重要源头之一。④ 赵荣光认为,12世纪以前,中国茶文化中心一直处于"黄河流域长安——开封一线的帝国京师超级大城市",至12世纪初南移至杭州。⑤ 后期相关研究大多基于这一思路,即:先秦巴蜀——茶文化摇篮,唐代长安——茶文化形成,南宋临安——茶文化极致发展。

事实上,在先秦萌芽期与唐代全盛期之间,茶文化还经历了六朝时期立足于长江流域向北方普及的重要阶段。这一时期,黄河流域因南北分裂导致茶叶的饮用始终局限于上层社会的狭小范围内,长江中游的荆楚地区则不具备茶文化发展所需的政治、经济与文化等方面的支撑,因此茶文化向北方普及的立足点就落在六朝都城所在地建康(今江苏南京)。建康作为茶文化中心所产生的集聚作用,使腹地(包括京口、晋陵,即今镇江、常州、无锡一带)资源向其汇聚并为其所用,同时又通过中心地位将影响向腹地扩散,进而影响全国。⑥

其二,江苏作为贡焙中心,推动了唐代茶文化普及。

---

① 关剑平著:《文化传播视野下的茶文化研究》,中国农业出版社2009年版,第8页。
② 朱自振、韩金科:《我国古代茶类生产的两次大变革(一)》,《茶业通报》2000年第4期,第46—47页。
③ 韩金科:《唐代文化思想发展与中国茶文化的形成》,《农业考古》1995年第2期,第50—56页;郭泮溪:《唐代饮茶习俗与中国茶文化之始》,《东南文化》1989年第3期,第59—64页;程启坤:《中国茶文化的历史与未来》,《中国茶叶》2008年第7期,第8—10页。
④ 李三原:《陕西茶文化考论》,《西北大学学报(哲学社会科学版)》2012年第4期,第82—87页。
⑤ 赵荣光:《杭州茶文化历史地位与时代价值试论》,《农业考古》2006年第2期,第53—60、74页。
⑥ "中心—腹地"模式可参考周一星:《城市地理学》,商务印书馆1995年版;夏亿冰等:《集聚与腹地——地理中心视角的空间关系刻画》,《经济地理》2014年第10期,第78—84页;刘科伟:《城市空间影响范围划分与城市经济区问题探讨》,《西北大学学报(自然科学报)》1995年第2期,第129—134页。

茶业和茶文化在六朝时期已经有了长足发展,虽然其中很多发展只局限于南方地区,但在建康茶文化中心的引领下,茶业和茶文化至少可以看作是一种流行于中国南方的区域性行业和文化现象。此后,茶文化发展进入"立足于长江流域向北方普及"①的阶段,而建康则为中国茶文化在横向和纵向,即地域和时代上的传播、发展、普及和变迁起到了巨大的引领和推动作用。

唐代以后,茶叶产区已遍及今长江流域和黄河中下游的十余个省区。饮茶区域则更加广阔,不仅遍及长江、黄河流域,而且已传至西北地区以及朝鲜半岛和日本,成为一种全国性甚至东亚性的产业和文化。虽然此时茶文化中心随着政治中心的转换而北移至长安,但北方的茶叶来源以及茶文化发展均受到建康茶文化中心的影响。以建康为中心的江南茶区植茶面积迅速扩大,如李嘉祐《送陆士伦宰义兴》诗中所述"阳羡兰陵近,高城带水闲。浅流通野寺,绿茗盖春山"之句,即是对当时宜兴茶叶种植遍布山岗情景的真切描述。区内所产之茶不仅供当地饮用,还大量销往北方,形成"茶自江、淮而来,舟车相继,所在山积,色额甚多"②的局面。江苏茶区人民勤于业、精于茶,阳羡(今宜兴)产制之茶就因"芬香甘辣,冠于他境"③,在唐代发展成为专供皇室饮用的贡茶。为督办阳羡贡茶的采制,唐廷专门设"茶舍"于宜兴,阳羡茶区因此成为唐代盛极一时的贡茶采制地,"茶舍"也成为中国历史上第一个贡焙之所。

由于贡焙为官方管理,可以不计成本地投入以追求极致,使当地茶区规划、茶叶产量和品质、制茶技术水平等方面获得显著优势。例如,阳羡茶产区最初仅限于宜兴境内,后为满足日益增加的贡茶需求量而扩大至浙北茶区,从而带动太湖地区茶业与茶文化的发展,茶园面积和生产规模均大幅提高,呈现唐代诗僧无可《送喻凫及第归阳羡》诗中所描写的"月向波涛没,茶连洞壑生"④的繁荣景象。阳羡贡茶代表唐代制

---

① 关剑平著:《文化传播视野下的茶文化研究》,中国农业出版社2009年版,第8页。
② (唐)封演撰,赵贞信校注:《封氏闻见记校注》卷六《饮茶》,中华书局2005年版,第51页。
③ (宋)赵明诚撰,金文明校证:《金石录校证》卷二十九《唐义兴县重修茶舍记》,上海书画出版社1985年版,第526页。
④ (元)辛文房撰,周绍良笺证:《唐才子传笺证》卷六《无可》,中华书局2010年版,第1420页。

茶工艺和审美的最高水平,同时又涉及朝贡制度以及当地民生,因此吸引大批文人名士关注,产生了众多以阳羡茶为主题的文学作品。如诗人卢仝在《走笔谢孟谏议寄新茶》中,以"天子未尝阳羡茶,百草不敢先开花"形容阳羡茶的地位和盛名;怀古诗人杜牧在督造贡茶时写下多首关于茶山和贡焙的诗篇①,留有"山实东吴秀,茶称瑞草魁"的极高评价;白居易、姚合、陆希声等文人名士也都有关于阳羡贡茶的文学作品传世。

其三,江苏茶叶生产技术卓越,引领了全国茶文化发展。

入宋以后,由于小冰河期影响,全国气候由温暖期转为寒冷期,太湖冬季封湖,上可以行人,茶树生长受到影响,发芽开采日期随着物候的推迟而延后,中国贡茶中心转移到闽北,北苑贡茶由此盛行。值得一提的是,北苑茶的兴盛也与两位江苏人有关。一位是苏州人丁谓,宋太宗淳化进士,他在咸平初任闽转运使时,著《北苑茶录》一书,详述北苑贡焙的种类、产地、采制等,积极推动建安北苑贡茶发展;另一位是溧阳人周绛,他在祥符初知建州时,著《补茶经》一卷,以陆羽《茶经》不载建安,故补之。《群斋读书志》陈龟注称:"丁谓以为茶佳不假水之助,绛则载诸名水云。"②丁谓和周绛,一个讲北苑茶之佳,另一个除茶佳以外,还讲北苑名水之发茶。两个江苏人,一搭一档,把建茶、北苑贡茶捧盛了两宋三百多年。

与此同时,贡焙南移到闽北,以建康为中心的江南茶区发展虽然因此受到影响,但从另一角度来说,贡焙南移的同时也解除了贡制仅限于制作饼茶的束缚。而且当时正值中国茶类生产由饼茶向散茶变革③,在其他茶区仍限于饼茶生产时,建康及其腹地茶区凭借长期的制茶技术积累和多重支撑,率先完成了这一转变,创造出多种优秀散茶品种。以此为基础,在明代朱元璋"罢造(龙团),惟令采茶芽以进"的贡制转变之际,茶类生产全面转向以炒青芽茶为主,江苏又以精湛的芽茶制作技

---

① 包括《茶山下作》《题茶山》《入茶山下题水口草市绝句》《春日茶山病不饮酒因呈宾客》等诗作。
② (元)马端临撰,上海师范大学古籍研究所、华东师范大学古籍研究所点校:《文献通考》卷二一八《经籍考四十五》,中华书局2011年版,第6074页。
③ 朱自振、韩金科:《我国古代茶类生产的两次大变革(一)》,《茶业通报》2000年第4期,第46—47页。

术,继续影响全国制茶工艺的发展。

此外,宋代不仅延续了茶在中晚唐时期的蓬勃发展趋势,还将茶的生产、贸易带入了一个更加繁盛的发展阶段,中国古典茶文化也在宋代发展到了极致。而与前朝不同的是,除了作为生活、文化元素和税收来源,茶在宋代还被当成一种重要的战略物资,用于维系与边疆少数民族之间的和平稳定。一方面,少数民族地区已形成"夷人不可一日无茶为生"的局面,对茶叶的需求量大大增加;另一方面,宋朝立国中原,与辽、夏等战火连年不断,需要大量战马充实国防。因此,宋朝建立了较为健全的茶马制、榷茶制,以确保官府对茶马贸易的管控,满足军事及政治需求。为督管东南茶区茶叶存储和销售,特设置江陵府、真州、海州、汉阳军、无为军、蕲州之蕲口六个榷货务。真州即江苏仪征,海州即江苏连云港。六榷货务是"要会之地",可以说是六大茶叶集散中心,江苏境内即占其二,可见茶叶产销之繁盛。

及至元代,虽然茶马贸易失去了其战略意义,但茶文化的发展并未受到影响,元朝统治者对饮茶的某些嗜好甚至直接带动了江苏茶业的发展。虽然当时贡茶院仍设在福建建安,但因元朝统治者对产于江浙地区的"金字末茶"兴趣极大,遂在长兴设立"磨茶所"专门督造,并兼管宜兴贡茶,因此对因贡焙南移而遭受影响的江苏茶业发展颇具积极意义,江苏的地位也因"磨茶所"的设立而又一次得到提高。

明清时期,盛行了千年之久的团饼茶生产彻底被芽茶取代。此政策的实施使得宋元时期就已具备良好芽茶、叶茶制作基础,且技术一直处于领先地位的江苏再一次成为全国茶业中心。明万历时期的福建著名学者谢肇淛在其《五杂俎》中载,"今茶品之上者:松萝也、虎丘也、罗岕也、龙井也、阳羡也、天池也。"①他心目中的六大名茶,江苏占一半以上。在明代一段相当长的时间里,苏州生产的茶叶影响着全国制茶业的发展。对此,明代人文地理学家王士性在他的著作中指出:"虎丘天池茶今为海内第一。余观茶品固佳,然以人事胜,其采揉焙封法度,锱两不爽。"②当时江苏不仅有多种名茶问世,而且制茶技术也更加先进、

---

① (明)谢肇淛著:《五杂俎》卷十一《物部三》,吴航宝树堂藏板,明刊本。
② (明)王士性撰,吕景琳点校:《广志绎》卷二《两都》,中华书局1981年版,第33页。

精细,炒青及蒸青绿茶制作技术均达到极高水平,江苏的茶叶生产处于引领全国制茶发展的重要地位。与此同时,江苏在茶叶贸易、茶叶文学艺术、紫砂茶具以及茶点制作等方面也达到极高水平。

晚清民国时期,中国茶叶出口在国际贸易市场上经历了由盛至衰的巨大转变,导致国内茶园凋敝,茶业发展陷入低谷,促使茶业改良与振兴行动在全国各地开展。南京在此期间再一次起到了积极的引领作用,如在紫金山麓建立了中国第一个茶叶试验场"江南植茶公所";为培养茶叶科技和教育人才,在南京设立了"茶务讲习所";为振兴全国实业,在南京召开了中国历史上第一次全国性博览会"南洋劝业会",其中的茶业展览和名茶评比提升了中国茶叶的知名度。这些努力促使中国传统茶业一步步向近代茶业迈进。

文化是民族的血脉,是人民的精神家园,也是全面建成小康社会、实现中华民族伟大复兴的基础。茶文化是中国传统文化的重要组成部分,是中国人社会生活中与其他文化相辅相成、相互促进、联系最多、关系最为密切的显文化之一。而且茶文化在中外文化交流史上占据着举足轻重的位置。江苏既是产茶地,又是茶文化中心之一,更是海上丝茶之路的重要节点。虽然江苏的茶园面积、茶叶产量在传统产茶省区中并无优势,但是江苏的茶叶产值和茶叶人均消费量都名列前茅,而且江苏的碧螺春、雨花茶和各地新创的名茶琳琅满目,供不应求,这都得益于江苏茶文化的影响和促进。

江苏茶文化在中国古代历史长河中可谓一枝独秀,为中国茶业和茶文化的发展作出了独特贡献,在中国茶叶史册上留下了光辉灿烂的一页。鉴于此,本书以历史时序为脉络,以社会变迁和茶业发展为背景,探讨江苏茶文化在各个时期的特点、成就与贡献。

第一章 先秦至六朝的江苏茶文化

江苏是中华文明的重要发祥地之一,拥有优越的自然环境和丰富的资源条件;同时,江苏又是中国的政治、经济和文化中心之一,历史悠久,人文荟萃,在漫长的历史进程中积累了深厚的人文精神和文化底蕴。这些资源条件和历史积淀使江苏形成了博大精深且独具特色的地域文化,同时也为其成为六朝时期的茶文化中心奠定了坚实的基础。

第一节 茶文化的萌芽与早期发展

茶者,南方之嘉木也。这是茶圣陆羽用在《茶经》开篇的一句话,明确指出了茶的来源。中国是茶树原产地,而中国对于世界茶业、茶文化的贡献,不仅仅是我们原产了这种植物,更重要的是我们的祖先首先发现和利用了茶,并将之用以为饮,发展为业,成为一种独特的文化。

一 茶树的起源

茶树,是山茶科山茶属的一种多年生常绿木本植物,性喜温热湿润和偏酸性土壤,耐阴性强,在亚热带、边缘热带和季风温暖带均有分布。

国内外学者经过长期实地考察和科学研究,证明了茶树原产地在中国,其中心就在拥有完整茶树垂直演化系统的中国西南地区。第三纪喜马拉雅山运动初期,原始山茶植物随着海拔升高而进行分化,同时进行自然传播,最终在近湿热区的边缘形成了原始茶种。据统计,云南的茶种占世界已发现茶种总数的80%以上,且其中20余个茶种是云南特有种。① 这些茶种在澜沧江中下游地区连片集中分布,呈现出茶树垂直演化的脉络。此外,当地还保存有野生型古茶树居群、过渡型和栽培型古茶园,以及应用与借鉴传统森林茶园栽培管理方式进行改造的生态茶园等各个种类的茶树居群类型,形成了完整的茶树利用发展体系。

图1-1　云南古茶树人工爬树采摘(顾濛　摄)

与云南接壤的贵州、四川、广西,以及湖南、广东等十余个省区也都发现了大量野生大茶树、大茶树群落以及古茶园资源。例如,贵州已发现古茶树近120万株,树龄200年以上的超过15万株,集中连片1000株以上的古茶园50处。广西22个县份发现有古茶树,茶树品种资源

---

① 何璐、闵庆文、袁正:《澜沧江中下游古茶树资源、价值及农业文化遗产特征》,《资源科学》2011年第6期,第1060—1065页。

极为丰富。① 广东已知的古茶树资源主要分布在潮汕凤凰山、韶关罗坑、韶关南雄等地,树龄均在100年至200年以上。② 江苏各地也有少量古茶树和野生茶树,主要分布于金坛茅麓、无锡雪浪山、常熟兴福寺、句容茅山顶等地,有些古茶树树龄达150年以上,是当地珍贵的茶树品种资源。③

中国拥有丰富的野生古茶树、野生古茶树群落、过渡型古茶树、栽培型古茶树和古茶园等资源,以及民族传统知识体系和适应技术,为中国作为茶树原产地、茶树驯化和规模化种植发源地提供了有力证据。而这一论断也分别从野生茶树和茶树近缘植物的地理分布、古地质学、古气候学、细胞遗传学等多个方面陆续得到了证实。

二 茶业与茶文化的发端

茶的原始利用包括食用、药用和饮用。有观点认为,在茶的原始利用方式中,饮用的发现晚于食用和药用;也有观点指出,茶的食用、药用、饮用之间当为不分先后的共存关系。无论这三种利用方式是同时进行还是各为阶段,茶的饮用都是引起茶叶加工与茶树栽培,并使其发展成为茶业与茶文化的前提和基础。也就是说,饮茶的起源时间应当早于茶树栽培的起源时间。这也符合人们在生产生活实践中对野生动植物的驯化规律。

那么,饮茶到底起源于何时?唐代陆羽是最先指出饮茶起源的人。他在《茶经》中提到"茶之为饮,发乎神农氏",将饮茶的起源时间定义在史前的"神农时代"。神农,又称炎帝、烈山氏,是中国远古传说中的"三皇"之一。据《易》"系辞下"载:"包牺氏没,神农氏作,斫木为耜,揉木为耒,耒耨之利,以教天下,盖取诸益。日中为市,致天下之民,聚天下之货,交易而退,各得其所,盖取诸噬嗑。"④汉代《淮南鸿烈》"修务训"载:

---

① 李朝昌、邓慧群、诸葛天秋:《广西野生古茶树现状、问题及保护利用建议》,《广西农学报》2018年第4期,第44—46页。
② 席倩、陈玉春、孙彬妹等:《广东古茶树资源保护与利用的对策建议》,《中国茶叶》2020年第10期,第58—62,66页。
③ 朱锡坤:《重视我省茶树品种资源调查和利用》,《江苏林业科技》1983年第4期,第66—67页。
④ (清)阮元校刻:《十三经注疏:清嘉庆刊本》周易正义卷八《系辞下》,中华书局2009年版,第180页。

"于是神农乃始教民播种五谷,相土地宜,燥湿肥烧高下,尝百草之滋味,水泉之甘苦,令民知所辟就。当此之时,一日而遇七十毒。"①神农是农业社会初期的代表人物,他发明了农具、传授播种谷物、建立集市进行贸易等,后又被添加医药、制陶等技能。② 传说,神农曾经尝试百草,最终发现了茶的解毒功效。虽然是传说,且《神农本草经》成书于东汉末期,属托古之作,但茶作为一种广泛分布于中国南方地区的植物,对其利用或饮用确实可能始于上古时期。

三代时期,茶已经被视为土产和贡品,茶树生长也开始受到人为干预甚至驯化。如东晋史学家常璩在《华阳国志·巴志》中所记,"其地东至鱼复,西至僰道,北接汉中,南极黔涪。土植五谷,牲具六畜。桑、蚕、麻、纻、鱼、盐、铜、铁、丹、漆、茶、蜜、灵龟、巨犀、山鸡、白雉、黄润、鲜粉,皆纳贡之。其果实之珍者:树有荔芰,蔓有辛蒟,园有芳蒻、香茗。"③周武王与居住在巴蜀地区的少数民族共同讨伐殷纣王时,少数民族首领向周武王进贡巴蜀所产之茶,其中关于"园有芳蒻、香茗"的表述,或可作为茶树在三千多年前已进行人工栽培的佐证。

另据《华阳国志·蜀志》载:巴、蜀国到末代蜀王时,"蜀王别封弟葭萌于汉中,号苴侯,命其邑曰葭萌焉。苴侯与巴王为好,巴与蜀仇,故蜀王怒,伐苴侯。苴侯奔巴,求救于秦。……周慎王五年(公元前316年)秋,秦大夫张仪、司马错、都尉墨等,从石牛道伐蜀。蜀王自于葭萌拒之,败绩,王遁走至武阳(今四川彭山),为秦军所害。"④是年,秦取蜀后,接着也顺带灭了巴国,占领巴蜀之地。《华阳国志》中一再提到的"葭萌",就是蜀人称茶的方言,后来汉语中称茶的"槚"字、"茗"字,即由蜀人"葭萌"的方言演化而来。⑤ 此外,"葭萌"也是蜀国郡名,故址在今四川广元,其地北邻甘肃的陇南和陕西的汉中。蜀王将葭萌作为其弟的

---

① (汉)刘文典撰,冯逸、乔华点校:《淮南鸿烈集解》卷十九《修务训》,中华书局1997年版,第629—630页。
② 李北人:《炎帝神农氏和他的贡献》,《民族论坛》1998年第1期,第38—40页;何光岳:《神农氏与原始农业——古代以农作物为氏族、国家的名称考释之一》,《农业考古》1985年第2期,第12—24页。
③ (晋)常璩:《华阳国志》卷一《巴志》,嘉庆十九年题襟馆藏版。
④ (晋)常璩:《华阳国志》卷三《蜀志》,嘉庆十九年题襟馆藏版。
⑤ 朱自振:《关于"茶"字出于中唐的匡正》,《古今农业》1996年第2期,第42—46页。

封国,似乎表明在秦亡巴蜀的战国时期,饮茶与茶业不但具有一定发展基础,而且已经向北推进到葭萌等四川北部,很可能也发展传播到了今甘肃和汉中地区。

图1-2 广元昭化古城遗址(陈桂权 摄)

张揖《广雅》记载:"荆、巴间采叶作饼,叶老者,饼成,以米膏出之。欲煮茗饮,先炙令赤色,捣末置瓷器中,以汤浇覆之,用葱、姜、橘子芼之。"[1]这是最早具体涉及茶类生产、饮俗和茶效等内容的茶史资料。虽然《广雅》成书于三国时期,但从其所载内容以及同时代的其他历史文献来看,如此详细的制茶技术和饮茶方法,已经从巴蜀传播至中下游的荆楚、吴越地区。而且"荆、巴"连书的提法似乎也表明,今湖北西部和湖南西北的广大地区,茶叶生产和饮茶习俗的发展面貌,均已与巴蜀茶业相融互合,完全可达到相并连称的程度了。

从现有资料来看,早期涉及茶叶的记载多与巴蜀有关。巴蜀的范围相当于今四川和重庆所辖的区域,是一个以巴人、蜀族为主,同时包含众多少数部族聚居的地区。巴人原本生息在今江汉流域和湘、鄂、

---

[1] (唐)陆羽著,沈冬梅编著:《茶经》卷下《七之事》,中华书局2010年版,第116页。

川、黔等地,后来迁入川东一带,并在此定居。在蜀国和中原文化的影响下,于殷商和周初之间,以重庆为中心建立了奴隶制国家。蜀人以成都为中心建立蜀国,建国的时间也是商周之际。早在秦并巴蜀以前,巴蜀即发展出较高的经济文化水平。如为了适应崇山峻岭环境而创制的栈道和索桥,深达五十丈左右的盐井,以及常见于先秦典籍中的蜀锦,这些工程和产品都需要极高的技术水平支撑才能实现,而这些记录也为先秦时期巴蜀的发展水平提供了坚强可信的资料。① 此外,巴蜀的农业和水利也极为发达,大量商周时期的青铜酒器和陶酒器表明了当地农业生产发展程度较高,随着战国晚期秦国蜀守李冰督建完成都江堰水利工程,成都平原更发展成为沃土粮仓。② 秦统一六国的过程中,逐渐将其所灭六国的人口迁入巴蜀,并在其统一全国以后,将黄河流域的移民也一并迁入。西汉延续秦朝对长江上游的控制与开发,注重道路等基础建设和经济发展,为北方移民的生活提供保障,由此吸引了更大规模的北方移民。③ 东汉时期,仍然不断有政府组织和民众自发的北方移民迁入四川,极大促进了当地农业经济的发展。西晋文学家左思在《蜀都赋》中曾生动描绘巴蜀的古代生态,"原隰坟衍,通望弥博,演以潜沫,浸以绵洛。沟洫脉散,疆里绮错。黍稷油油,粳稻莫莫。……邑居隐赈,夹江傍山,栋宇相望,桑梓接连,家有盐泉之井,户有橘柚之园。其园则有林檎枇杷,橙柿樗榟。櫲桃涵列,梅李罗生。百果甲宅,异色同荣……"④,种植五谷、饲养六畜,而且桑、蚕、麻、苎、鱼、盐、茶、漆、蔬菜、水果等物产也颇为丰富。农业的发展,经济的富庶,为原本就盛产茶叶的巴蜀地区提供了孕育茶业与茶文化所需的条件。

茶业是利用茶树的生长发育规律,通过人工培育来获得产品的产业;茶文化是人类在社会历史发展过程中所创造的与茶有关的物质财富和精神财富的总和。可以说,茶文化是在茶业发展过程中产生的,茶业与茶文化之间相辅相成,密不可分。而且茶业与茶文化的产生都需

---

① 徐中舒:《巴蜀文化初论》,《四川大学学报》1959年第2期,第21—44页。
② 徐学书:《广都之野:上古巴蜀农业文明的中心》,《中华文化论坛》2009年第S2期,第74—79页。
③ 张国雄著:《长江人口发展史论》,湖北教育出版社2006年版,第29—31页。
④ (宋)祝穆辑:《新编古今事文类聚》续集卷二《居处部·蜀都赋》,乾隆癸未积秀堂翻刻本。

要人的参与,需要以一定的文化和技术水平作为支撑条件,其形成需要社会发展至一定程度才能实现。从神农氏发现茶以后,茶经历了由采集转为栽培,由不加工到开始进行加工、贮存,由小规模生产到出现流通交换,一直到形成完整茶业和茶文化的过程,这一系列的发展和转变都离不开巴蜀先民的贡献。正因如此,茶史专家朱自振先生提出:巴蜀是中国茶业与茶文化的摇篮。目前这一观点已得到普遍认同。

当然,茶叶在先秦时期并非生活必需品,所以饮茶文化并没有得到大范围的传播和发展。也就是说,从巴蜀先民开始饮茶以及孕育茶文化,直至秦人灭蜀,在这一段很长的时间中,限于交通不便等原因,茶一直囿于巴蜀一地,是"以四川为中心的地方性饮料"[1]。直到秦惠王后元九年(公元前316年)"秦人取蜀"之后,饮茶及其文化才开始慢慢发展,并向巴蜀以外的地区传播开来,即明末清初学者顾炎武所说,"自秦人取蜀而后始有茗饮之事"[2]。

以巴蜀为中心的传播路线主要有两条:一是向北,向当时的政治、经济和文化中心,即陕西、河南、山东一带的中原地区传播;二是沿长江向东,向湖北、江西、安徽及江浙沿海地区扩散。

秦汉时期,虽然北方黄河流域在经济文化等多方面条件上均优于地广人稀的长江流域,但茶的传入却并未引起黄河流域的重视。作为当时全国经济、政治、文化中心和汉儒荟萃的关中、中原一带,只是在一些辞书、史书的辞目和地名中才能看见与茶有关的记述。虽然近几年有研究称,在西安北部的汉景帝陵与阿里地区的故如甲木寺遗址中发现了茶叶实物,由此证明茶在距今2100多年前的西汉时期即被皇帝饮用,在1800多年前被引入青藏高原,并认为当时丝绸之路的一个分支可以通到西藏西部地区;[3]甚至在山东邹城邾国故城的战国早期墓葬中,也检测出了"煮(泡)过的茶叶残渣",将茶叶实物证据又向前推了

---

[1] 关剑平著:《文化传播视野下的茶文化研究》,中国农业出版社2009年版,第8页。
[2] (清)顾炎武撰,(清)黄汝城集释,秦克诚点校:《日知录集释》卷七《茶》,岳麓书社1994年版,第267页。
[3] Houyuan Lu, Jianping Zhang, etc, "Earliest tea as evidence for one branch of the Silk Road across the Tibetan Plateau," *Scientific Reports*, no. 6 (Jan 2016), 18955.

300多年。① 但是,相关文献记载却不多见。这可能是因为当时文人集结的江淮以北的中原地区还不种茶,也鲜有人饮茶,所以社会上也很少有人关注南方饮茶和茶业。直到西晋左思《娇女诗》中才见"心为茶荈剧,吹嘘对鼎𬬻"②之句,可以看作是能够反映当时北方和黄河流域部分官宦之家已经把饮茶融入日常生活的可靠记载。而且此诗中不只提到茶,还提到茶鼎、茶釜之类的茶具,反映出当时茶具也和茶叶一起,成为南北贸易中的商品。

然而,西晋的统一局面只维持了半个世纪,王室的内乱就把国家重新推入了分裂割据、兵灾不断的动乱年代,从而使北方刚刚显露的饮茶之风又很快消散萎蔫。东晋十六国,北方黄河流域长期处于少数游牧部族的统治之下,他们只崇尚奶酪,并不喜茶。如北魏杨衒之《洛阳伽蓝记》记载:琅琊王"肃初入国,不食羊肉及酪浆等物,常饭鲫鱼羹,渴饮茗汁。……经数年以后,肃与高祖殿会,食羊肉酪粥甚多。高祖怪之,谓肃曰:'卿中国之味也。羊肉何如鱼羹?茗饮何如酪浆?'肃对曰:'羊者是陆产之最,鱼者乃水族之长;所好不同,并各称珍;以味言之,甚是优劣。羊比齐鲁大邦,鱼比邾莒小国。唯茗不中,与酪作奴。'……时给事中刘缟慕肃之风,专习茗饮。彭城王谓缟曰:'卿不慕王侯八珍,好苍头水厄。海上有逐臭之夫,里内有学颦之妇;以卿言之,即是也。其彭城王家有吴奴,以此言戏之。自是朝贵宴会,虽设茗饮,皆耻不复食;唯江表残民远来降者好之。"③北魏统治者是鲜卑贵族,素以奶酪为浆,南踞中原以后,知道西晋贵族有"渴饮茗汁"的习俗,而且他们也可以获得茶叶,但他们以征服者自居,仍"皆耻不复食",甚至还要在"茗饮"和"酪浆"之间作对比以分高下。当然,虽然鲜卑贵族自己不饮,但在"朝贵宴会"时,还是"设茗饮",以适江表"远来降者好之"。这也说明在东晋南北朝时,即使南北割据对立的社会环境在一定程度上限制了北方饮茶和茶叶贸易的发展,但饮茶这一南方习俗仍然可见于北

---

① 路国权、蒋建荣等:《山东邹城邾国故城西岗墓地一号战国墓茶叶遗存分析》,《考古与文物》2021年第5期,第118—122页。
② 逯钦立辑校:《先秦汉魏晋南北朝诗》晋诗卷七《左思》,中华书局1983年版,第736页。
③ (北魏)杨衒之著,杨勇校笺:《洛阳伽蓝记校笺》卷三《城南》,中华书局2006年版,第136页。

方社会。

北方饮茶发展的这次中衰,持续时间较长,影响也较深远,至隋文帝杨坚统一后也未见多大起色,即使到唐代初期,文献记载还是称"南人好饮之,北人初不多饮"①。这种情况一直持续到唐代开元(713—741年)以后,饮茶习俗才在多种因素的刺激下,急剧兴盛起来。

相较北方而言,茶在长江流域的传播则显得更为顺畅。据史料分析,茶在西汉时已传至中游的湖南、江西等地,甚至已作为商品出售。通过王褒《僮约》"武阳(今四川彭山)买茶"②的记载可以推测,各茶区除草市茶叶交易这一基本形式之外,在巴蜀各地已形成了一批诸如"武阳"一类的茶叶专门集散中心或市场。在茶的传播方面,由今湖南"茶陵"以其地生产茶叶而得名的史实可知,茶叶生产也从与重庆、湖北接壤的湖南西部,一直扩展到今湖南东南茶陵周围,以及与之相邻的江西永新、莲花一带。西汉茶陵县,也是汉茶陵侯的封地,封邑名"茶王城",茶陵县有茶山、茶水。③ 长沙马王堆3号墓出土的一枚笥的签牌上墨书"梢笥","梢"或可释为"槚"。也就是说,这件竹笥中盛的就是茶叶。④ 说明这一带在西汉时,不但已经种茶、业茶,而且对茶的崇尚也发展到了相当高的程度。

图1-3 长沙马王堆3号墓出土的"梢笥"签牌

---

① (唐)封演撰,赵贞信校注:《封氏闻见记校注》卷六《饮茶》,中华书局2005年版,第51页。
② 赵逵夫主编:《历代赋评注》汉代卷《僮约》,巴蜀书社2010年版,第227页。
③ (宋)乐史撰,王文楚等点校:《太平寰宇记》卷一一五《江南西道十三·衡州》,中华书局2007年版,第2330—2331页。
④ 孙机著:《中国古代物质文化》,中华书局2014年版,第55页。

第二节　建康茶文化中心的确立

基于优越的地理环境、政治、经济、文化等因素，江苏茶业在魏晋南北朝时期得到显著发展。同时，繁荣的茶叶生产为饮茶习俗和茶文化的发展提供了充足稳定的茶叶来源，茶被广泛用于招待客人、郊外宴游、礼制祭祀等社会活动中。可以说，六朝时期的江苏茶文化获得了全面发展，都城建康茶文化中心的地位因此得以确立。

一　政治、经济、文化、茶区的多重支撑

中国历史上的文化中心往往与政治中心重合①，茶文化中心更是如此。而且茶叶作为被赋予了文化内涵的消费品，甚至奢侈品，对经济、技术发展水平也有极高要求。② 六朝时期，三国东吴、东晋、宋、齐、梁、陈先后建都建康，使建康成为当时的政治中心，其所在的京畿地区也是六朝各政权致力发展的首要区域。政治中心的优先发展吸引经济中心从黄河流域向东南倾斜，且此间北方人口开始向南方迁移。从西晋元康元年（291年）"八王之乱"以后，北方河南、河北、陕西、山西、山东等地开始频繁遭受战乱、旱灾、蝗灾的侵袭，为躲避战乱和自然灾害，黄河流域人口纷纷向长江流域迁移，史称"永嘉南渡"。此次南迁历时约一个半世纪，至北魏统一北方才基本结束。据统计，至刘宋大明年间（457—464年），迁入长江流域的移民及其后裔总数超过200万人，而长江流域接受北方移民最多的是下游地区，且以江苏为首。③ 建康以及作为京畿地区的江南原本就是富庶之地，中原贵族和流民的大批南迁，带来了大量劳动力、财富和先进的生产技术，进一步促进了当地发展，使

---

① 盛丰、佟晓笛：《上海：二十世纪三十年代的中国戏曲文化中心》，《复旦学报（社会科学版）》2002年第3期，第35—43页。
② 文化精英引导社会潮流的相关研究，可参考卜正民（Timothy Brook）的研究，"时尚的确定并不是一个公开的过程。它总是被那些既定的精英人物所裁断。时尚的标准不是由那些从底层爬上来的企求者决定的，而是由那些已经达到既定水平，需要保护既得利益的精英地位的人们决定的。"见（加）卜正民著，方骏、王秀丽等译：《纵乐的困惑：明代的商业与文化》，生活·读书·新知三联书店2004年版，第251—252页。
③ 葛剑雄著：《中国移民史（第二卷）》，福建人民出版社1997年版，第412页。

其迅速成为"贡使商旅,方舟万计"①的商业中心以及当时中国经济最发达的地区之一。以政治、经济作为背景和支撑,以黄河流域文化向南方移植所产生的碰撞与融合为契机,六朝时建康地域文化的精神根基得以形成,并由此发展成为全国的文化中心。

在环境条件方面,该区地处温带向亚热带的过渡地带,具有明显的季风气候特征,光、热、水资源丰富,无霜期较长。区内低山、丘陵地区广泛分布适于茶树生长的棕红壤。适宜的土壤资源与气候特征为茶树生长提供了优越的自然条件,是该区成为六朝著名茶区的基础。政治、经济、文化多中心重合,为建康茶业与茶文化的发展创造了有利条件。建康以及紧邻的京口、晋陵的茶叶生产和茶文化在这一时期开始闻名全国。

约成书于东晋②的《桐君录》记载,"西阳、武昌、庐江、晋陵好茗,皆东人作清茗。茗有饽,饮之宜人。"③表明当时常州、无锡一带已经开始制茶、饮茶。南朝宋王微所作《杂诗》记述:"桑妾独何怀?倾筐未盈把。自言悲苦多,排却不肯舍。妾悲叵陈诉,填忧不销冶。寒雁归所从,半途失凭假。壮情抃驱驰,猛气捍朝社。常怀云汉惭,常欲复周雅。重名好铭勒,轻躯愿图写。万里度沙漠,悬师蹈朔野。传闻兵失利,不见来归者。奚处埋旌麾?何处丧车马?拊心悼恭人,零泪覆面下。徒谓久别离,不见长孤寡。寂寂掩高门,寥寥空广厦。待君竟不归,收颜今就槚。"④王微是南朝宋时的画家,琅琊郡临沂人,侨居镇江。这首诗描写的是东晋末年至刘宋时期,北方南渡到江苏宁镇丘陵地区的士族妻妾需要亲自农桑,而其所饮之"槚",即是宁镇地区的土产之茶。

东晋杜育《荈赋》所载"灵山惟岳,奇产所钟""厥生荈草,弥谷被岗"⑤的描述颇似宜兴的产茶之地,朱自振考证推测此诗"可能描述的是

---

① (南朝梁)沈约撰:《宋书》卷三十三志二十三《五行四·水不润下》,中华书局2003年版,第956页。
② 亦有研究称该书成书于东汉,见吴觉农:《茶经述评》,中国农业出版社1987年版,第249页。
③ (唐)陆羽著,沈冬梅编著:《茶经》卷下《七之事》,中华书局2010年版,第145—146页。
④ (南朝陈)徐陵编,(清)吴兆宜注,程琰删补,穆克宏点校:《玉台新咏笺注》卷三《王微·杂诗二首》,中华书局1985年版,第120—121页。
⑤ (清)严可均编:《全上古三代秦汉三国六朝文》全晋文卷八十九《杜育·荈赋》,中华书局1958年版,第1978页。

宜兴"。① 此外，诗中还重点描述了关于饮茶的内容，如"水则岷方之注，挹彼清流。器泽陶简，出自东隅。酌之以匏，取式公刘。惟兹初成，沫沈华浮。焕如积雪，晔若春敷"之句，涉及用水、茶具、烹煮、茶汤等颇为讲究的饮茶内容，是文献中有关饮茶的最早系统记载。表明当时茶的饮用不但注重对水的选择，甚至对茶具陶器的产地，扬水酉汤匏瓢的式样，烹饮茶叶的火候和汤面等都提出了具体要求。② 从饮茶技艺的角度来看，《荈赋》所写内容也是在"茶道"之名出现之前即已存在的事实上的"茶道"或"茶艺"。

至于茶叶的加工方法，未见明确相关记述，仅有一条三国时期的记载："荆、巴间采茶作饼成，以米膏出之。"③这条史料是最早详细描述茶类生产的资料。虽然记载的区域是巴蜀、荆楚一带，但"采叶作饼"这一制茶方式一直延续到宋元时期。因此可以确定，这也是当时整个南方茶区普遍采用的茶叶加工方法。

建康地处江南富庶之地，是传统茶叶产区，更是六朝时期的政治中心、经济中心和文化中心。基于多重优势支撑，建康茶业在六朝时期得到飞速发展。同时，繁荣的茶叶生产为饮茶习俗和茶文化的发展提供了充足稳定的茶叶来源，为建康茶文化中心的形成奠定了基础。

二 道教推动饮茶发展

道教是发源于先秦时期的中国本土宗教形式，约成型于东汉，至魏晋南北朝时期得以发展盛行。道教最初的形成与古代神仙思想、方士方术以及古代医学与体育卫生知识有着密切关系。古代医学以及神仙、方士所追求的根本是养生，从而延年益寿，长生久视，而实现这一目标的途径之一，就是服食，也就是晋代道教学者葛洪在《抱朴子》中提到

---

① 朱自振编著：《茶史初探》，中国农业出版社1996年版，第36页。
② 唐代张又新在《煎茶水记》中记载刘伯刍评出的宜茶之水，"故刑部侍郎刘公讳伯刍，于又新丈人行也。为学精博，颇有风鉴，称较水之与茶宜者，凡七等：扬子江南零水第一；无锡惠山寺石水第二；苏州虎丘寺石水第三；丹阳县观音寺水第四；扬州大明寺水第五；吴松江水第六；淮水最下，第七。"宜茶七水之中，江苏名泉居其六，深刻影响后世茶文化的发展。
③ (宋)乐史撰，王文楚等点校：《太平寰宇记》卷一三九《山南西道七·巴州》，中华书局2007年版，第2705页。

的,"若夫仙人,以药物养身,以术数延命,使内疾不生,外患不入,虽久视不死,而旧身不改,苟有其道,无以为难也。"①

服食源起于人们发现某些草木、动物、金石等具有治病、养生的功能,而且认为服食不同的物质能够产生不同的效果,即所谓"服金者寿如金,服玉者寿如玉也"②。葛洪重视服食,认为"道家之所至秘而重者,莫过乎长生之方"③。他将仙药分为三品,认为上药如丹砂、黄金、白银等,可以令人"身安命延,升为天神,遨游上下,使役万灵,体生毛羽,行厨立至"。"中药养性,下药除病,能令毒虫不加,猛兽不犯,恶气不行,众妖并辟"。④《神仙传》中也有一段类似记载:"药之上者,唯有九转还丹,及太乙金液,服之皆立便登天,不积日月矣。其次云母雄黄之属,能使人乘云驾龙,亦可使役鬼神,变化长生者。草木之药,唯能治病补虚,驻年返白,断谷益气,不能使人不可死也,高可数百年,下才全其所禀而已,不足久赖矣。"⑤

按照葛洪的仙药分级,能助人羽化升仙的只有名列"上品"的金石药饵,而茶属草木,只能算作"下品"。但是,道教对于饮茶习俗所产生的直接影响,却正是通过养生服食而施加的。⑥ 而且随着饮茶意识的增强,茶在道教服食中的地位也在逐渐攀升。

茶叶可以消食、明目、提神、益思、除烦,既有药用价值,又具养生功效。北魏张揖《广雅》记载:"其饮醒酒,令人不眠"⑦;南朝梁任昉《述异记》也载饮茶"能诵无忘"⑧。《神农本草经》有一则关于"苦菜"的记录,称其"味苦,寒。久服安心,益气,聪察,少卧,轻身,耐老。一名荼草,一名选。生川谷。"南朝道教理论家陶弘景在《本草经集注》中,将"苦菜"

---

① 王明著:《抱朴子内篇校释》卷二《论仙》,中华书局2002年版,第14页。
② 王明著:《抱朴子内篇校释》卷十一《仙药》,中华书局2002年版,第204页。
③ 王明著:《抱朴子内篇校释》卷十四《勤求》,中华书局2002年版,第252页。
④ 王明著:《抱朴子内篇校释》卷十一《仙药》,中华书局2002年版,第196页。
⑤ (晋)葛洪撰,胡守为校释:《神仙传校释》卷八《刘根》,中华书局2010年版,第300页。
⑥ 关剑平著:《文化传播视野下的茶文化研究》,中国农业出版社2009年版,第45页。
⑦ (唐)陆羽著,沈冬梅编著:《茶经》卷下《七之事》,中华书局2010年版,第116页。
⑧ 吴觉农编:《茶经述评》,中国农业出版社1987年版,第42页。

释为"茗""荈",即茶。① 唐代陆羽在《茶经》中也提到,陶弘景《杂录》有"苦茶轻身换骨,昔丹丘子、黄山君服之"的记载,同时还记录了一则壶居士《食忌》关于"苦茶久食,羽化;与韭同食,令人体重"的茶事。② 这些关于茶的记述表明,茶叶的功效符合修道之人对于养生和益寿的渴求,而且在六朝时期,茶已经不再被视为仙药中的"下品",而是被视为一种羽化的药饵。

与此同时,道教在建康地区正处于迅速发展阶段。葛洪是丹阳句容人,为人木讷,不好荣利,却倾慕于"神仙导养之法",晚年隐居在广州罗浮山中潜心修道、著述。③ 他率先建构了道教神仙理论体系,著有《抱朴子》内外篇,以及医书《肘后备急方》等。陶弘景是丹阳秣陵(今南京)人,十岁"得葛洪神仙传,昼夜研寻,便有养生之志"④,中年时辞官归隐"句曲山",即茅山,建立上清道派,使江苏得以在魏晋南北朝时期成为道教盛行地之一。

道教在建康以及京畿之地的盛行,进一步推动了鬼神崇拜、神仙思想与茶文化的融合。关于这一点,可以从当时频繁出现的与茶有关的神鬼故事中得以证明。如东晋干宝《搜神记》中就记述了夏侯恺死后回家向家人索茶喝的故事:"夏侯恺字万仁,因病死。宗人儿苟奴,素见鬼。见恺数归,欲取马,并病其妻。著平上帻,单衣,入坐生时西壁大床,就人觅茶饮。"⑤《茶经》引《神异记》谈到了余姚人虞洪入山,遇仙人丹丘子指点采摘大茗的故事。其载:"余姚人虞洪,入山采茗,遇一道士,牵三青牛,引洪至瀑布山曰:'予丹丘子也,闻子善具饮,常思见惠。山中有大茗,可以相给。祈子他日有瓯牺之余,乞相遗也。'因立奠祀,后常令家人入山,获大茗焉。"⑥南朝宋刘敬叔在《异苑》中记载了一则剡县(今浙江嵊州)陈务妻以茶奠飨古冢获报的故事:"剡县陈婆妻,少与

---

① (南朝梁)陶弘景编:《本草经集注(辑校本)》卷七《果菜米谷有名无实·菜部药物·上品·苦菜》,人民卫生出版社1994年版,第481页。
② (唐)陆羽著,沈冬梅编著:《茶经》卷下《七之事》,中华书局2010年版,第145页、第132页。
③ (唐)房玄龄等撰:《晋书》卷七十二列传四十二《葛洪》,中华书局1974年版,第1911—1912页。
④ (唐)李延寿撰:《南史》卷七十六列传六十六《陶弘景》,中华书局1975年版,第1897页。
⑤ (晋)干宝撰,汪绍楹校注:《搜神记》卷十六《夏侯恺》,中华书局1979年版,第196页。
⑥ 吴觉农编:《茶经述评》,中国农业出版社1987年版,第208—209页。

二子寡居,好饮茶茗。以宅中有古冢,每饮,先辄祀之。二子患之曰:'冢何知?徒以劳祀。'欲掘去之。母苦禁而止。及夜,母梦一人曰:'吾止此冢三百余年,卿二子恒欲见毁,赖相保护,又飨吾嘉茗,虽泉壤朽骨,岂忘翳桑之报。'及晓,于庭中获钱十万,似久埋者,唯贯新。母告二子,二子惭之,从是祷酹愈甚。"①这些茶事记载显示,六朝时茶已经融入道教的服食习俗,而且在当时南方社会生活中也已经具有相当重要的地位。

此外,六朝时期是中国南方茶文学产生和发展的一个重要年代,茶事内容由最初作为社会生活的反映,到后来进一步演变和派生出了一系列的茶诗、茶歌、茶的故事等茶文学的次生文化现象,表明茶文化的发展已经开始与文学以及其他文化相互融合。再结合陶弘景将茶列入药饵来看,中国茶文化得以在这一时期完善成型,建康得以成为茶文化中心,道教起到了不可忽视的重要作用。

三 茶被赋予精神层面的内涵

中国人历来有"夫礼之初,始诸饮食"②及"人所饮食,必先严献"③的观念,饮食被赋予了解饥止渴之外的更深层次的功能和内涵,从而形成礼俗。无论日常待客抑或祭祀,饮食都是其中的重要形式和内容。六朝时期,茶已经发展成为江南社会各阶层的日常饮品,寓意、信仰、礼教等精神内涵被固定在饮茶之中,成为建康茶文化中心形成的重要标志。

据吴国秦菁《秦子》记载:"顾彦先曰,有味如臛(指肉羹),饮而不醉;无味如茶,饮而醒焉。醉人何用也?"④顾彦先(?—312年),吴郡吴县人,历任尚书郎、太子中舍人。作为吴人吴臣,他所说"无味如茶,饮而醒焉",应该是个人饮茶或当时江左吴都社会流传的看法。反映至少在三国吴时,江南的一些官宦豪富人家已有饮茶之风。换句话说,至三国年间,茶的饮用和生产,便由文献记载的西汉时东止茶陵的今湘赣交

---

① (宋)李昉等编:《太平广记》卷四一二《草木》,中华书局1961年版,第3356页。
② (清)朱彬撰,饶钦农点校:《礼记训纂》卷九《礼运第九》,中华书局1996年版,第334页。
③ (后晋)刘昫等撰:《旧唐书》卷一八八《列传》一三八《孝友》,中华书局1975年版,第4929页。
④ 王天海、王韧校释:《意林校释》卷五《七〇·秦子二卷》,中华书局2014年版,第584页。

界一带,拓展到了今长江下游的南京和苏州一带。这一点,从晋陈寿《三国志·吴志》的内容中也可以获得证明。《吴志·韦曜传》记载,"皓每飨宴,无不竟日,坐席无能否率以七升为限,虽不悉入口,皆浇灌取尽。曜素饮酒不过二升,初见礼异时,常为裁减,或密赐茶荈以当酒。"①孙皓是三国时吴国君,好饮酒,每次设宴,座客至少饮酒七升。韦曜原名韦昭,是孙皓颇为器重的朝臣(后被皓诛),其酒量不过二升,孙皓对他极为优待,经常为其裁减酒量,准其少喝,甚至偷偷赐茶以代替酒。这是史籍中关于"以茶代酒"的最早记载,同时也证实了至少在孙吴的上层社会中,饮茶已经是约定成俗的习惯。

《广陵耆老传》中所记载的内容,则是饮茶在晋代普及到平民阶层的直接反映。其载:"晋元帝时,有老姥每旦独提一器茗,往市鬻之,市人竞买。自旦至夕,其器不减,所得钱散路傍孤贫乞人。人或异之,州法曹絷之狱中。至夜,老姥执所鬻茗器,从狱牖中飞出。"②《云笈七签》记载为:"广陵茶姥:广陵茶姥者,不知姓氏乡里。常如七十岁人,而轻健有力,耳聪目明,头发鬓黑。晋元南渡之后,耆旧相传见之,百余年颜状不改。每持一器茗,往市鬻之,市人争买。自旦至暮,所卖极多,而器中茶常如新熟,而未尝减少,人多异之。州吏以冒法系之于狱,姥乃持所卖茗器,自牖中飞去。"③表明茶在晋代即已成为扬州地区市场上贩售的商品,同时也反映出当时饮茶已成为当地的普遍风俗。

南朝宋刘义庆《世说新语》中还有关于"客来敬茶"的最早记录。其载:"任育长年少时,甚有令名。武帝崩,选百二十挽郎,一时之秀彦,育长亦在其中。王安丰选女婿,从挽郎搜其胜者,且择取四人,任犹在其中。童少时,神明可爱,时人谓育长影亦好。自过江,便失志。王丞相请先度时贤共至石头(今南京)迎之,犹作畴日相待,一见便觉有异。坐席竟,下饮,便问人云:'此为茶为茗?'"④任育长,名瞻,字育长。年少时

---

① (晋)陈寿撰,陈乃乾校点:《三国志》卷六十五《吴书》二十《王楼贺韦华传第二十》,中华书局1959年版,第1462页。
② (唐)陆羽著,沈冬梅编著:《茶经》卷下《七之事》,中华书局2010年版,第137页。
③ (宋)张君房编:《云笈七签》卷一一五《传·广陵茶姥》,中华书局2003年版,第2555页。
④ (南朝宋)刘义庆撰,徐震堮著:《世说新语校笺》卷下《纰漏第三十四》,中华书局1984年版,第487页。

风流俊秀,名声极好,但因晋武帝之死或受到战争的刺激,自从跟随晋室过江南渡以后,便神情恍惚、失魂落魄。丞相王导邀请先前南渡的名士一同至石头城迎接他,仍像往日一样对待他,但是一见面就发觉育长有些变化。待安排好坐席之后,献上茶。育长疑惑,便问旁人,"这是茶,还是茗?"发觉旁人表情异常时,便自己申明,"刚才只是问茶是热还是冷罢了。"此则茶事虽是为了表明任育长是极重感情之人,但从中亦可看出育长对于南方"下饮"表现出的不解。"坐席竟,下饮"即指坐定之后上茶,任育长不解其意,可能是当时以茶待客的习俗尚仅限于南方地区,还未在全国范围内得到普及之故。而"坐席竟,下饮"则为"客来敬茶"的雏形,也是六朝时期建康世俗社会的饮茶与礼仪相互融合的直接反映。

六朝建康茶文化有重大发展的另一标志和特点是,茶的价值由单纯的日用消费,拓展至对某些道德、伦理、品格、情操的寄托和追求等精神层面。如《晋书》所载:"谢安尝欲诣纳,而纳殊无供办。其兄子俶不敢问之,乃密为之具。安既至,纳所设唯茶果而已。俶遂陈盛馔,珍馐毕具。客罢,纳大怒曰:'汝不能光益父叔,乃复秽我素业邪!'于是杖之四十。"①晋代夸豪斗富之风盛行,高门豪族奢侈无度。如晋室元勋何曾"性奢豪,务在华侈。帷帐车服,穷极绮丽,厨膳滋味,过于王者。每燕见,不食太官所设,帝辄命取其食。蒸饼上不坼作十字不食。食日万钱,犹曰无下箸处。"②为了对抗如此奢靡之风,才有吴兴太守陆纳招待卫将军谢安"所设唯茶果而已",其兄子俶随即又将其私备的珍馐盛馔以宴。谢安去后,纳杖俶四十,怪他"秽吾素业"。东晋权臣桓温也主张以俭朴,"每宴惟下七奠柈茶果而已"③。表明至东晋时,针对高门豪族的骄奢淫逸,少数稍有抱负的重臣,赋予茶以节俭的象征,称以茶当酒、茶果代宴为"素业",倡导以尚茶来戒抑骄奢的社会风气。

茶叶向来被视为圣洁之物,因此还成为人们在祭祀之时表达敬意、祈福和寄托哀思的最好方式。祭祀是指向天神、地祇、宗庙等对象祈福

---

① (唐)房玄龄等撰:《晋书》卷七十七列传四十七《陆纳》,中华书局1974年版,第2027页。
② (唐)房玄龄等撰:《晋书》卷三十三列传三《何曾》,中华书局1974年版,第998页。
③ (唐)房玄龄等撰:《晋书》卷九十八列传六十八《桓温》,中华书局1974年版,第2576页。

消灾的传统礼俗仪式,是从史前时代起即被创立的传统。祭祀所用的祭品以食物为主,从《礼记·祭统》所记载内容来看,"水草之菹,陆产之醢,小物备矣。三牲之俎,八簋之实,美物备矣。昆虫之异,草木之实,阴阳之物备矣。"①凡天之所生,地之所长,均可作祭品之用。由此看来,将茶作为祭品,也是自然之事。

以茶敬供神灵和祭祖祀圣,在民间早已出现,到南朝时发展成为政府推行的一种正式礼制。据《南史》记载,齐武帝萧赜曾下诏规定太庙四时祭的祭品,"永明九年,诏太庙四时祭,宣皇帝荐起面饼鸭臛,孝皇后荐笋鸭卵脯酱炙白肉,高皇帝荐肉脍菹羹,昭皇后荐茗粣炙鱼。并生平所嗜也。"②高皇帝指萧道成,萧赜的父亲,原为南朝刘宋权臣,建元元年(479年)代宋后改国号为齐。昭皇后是萧赜的母亲,名刘智容,其父刘寿也是刘宋大臣。在祖宗灵位前供奉他们生前喜好的食物是民间习俗,从萧赜开始,此习俗用于王室的祭祀活动。此后,齐武帝为抑制贵族奢靡厚葬之风,在永明十一年(493年)颁布的遗诏中也明确规定:"祭敬之典,本在因心,东邻杀牛,不如西家禴祭。我灵上慎勿以牲为祭,唯设饼、茶饮、干饭、酒脯而已",并强调"天下贵贱,咸同此制"③。这也是史籍中所见现存最早的一份由皇帝亲自颁令、有助于推动茶业生产和倡导推行茶叶礼制的上谕。

以茶祭祀由此推广开来,并一直延续至明清时期。上至皇室贵族,下至平民百姓,人们都以茶寄托崇敬与哀思。据《吴兴掌故录》记载,"明太祖喜顾渚茶,定制岁贡止三十二觔,于清明前二日,县官亲诣采茶,进南京奉先殿焚香而已,未尝别有上供。"④可见明代皇家祭祖所需的贡茶不仅依照太祖皇帝的喜好,选择产于宜兴和长兴的顾渚茶,而且还有明确的时间和用量规定。清代苏州有"祭床神"的习俗,即在除夕日"荐茶酒糕果于寝室以祀床神,云祈终岁安寝"⑤。是将茶、酒及果品供于寝室,向床身祈求平安。"俗呼床神为床公、床婆。……盖今俗犹

---

① (清)朱彬撰,饶钦农点校:《礼记训纂》卷二十五《祭统第二十五》,中华书局1996年版,第723页。
② (唐)李延寿撰:《南史》卷十一列传第一《齐宣孝陈皇后》,中华书局1975年版,第328页。
③ (南朝梁)萧子显撰:《南齐书》卷三《武帝本纪》,中华书局1972年版,第62页。
④ (清)陆廷灿撰:《续茶经》卷下之三《七茶之事》,文渊阁四库全书本。
⑤ (清)顾禄撰,王迈校点:《清嘉录》卷十二《十二月·祭床神》,江苏古籍出版社1999年版,第239页。

以酒祀床母,而以茶祀床公,谓之男茶女酒。"①又如,在正月初一清晨,世代从事稻作的农家要在家中设香案祭供,以祈求风调雨顺、五谷丰登,茶亦是其中最为重要的祭品之一。在江苏民间,有些地方将祭祖称为"拜喜神",即《清嘉录》所载,"比户悬挂祖先画像,具香蜡茶果粉丸糍糕,肃衣冠,率妻孥以次拜。或三日、五日、十日、上元夜始祭而收者。至戚相贺,或有展拜尊亲遗像者,谓之拜喜神。"②此外,新年时还需祭祀祖先坟墓,旧称"上年坟",是将茶叶、糖果装于锦盒之中,奉于祖先坟上,即"携糖茶果盒展墓",茶仍是重要祭品之一。这些礼俗充分反映了茶在中国数千年的礼教传统中所具有的重要意义。

六朝建康茶文化中心的确立填补了中国茶文化发展在先秦萌芽期与唐代兴盛期之间的空白,为茶叶从南向北普及全国提供了关键支撑,也为此后茶文化的发展和传播奠定了基础。

---

① (清)袁景澜撰,甘兰经、吴琴校点:《吴郡岁华纪丽》卷十二《十二月·祭床神》,江苏古籍出版社1998年版,第362页。
② (清)顾禄撰,王迈校点:《清嘉录》卷一《正月·挂喜神》,江苏古籍出版社1999年版,第5页。

第二章 隋唐五代的江苏茶文化

隋唐五代的江苏茶文化处于蓬勃发展期,境内植茶面积迅速扩大,名茶辈出。其中宜兴所产的阳羡茶还因被陆羽举荐而成为贡茶,并为此专门修建"茶舍"用于督贡,阳羡茶舍也因此成为历史上第一个贡焙之所。此外,唐代江苏所产之茶不仅供当地饮用,而且还大量销往北方,形成"茶自江、淮而来,舟车相继"的局面。与此同时,江苏地区的制茶工艺、饮茶习俗、茶叶贸易及文学艺术等方面亦得到较快发展,充分体现了江苏作为中国第一个茶文化中心的地位与作用。

第一节 茶为国饮局面的形成

经过魏晋南北朝三百多年的政治分裂,隋朝再次统一全国。然而隋朝仅存三十余年,史籍中除辞书外,几乎找不到关于茶的记载。公元618年隋朝灭亡,取而代之的是持续近三百年的唐代。唐代中国国力强盛,经济贸易、文化艺术等各方面均呈现一片繁荣景象,为茶文化的蓬勃发展奠定了基础,因此中国茶业发展通常有"兴于唐"或"盛于唐"的说法。特别是中唐以后,在禅教风气和陆羽《茶经》的推助下,茶业与茶文化出现了飞跃发展。这一时期,北方的黄河中下游地区仍是人口较多且经济、文化发展水平较高的地区,因此北方饮茶的兴盛和普及程度,对南方茶业和全国茶文化的发展、提升,都具有直接的促进作用。南北相互促进,协同发展,共同开创了茶成为举国之饮的新局面。

一 禅宗与茶文化

（一）禅宗促进北方饮茶发展

唐代以前，茶在南方已经颇为流行，但在北方地区的发展速度却较为缓慢，直到中唐以后才进入全面发展的勃兴阶段。这一现象在晚唐杨晔的《膳夫经手录》中说得很清楚："茶古不闻食之，近晋宋以降，吴人采其叶煮，是为茗粥。至开元、天宝之间，稍稍有茶，至德、大历遂多，建中已后盛矣。"①前一句是讲江南饮茶兴起的时间，后一句则是将唐代北方饮茶分成了三个发展阶段。第一阶段在公元713—756年，茶开始在北方出现。经过数十年的发展，到756—779年，茶在北方已经相当普及。第三阶段是繁盛发展期，建中（780—783年）以后南北茶叶贸易的情况正如文献所载，"茶自江、淮而来，舟车相继，所在山积，色额甚多"②；"商贾所赍，数千里不绝于道路"③。

从"秦人取蜀"至唐开元之前，茶在北方已经出现了千年之久，魏晋时长江下游早已饮茶成风，而北方仍然没把茶当成日常饮品，甚至有记载称："隋文帝微时，梦神易其脑骨，自尔脑痛。忽遇一僧，云：山中有茗草，可治。帝服之，有效。于是天下始知饮茶。"④隋文帝年幼头痛，竟需煮饮山中茗草才能痊愈，有人就竞相采茶进献，期待谋求赏赐，以致人称"穷春秋，演河图，不如载茗一车"⑤。说明隋朝时北方仍然不大饮茶，只把其当作仙药圣草，可是为什么在开元后会突然出现一个迅速发展的高潮？

原因当然有很多，比如国家的统一，交通的发达，经济的发展，又或者是前期的种种量变积累导致突然的质变。而诸多原因中最重要的，莫过于人们对茶的需求。茶是一种生活文化，它的发展首先取决于人们的社会生活需要。那么，开元年间又是什么导致了北方人对茶的需求大增呢？这在唐代文学家封演的《封氏闻见记》中说得很清楚："南人

---

① （唐）杨晔撰：《膳夫经手录》，明朱丝栏钞本。
② （唐）封演撰，赵贞信校注：《封氏闻见记校注》卷六《饮茶》，中华书局2005年版，第51页。
③ （唐）杨晔撰：《膳夫经手录》，明朱丝栏钞本。
④ （明）王象晋辑：《二如亭群芳谱》利部《茶谱》，明天启元年刊本。
⑤ （清）汪灏等编：《广群芳谱》卷十八《茶谱一》，上海书店1985年版，第438页。

好饮之，北人初不多饮。开元中，泰山灵岩寺有降魔师大兴禅教，学禅务于不寐，又不夕食，皆许其饮茶。人自怀挟，到处煮饮，从此转相仿效，遂成风俗。自邹、齐、沧、棣，渐至京邑，城市多开店铺煎茶卖之，不问道俗，投钱取饮。其茶自江、淮而来，舟车相继，所在山积，色额甚多。"①

唐代开元年间（713—741年），泰山灵岩寺有降魔师向弟子传授禅教。禅教，实际是佛教中禅宗的一支。禅宗主张"见性成佛""直指本心"，通过坐禅入定，求得心静，进行反省和宗教修养。学禅时需要保持清醒，不能瞌睡，而且又不能吃晚餐，只允许饮茶。喝茶本就可以提神，典籍中多有提及。如北魏张揖《广雅》载："其饮醒酒，令人不眠"②；南朝梁任昉《述异记》称："巴东有真香茗，其花白色如蔷薇，煎服令人不眠，能诵无忘"③；南朝道教理论家陶弘景在《杂录》中也称："苦茶轻身换骨"④。说的都是茶叶有提神醒脑的功效。不仅如此，当时的饮茶方法是把茶叶粉碎后加入葱、姜、枣、橘皮、茱萸、薄荷等一同煮沸喝下⑤，即"捣末置瓷器中，以汤浇覆之，用葱姜芼之"⑥。这种饮茶方式其实更类似于喝粥，正如皮日休所说："然季疵以前，称茗饮者，必浑以烹之。与夫瀹蔬而啜者无异也"⑦，因此还能缓解饥饿感，这就进一步为饮茶的流行提供了契机。此后，大家互相仿效，逐渐将饮茶发展成一种风俗。正如封演所述："此古人亦饮茶耳，但不如今人溺之甚。穷日尽夜，殆成风俗。"⑧

茶作为可以洗涤尘烦的灵物，也随同禅宗一起盛行起来，从山东邹县、临淄、惠民及河北沧州等地，渐渐发展到京城，风行北方广大城镇和

---

① （唐）封演撰，赵贞信校注：《封氏闻见记校注》卷六《饮茶》，中华书局2005年版，第51页。
② （唐）陆羽著，沈冬梅编著：《茶经》卷下《七之事》，中华书局2010年版，第116页。
③ 吴觉农编：《茶经述评》，中国农业出版社1987年版，第42页。
④ 吴觉农编：《茶经述评》，中国农业出版社1987年版，第211页。
⑤ 孙机：《唐宋时代的茶具与酒具》，《中国历史博物馆馆刊》1982年第00期，第113—123页。
⑥ （宋）乐史撰，王文楚等点校：《太平寰宇记》卷一三九《山南西道七·巴州》，中华书局2007年版，第2705页。
⑦ 何锡光校注：《陆龟蒙全集校注》卷四《往体诗一百二十首·茶中杂咏》，凤凰出版社2015年版，第1398页。
⑧ （唐）封演撰，赵贞信校注：《封氏闻见记校注》卷六《饮茶》，中华书局2005年版，第52页。

乡间。至天宝和至德年间(742—758年),在西安、洛阳一带,茶已发展成为"比屋之饮"①。长庆年间(821—824年)的左拾遗李珏称:"茶为食物,无异米盐,于人所资,远近同俗。"②不仅如此,至大中年间(847—860年),"今关西、山东间闾村落皆喫之,累日不食犹得,不得一日无茶也"③。此外,边茶贸易也愈发繁荣,如《唐国史补》中就有西蕃赞普向唐使出示寿州、舒州、顾渚等茶叶的记载。其载:"常鲁公使西蕃,烹茶帐中,赞普问曰:'此为何物?'鲁公曰:'涤烦疗渴,所谓茶也。'赞普曰:'我此亦有。'遂命出之,以指曰:'此寿州者,此舒州者,此顾渚者,此昌明者,此湿湖者。'"④《封氏闻见记》中也可见"流于塞外"和"往年回鹘入朝,大驱名马市茶而归"⑤等记载。可见中唐以后,茶已经不分地域,成为南北平民日常的饮品。

与此同时,北方饮茶的兴盛和普及又反过来刺激了南方的茶叶生产。比如与中原交通最为便捷的江淮地区,有山的地方都开始种植茶叶,可谓"高下无遗土,千里之内,业于茶者七八矣。……每岁二三月,赍银缯缯素求市,将货他郡者,摩肩接迹而至。"⑥开成五年(840年)盐铁司上奏亦称:"伏以江南百姓营生,多以种茶为业。"⑦而且此时茶叶种植已经向商品性生产的大型茶园发展。有些名山名寺小规模少量生产的名茶,也因市场的需要,迅速发展为大规模的专业性生产。最典型的例子莫过于蜀茶蒙顶的变化:"元和以前,束帛不能易一斤先春蒙顶,是以蒙顶前后之人,竞栽茶以规厚利,不数十年间,遂斯安草市,岁出千万斤。"⑧"千万斤"是形容,但在唐宪宗时,蒙顶周围植茶确实得到较快发

---

① (唐)陆羽著,沈冬梅编著:《茶经》卷下《六之饮》,中华书局2010年版,第93页。
② (后晋)刘昫等撰:《旧唐书》卷一七三列传一二三《李珏》,中华书局1975年版,第4504页。
③ (唐)杨晔撰:《膳夫经手录》,明朱丝栏钞本。
④ (唐)李肇著:《唐国史补》卷下,上海古籍出版社1979年版,第66页。
⑤ (唐)封演撰,赵贞信校注:《封氏闻见记校注》卷六《饮茶》,中华书局2005年版,第52页。
⑥ (清)董诰等编:《全唐文》卷八〇二《宇文瓒·祁门县新修阊门溪记》,中华书局1983年版,第8431页。
⑦ (宋)王钦若等编纂,周勋初等校订:《册府元龟:校订本》,卷四九四《邦计部(十二)山泽第二》,凤凰出版社2006年版,第5603页。
⑧ (唐)杨晔撰:《膳夫经手录》,明朱丝栏钞本。

展。又如"地接巴、黔"的泸州，也是"作业多仰于茗茶"。① 唐朝茶叶贸易的繁荣发展还表现为，这时茶叶的产销已分别形成了专门的主销区域和固定流向，出现了产有所专、销有所好的产供销系统。如建州大团，"唯广陵（今江苏扬州）、山阳（今江苏淮安）两地人好尚之"；衡州巨串，主要销售"萧湘至五岭，更远及交趾"，这在唐代其他商品贸易中还属少见现象。②

（二）江苏的禅茶文化

《蛮瓯志》载，"觉林院僧志崇收茶三等：待客以惊雷荚，自奉以萱草带，供佛以紫茸香。盖供佛者为上，自奉者最低。"③寺院中的供奉、坐定参禅以及接待香客等日常行为均要用到茶。如僧众们每日需供奉茶汤，是为"奠茶"；行祭祖之礼时，"众僧集于祖师堂，首先由住持向祖师上香、行礼、供茶"，"众僧再回到祖师堂，还是先由住持上香、上汤、上粥、上茶"；在一年一度的寺院挂单时，需按照僧众受戒的年限依序饮茶，称为"戒腊茶"；寺庙主持邀请全院僧众吃茶，称为"普茶"；每逢节庆大典之时，寺院还会举行盛大的"茶仪"；在接待宾客时，更会根据施主身份，施以不同品级的茶礼。④ 明代徐渭在《煎茶七类》中也将"茶宜"限定在"凉台静室，明窗曲几，僧寮道院，松风竹月，晏坐行吟，清谈把卷"⑤的环境、氛围之内。佛教与茶之间千丝万缕的关联，促使禅僧在寺院内种茶、制茶、饮茶，将其作为禅修的一部分，因此史籍中多有名寺出名茶的记载。

江苏自六朝以来，一直是中国的著名茶区和茶文化中心，入唐以后，饮茶逐渐普及全国，江苏又成为历史上首个贡茶生产基地。佛教自汉代传入中国，很快传播至江苏地区。光武帝之子楚王刘英崇尚浮屠，其居彭城（今徐州）时，府内有外国僧人和中国居士组成的僧团。⑥ 东汉

---

① 刘学锴、余恕诚：《李商隐文编年校注》编年文《为京兆公乞留泸州刺史洗宗礼状》，中华书局2002年版，第2229页。
② （唐）杨晔撰：《膳夫经手录》，明朱丝栏钞本。
③ （后唐）冯贽编：《云仙散录》第二五九《萱草带》，中华书局中华经典古籍库版，第125页。
④ 王景琳著：《中国古代寺院生活》，陕西人民出版社2002年版，第198页、第214—215页。
⑤ （明）徐渭撰：《徐渭集》卷六《杂文·煎茶七类》，中华书局1983年版，第1147页。
⑥ （荷）许里和著，李四龙、裴勇等译：《佛教征服中国》，江苏人民出版社1998年版，第38—39页。

末年,已见在江苏地区修建佛寺的记载:"同郡人笮融,聚众数百,往依于谦,谦使督广陵、下邳、彭城运粮。遂断三郡委输,大起浮屠寺。上累金盘,下为重楼,又堂阁周回,可容三千许人,作黄金涂像,衣以锦彩。每浴佛,辄多设饮饭,布席于路,其有就食及观者且万余人。"①至六朝时,在北方著名僧人南下弘法以及统治阶层和士族门阀的大力支持下,江苏地区的佛教发展盛极一时。到隋唐时期,江苏更成为当时的佛教文化圣地,禅宗、律宗、天台宗等颇具影响力的佛教宗派此时都在江苏地区流行。

茶与佛教都遵循着自身的发展轨迹,二者在时间和地点上重合,为禅茶文化的产生提供了契机。茶与禅在六朝时期结盟,并在茶文化与佛教文化的相互影响和促进下共同发展,至唐代形成了融合两种文化的"禅茶文化",这一过程正是发生在集茶文化中心和佛教文化圣地于一身的江苏。

在江苏名茶之中,很多即是由寺院僧人种植、创制,或因寺僧而名闻天下。例如,洞庭水月茶由水月寺僧人所制,因水月禅寺而得名。水月禅寺位于洞庭缥缈峰西北水月坞。据宋代范成大《吴郡志》载,水月禅寺建于梁大同四年(538年),废于隋大业六年(610年),唐光化中(898—901年),僧志勤因归地结庐,刺史曹珪于天祐四年(907年)以"明月"名之,宋大中祥符间(1008—1016年)诏易今名。② 水月茶即为水月禅寺僧所制。据《吴郡图经续记》载,"洞庭山出美茶,旧入为贡。茶经云,长洲县产洞庭山者,与金州、蕲州味同,近年山僧尤善制茗,谓之水月茶,以院为名也,颇为吴人所贵。"③说明洞庭山所产之茶早在唐代已被列为贡茶。《旧唐书》对此也有记载:"吴、蜀贡新茶,皆于冬中作法为之,上务恭俭,不欲逆其物性,诏所供新茶,宜于立春后造。"④可见洞庭山贡茶的采摘在冬季,早于一般茶叶的春季采摘,直到大和七年

---

① (南朝宋)范晔撰,(唐)李贤等注:《后汉书》卷七十三《陶谦传》,中华书局1965年版,第2368页。
② (宋)范成大撰,陆振岳点校:《吴郡志》卷三十三《郭外寺》,江苏古籍出版社1999年版,第501页。
③ (宋)朱长文纂修:《吴郡图经续记(宋元方志丛刊)》卷下《杂录》,中华书局1990年版,卷下第686页。
④ (后晋)刘昫等撰:《旧唐书》卷十七下本纪十七下《文宗下》,中华书局1975年版,第547—548页。

(833年),文宗才下诏"罢吴、蜀冬贡茶"①。至宋代,洞庭山贡茶因水月禅寺而得名"水月茶"。明代陈继儒在《太平清话》中对此记载为,"洞庭山小青山坞出茶,唐宋入贡,下有水月寺,即贡茶院也。"②元代以后,水月禅寺多次损于战火,水月茶亦随之消逝,并逐渐由新的炒青绿茶品种取代。如《苏州府志》所载,"茶出吴县西山,以谷雨前为贵。唐皮、陆各有茶坞诗。宋时洞庭茶尝入贡,水月院僧所制尤美,号水月茶,载《图经续记》。近时东山有一种名碧螺春最佳,俗呼吓杀人。"③表明宋代水月茶经改制后,至明清时期发展为知名散茶品种碧螺春。

南京栖霞寺僧人曾创制栖霞寺茶。栖霞寺茶产于南京市东北的栖霞山上。栖霞山,古称摄山,因盛产药草而得名。栖霞山中峰西麓有栖霞寺,是南京地区最大佛寺,始建于南齐永明七年(489年),建成之初名为"栖霞精舍",唐时改为"功德寺""隐君栖霞寺",南唐时重修并改名为"妙因寺",宋代又更名为"普云寺""栖霞寺""严因崇报禅院""景德栖霞寺""虎穴寺"(因栖霞山又名虎穴山),直至明洪武五年(1372年)复称"栖霞寺"。栖霞寺于清末毁于战火,现存为民国八年(1919年)重建。明代李日华在《六研斋笔记》中记载,"摄山栖霞寺有茶坪,茶生榛莽中,非经人剪植者。唐陆羽入山采之,皇甫冉作诗送之。"④此诗名为《送陆鸿渐栖霞寺采茶》,"采茶非采菉,远远上层崖。布叶春风暖,盈筐白日斜。旧知山寺路,时宿野人家。借问王孙草,何时泛椀花。"⑤表明栖霞寺茶在唐代已产生,茶圣陆羽还特意赴山中采摘,但在陆羽的著作中却未见更多相关记载。明代顾起元在《客座赘语》中写道,"金陵旧无茶树,惟摄山之栖霞寺,牛首之弘觉寺,吉山之小蓑,各有数十株,其主僧亦采而荐客,然炒法不如吴中,味多辛而辣,点之似椒汤,故不胜也。"⑥另据康熙二十三年(1684年)《六合县志》记载,"品茶者,从来鉴

---

① (宋)欧阳修、(宋)宋祁撰:《新唐书》卷八本纪第八《文宗》,中华书局1975年版,第234页。
② 谢燮清、章无畏等编著:《洞庭碧螺春》,上海文化出版社2009年版,第22页。
③ (清)李铭皖等修,冯桂芬等纂:《苏州府志》卷二十《物产》,清光绪九年刊本,成文出版社1970年版,第496页。
④ (明)李日华撰:《六研斋笔记》二笔卷一,四库本(礼部尚书曹秀先家藏本)。
⑤ (清)彭定求等编:《全唐诗》卷二四九《皇甫冉》,中华书局1960年版,第2808页。
⑥ (明)顾起元撰:《客座赘语》卷九《茶品》,中华书局1987年版,第305页。

赏,必推虎丘第一,以其色白,香同婴儿肉,此真绝妙论也,次则屈指栖霞山,盖即虎丘所传匡庐之种而移植之者。"①乾隆元年(1736年)《江南通志》亦载,"城内清凉山茶,上元东乡摄山茶,味皆香甘。"②明代顾启元认为栖霞寺茶制法不如吴中,滋味辛辣,总体评价不高,而纂修于康熙年间的《六合县志》和乾隆年间的《江南通志》却认为栖霞寺茶"味香甘",位列虎丘茶之后排第二位,理由是栖霞寺茶实为虎丘茶之种。据此推测,明代以前的栖霞山虽产茶,但品质不高,因此唐宋时还算不上名茶,直至明清时期引进虎丘茶种以后,栖霞寺茶的品质才得以提升,故有《金陵物产风土志》所载,"牛首、栖霞二山皆产茶,生于山顶,以云雾名。寺僧采之以供贵客,非尽人所能得。"③由此可见,清代栖霞寺茶的品质虽有提高,但始终由寺僧自采自制,数量较少,仅做寺院招待客人之用,因此并未得到大范围推广。

扬州禅智寺僧人也曾创制禅智寺茶。禅智寺又名"上方禅智寺""上方寺""竹西寺",故址在扬州城东北蜀冈上,月明桥北,由隋炀帝行宫改建,是隋唐时期扬州名寺之一。禅智寺茶在五代时期知名度较高,如唐末五代毛文锡《茶谱》所载:"扬州禅智寺,隋之故宫,寺枕蜀冈,其茶甘香,味如蒙顶焉。"④宋代以后,禅智寺褪去了往日辉煌,禅智寺茶亦随之湮没,代之以同出一源的蜀冈茶闻名于世。此外,由苏州虎丘寺僧人所植、所制的虎丘茶,"最号精绝,为天下冠"⑤,在明代被奉为"茶中王",海州(今江苏连云港)宿城山悟正庵的云雾茶等历代名茶,也出自寺僧之手。

二 陆羽与《茶经》

陆羽(733—804年),字鸿渐,一名疾,字季疵,复州竟陵县(今湖北天门)人。陆羽在《陆文学自传》中称自己不知所生,三岁时被遗弃野

---

① 吴觉农编:《中国地方志茶叶历史资料选辑》,农业出版社1990年版,第36页。
② 吴觉农编:《中国地方志茶叶历史资料选辑》,农业出版社1990年版,第19页。
③ (清)陈作霖编:《金陵琐志·金陵物产风土志》,清光绪二十六年刊本,成文出版社1970年版,第292页。
④ 洪本健:《欧阳修资料汇编》宋代《胡仔》,中华书局1995年版,第224页。
⑤ (明)文震亨著,陈植校注:《长物志校注》,江苏科学技术出版社1984年版,第409页。

外，竟陵龙盖寺（后改名为西塔寺）智积禅师在水滨拾得并收养，随智积禅师姓陆。① 成年后，再由《易经》卦辞"鸿渐于陆，其羽可用为仪"②，得其名和字。天宝年间（742—755年），陆羽离寺，投靠当地戏班，先为伶正之师，参编导演地方戏，后来受到竟陵太守李齐物、竟陵司马崔国辅的赏识，负书火门山邹夫子门下接受正规教育。至德初年，因避安史之乱移居江南，先后行至无锡、湖州、南京等地，上元初隐居苕溪（今浙江湖州）草堂，自称桑苎翁、竟陵子、号东岗子。在此期间，与诗僧皎然为"缁素忘年之交"③，与张志和、孟郊、皇甫冉等学者诗人也多有交往，又入湖州刺史颜真卿幕下，参与编纂《韵海境源》。《茶经》三卷也即成书于此时。建中年间（780—783年），陆羽离开湖州移居江西，又于德宗贞元元年（785年）移居信州（今江西上饶），贞元二年移居洪州玉芝观。贞元五年之前，陆羽由湖南赴岭南，入广州刺史、岭南节度使李复（李齐物之子）幕府，约于贞元九年由岭南返回江南。贞元二十年末，卒于湖州，葬杼山。

陆羽幼年在龙盖寺时常为智积师父煮茶，当时就已显露极高的茶艺造诣。宋代的金石书画鉴赏家董逌在《陆羽点茶图跋》中记了一则故事："竟陵大师积公嗜茶久，非渐儿煎奉不鬻口，羽出游江湖四五载，师绝于茶味。代宗召师入内供奉，命宫人善茶者烹以饷，师一啜而罢。帝疑其诈，令人私访得羽，召入。翌日，赐师斋，密令羽煎茗遗之。师捧瓯，喜动颜色，且赏且啜，一举而尽。上使问之，师曰：'此茶有似渐儿所为者。'帝由是叹师知茶，出羽见之。"④幼时的经历培养了陆羽的煎茶技术，也为其撰写《茶经》奠定了基础。

陆羽博学多闻，涉猎广泛，一生著书颇多，除了诗赋以外，更有《吴兴记》《惠山寺游记》一类的地方风土记，关于茶，则有《顾渚山记》《茶记》《泉品》等。陆羽还曾撰写过《毁茶论》。据《封氏闻见记》载："御史大夫李季卿宣慰江南，至临淮县馆（今安徽泗县东南），或言伯熊善茶

---

① （唐）陆羽著，沈冬梅编著：《茶经·前言》，中华书局2010年版，第1页。
② （魏）王弼撰，楼宇烈校释：《周易注：附周易略例》下经《渐》，中华书局2011版，第288页。
③ 傅璇琮主编：《唐才子传校笺（第1册）》卷三《陆羽》，中华书局2002年版，第627页。
④ 此段引（清）陆廷灿《续茶经》，与《广川画跋》略有不同。郑培凯、朱自振主编：《中古历代茶书汇编校注本》，香港商务印书馆2007年版，第796页。

者,李公请为之。伯熊著黄被衫,乌纱帽,手执茶器,口通茶名,区分指点,左右刮目。茶熟,李公为歠两杯而止。既到江外,又言鸿渐能茶者,李公复请为之。鸿渐身衣野服,随茶具而入,既坐,教摊如伯熊故事。李公心鄙之。茶毕,命奴子取钱三十文酬煎茶博士。鸿渐游江介,通狎胜流,及此羞愧,复著《毁茶论》。"①陆羽本为隐士,田衣野服是他的日常服饰,他也并未因要为李季卿演绎茶事,而特意更换成常伯熊所穿戴的考究服饰。可是李季卿却根据服装和茶艺程式,判断陆羽"剽窃"常伯熊,进而以"三十文"羞辱陆羽。② 这一经历令陆羽不悦,遂著《毁茶论》。

在陆羽一生的著录中,以《茶经》最为著名。《新唐书》称《茶经》"言茶之原、之法、之具尤备,天下益知饮茶矣"③,宋人陈师道在《茶经序》中评论:"夫茶之著书自羽始,其用于世亦自羽始,羽诚有功于茶者也。"④北宋诗人梅尧臣在《次韵和永叔尝新茶杂言》中写道:"自从陆羽生人间,人间相学事春茶"⑤。陆羽也因著《茶经》而闻名于世,被誉为茶圣、茶仙、茶神。唐代诗人耿湋在《连句多暇赠陆三山人》诗中称其"一生为墨客,几世作茶仙"⑥。唐代文学家李肇《唐国史补》记载,"……又一室,署云茶库,诸茗毕贮,复有一神……曰陆鸿渐也。"⑦表明唐代后期江南就有在茶库里供奉陆羽为茶神的。《新唐书》亦载:"时鬻茶者,至陶羽形置炀突间,祀为茶神。"⑧而且还有卖茶的人准备了瓷做的陆羽即茶神像,供在茶社旁,生意好的时候用茶祭祀,也用作赠品,生意不好时则用热开水浇灌,即"巩县陶者多为瓷偶人,号陆鸿渐,买数十茶器得一鸿渐,市人沽茗不利,辄灌注之。"⑨

陆羽生活的年代适逢北方饮茶、南方种茶以及南北茶叶贸易迅速

---

① (唐)封演撰,赵贞信校注:《封氏闻见记校注》卷六《饮茶》,中华书局2005年版,第51—52页。
② 关剑平:《陆羽的身份认同——隐逸》,《中国农史》2014年第3期,第135—142页。
③ (宋)欧阳修、(宋)宋祁:《新唐书》卷一九六列传一二一《隐逸》,中华书局1975年版,第5612页。
④ 曾枣庄主编:《宋代序跋全编》卷十八《书(篇)序十八》,齐鲁书社2015年版,第471页。
⑤ (清)吴之振、(清)吕留良、(清)吴自牧选、(清)管庭芬、(清)蒋光煦补:《宋诗钞:全四册》宋诗钞初集《宛陵诗钞》,中华书局1986年版,第293页。
⑥ (清)彭定求等编:《全唐诗》卷七八九《耿湋》,中华书局1960年版,第8891页。
⑦ (唐)李肇著:《唐国史补》卷下,上海古籍出版社1979年版,第65页。
⑧ (宋)欧阳修、(宋)宋祁:《新唐书》卷一九六列传一二一《隐逸》,中华书局1975年版,第5612页。
⑨ (唐)李肇著:《唐国史补》卷中,上海古籍出版社1979年版,第34页。

发展的年代。这一时期社会迫切需要一部能够全面介绍茶叶的著作,他写的《茶经》应时而出,正好填补了这一空白。但也正因《茶经》的影响力太过强大,所以在其促进茶业、茶学和茶文化发展的同时,也在一定程度上掩盖了陆羽在文学、史学、地理和其他学术领域的成就。

图 2-1 茶神陆羽像
(中国国家博物馆藏)

《茶经》是中国乃至世界现存最早、最完整、最全面介绍茶的第一部专著。初稿约完成于上元初年(760 年),此后历经近二十年的持续修订,至建中元年(780 年)付梓。《茶经》共分三卷,十部分,全文约七千余字。卷上"一之源",论证茶树的起源、名称、性状以及茶叶品质与土壤环境的关系,并简述茶的保健功能等;"二之具",罗列茶叶采制所用的工具,详细介绍了唐代采制饼茶所需的十九种工具名称、规格和使用方法;"三之造",介绍饼茶采制工艺、成茶外貌、等级和鉴别方法。卷中"四之器",介绍煎茶饮茶所用的器具,详细叙述了茶具的名称、形状、材质、规格、制作方法和用途等,在列举茶具的同时也制定了饮茶的规矩和品鉴标准,并对各地茶具优劣进行比较。卷下"五之煮",记载唐代煎茶方法,包括烤茶方法、茶汤调制、煎茶燃料、用水、火候等;"六之饮",记载饮茶习俗,叙述饮茶风尚的起源、传播和饮茶方法,并指出当时茶有"粗茶、散茶、末茶、饼茶"等类型;"七之事",汇辑陆羽之前有关茶的历史资料、传说、掌故、诗文、药方等,其中引用了魏朝张揖《广雅》的记载,"荆、巴间采叶作饼……欲煮茗饮,先炙令赤色,捣末置瓷器中,以汤浇覆之,用葱、姜、橘子芼之。"[1]为后人了解唐以前制茶、饮茶方法提供了依据;"八之出",将唐代全国茶叶生产区域划分成八大茶区,列举各产地及所产茶叶的品

---

[1] (唐)陆羽著,沈冬梅编著:《茶经》卷下《七之事》,中华书局 2010 年版,第 116 页。

质优劣;"九之略",论述在实际情形下,茶叶加工和品饮的程序和器具可因条件而异;"十之图",将上述九章内容绘在绢素上,悬于茶室,使得品茶时可以亲眼领略《茶经》内容。

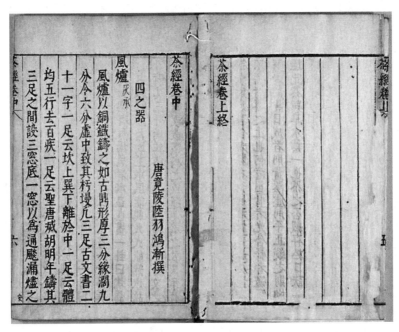

图 2-2　陆羽《茶经》(明喻政辑《茶书》万历四十一年喻政自序刊本)

陆羽之前,中国饮茶无道,业茶无著,他辑前人所书,汇各地经验,在《茶经》中对迄至唐代的茶叶历史、产地、栽培、采摘、制造、煎煮、饮用、器具、功效以及茶事等都做了扼要的阐述,囊括了从物质到文化、从技术到历史的各个方面。书中很多内容都来源于民间,这可以从他的莫逆之交皎然的诗中得到印证。

皎然是唐代著名诗僧,吴兴(今浙江湖州)人。俗姓谢,字清昼,谢灵运十世孙,书法、诗学皆不愧祖风。他与陆羽一度同居湖州杼山妙喜寺,相互论茶谈诗,被陆羽视为"缁素忘年之交"[①]。贞元中早陆羽几年卒。皎然有一首茶诗,题为《对陆迅饮天目山茶因寄元居士晟》:"喜见幽人会,初开野客茶。日成东井叶,露采北山芽。文火香偏胜,寒泉味

---

① 傅璇琮主编:《唐才子传校笺(第1册)》卷三《陆羽》,中华书局 2002 年版,第 627 页。

转嘉。投铛涌作沫,著碗聚生花。稍与禅经近,聊将睡网赊。知君在天目,此意日无涯。"①在这首诗中,皎然谈到了天目山,也涉及了浙西茶叶采摘、煮茶用火、投茶著碗等一些技艺、习俗。这些不但说明陆羽《茶经》中的许多内容来之于民间的生产和生活,而且还为《茶经》起到某些补证作用。如《茶经》记述采茶应"凌露采之",煎茶时"量末当中心而下,有顷,势若奔涛溅沫"以及"华之薄者曰沫,厚者曰饽,细轻者曰花"等内容,就与皎然诗中"日成东井叶,露采北山芽","投铛涌作沫,著碗聚生花"等诗句相一致。而皎然作诗咏赞天目茶,则为《茶经·八之出》提到的"生天目山与舒州同"提供补正,说明天目茶虽不如湖州紫笋,但也不像杭州其他地方的下等茶,而是仅次于顾渚的好茶。

陆羽在《茶经》中详述煎茶炙茶之法,造茶具二十四事,远近倾慕,好事者家藏一副,后又经润色推广,于是茶道大行,王公朝士无不饮者。② 如果说这里的茶道主要指物质层面茶的饮用,那么皎然在《饮茶歌诮崔石使君》中则为陆羽的物质茶道填充了精神内核。诗云:"越人遗我剡溪茗,采得金牙爨金鼎。素瓷雪色缥沫香,何似诸仙琼蕊浆。一饮涤昏寐,情来朗爽满天地。再饮清我神,忽如飞雨洒轻尘。三饮便得道,何须苦心破烦恼。此物清高世莫知,世人饮酒多自欺。愁看毕卓瓮间夜,笑向陶潜篱下时。崔侯啜之意不已,狂歌一曲惊人耳。孰知茶道全尔真,唯有丹丘得如此。"③皎然诗中的"茶道",也就是茶的真味,是指其内涵的深邃和精神感受与追求等难于言表的体会和享受,也即我们现在所概括的茶道理念。

《茶经》的问世不仅总结了古代饮茶的经验,归纳了茶事的特质,而且奠定了中国古典茶学的基本构架和茶道规矩,将此前不完整的零散知识和经验,整理、充实成一门系统学科,构建了较为完整的茶学体系,对后世茶叶著作和茶学发展极具参考价值。其中与农业有关的部分,如种植茶树最适宜的土壤、采摘时期、采茶时对天气和叶质的要求、制茶杀青的方法等,都合乎科学道理,有些原理尚为现代制茶工业所广泛

---

① (清)彭定求等编:《全唐诗》卷八一八《皎然》,中华书局1960年版,第9225页。
② (唐)封演撰,赵贞信校注:《封氏闻见记校注》卷六《饮茶》,中华书局2005年版,第51页。
③ (元)辛文房撰,周绍良笺证:《唐才子传笺证》卷四《皎然上人》,中华书局2010年版,第833页。

应用。

以茶树栽培和制茶技术为例，唐代以前的相关记载只有三国魏张揖《广雅》"荆、巴间采茶作饼"；西晋郭文恭《广志》"茶丛生"；晋郭璞《尔雅注》"树小如栀子，冬生叶"；以及梁任昉《述异记》"其花白色如蔷薇"等。关于制茶，只知道是紧压"饼茶"，关于茶树栽培也只是分别讲到了树型、花、叶等形态。至于如何栽种，则未见记载。而在陆羽《茶经》中，关于茶叶的加工制造，不但对原料的选采，而且对由蒸至藏的每道工艺，采制茶叶所需的各种器物和质地、制法，以及唐代饼茶以外的其他茶类，都记述得十分具体和全面。对茶树和栽培方面的记述，如"一之源"所载，"茶者，南方之嘉木也，一尺、二尺乃至数十尺。其巴山、峡川，有两人合抱者，伐而掇之。其树如瓜芦，叶如栀子，花如白蔷薇，实如栟榈，茎如丁香，根如胡桃"。不但具体提到了当时存在的各类茶树品种，而且对茶树形态及各种器官也作出了完整贴切的形象描述。"上者生烂石，中者生栎壤，下者生黄土"，"阳崖阴林"和"阴山坡谷"，指明了茶树生长所适宜的生态条件，即风化比较完全和含砂粒多、黏性小的砂质土壤，以及向阳山坡且有树木遮蔽，可以提供适宜光照度的生态环境。"野者上，园者次"则说明了地形与茶叶品质的关系。再如"三之造"提出，"凡采茶，在二月、三月、四月之间"，即采摘期在公历的三、四、五月间，正是现在长江流域一带的春茶生产季节。"其日有雨不采，晴有云不采"等对采摘条件的严格要求，则表明了陆羽对于采茶与茶叶品质之间关系的极度关注。

当然，陆羽在《茶经》中对茶树栽培的描述只用了"法如种瓜"四字，的确过于简略，以至一直以《茶经》为范本的两宋及明代前中期的茶书中，也都存在很少谈及甚至根本不谈茶树栽培技术的缺陷。不过好在有同时代或稍晚的农书作为补充，如唐末五代韩鄂《四时纂要》中，就对种茶进行了系统总结："二月中于树下或北阴之地开坎，圆三尺，深一尺，熟斸，著粪和土。每坑种六七十颗子，盖土厚一寸强。任生草，不得耘。相去二尺种一方。旱即以米泔浇。此物畏日，桑下、竹阴地种之皆可。二年外，方可耘治。以小便、稀粪、蚕沙浇壅之；又不可太多，恐根嫩故也。大槩宜山中带坡峻。若于平地，即须于两畔深开沟垄泄水。

水浸根,必死。三年后,每科收茶八两。每亩计二百四十科,计收茶一百二十斤。茶未成,开四面不妨种雄麻、黍、穄等。收茶子:熟时收取子,和湿沙土拌,筐笼盛之,穰草盖之。不尔,即乃冻不生。至二月,出种之。"①这是关于中国古代茶树栽培技术最为完整的记载。

此外,陆羽撰《茶经》还开创了"为茶著书"的先河,自此以后撰写茶书蔚然成风,皎然撰《茶诀》,张又新写《煎茶水记》,温庭筠撰《采茶录》,毛文锡写《茶谱》。这些茶书共同构建了中国古典茶学的基础。

第二节　阳羡茶与贡焙

中国自古就有臣民或属国向朝廷进献物品的传统。如《尚书》载:"禹别九州,随山浚川,任土作贡"②,是说大禹依据九州土地的具体情况制定各地进献物品的品种和数量。贡品通常为地方土产,而茶作为南方特产,自然会被列为贡品。

贡茶,是指中国历史上臣属向君主进献的茶叶,是赋税的一种形式。贡茶约始于汉代或更早时期,起初仅作为一般意义上的土产,由地方政府进献给帝王,尚未有强制性的数量、质量等规定。《华阳国志·巴志》中就记载了西周初年建国的巴国曾将所产的"丹、漆、茶、蜜……"进献给宗主国。③ 这也是关于茶作为贡品的最早记录。而汉景帝墓葬中出土的茶叶,又为贡茶至迟在西汉时已经出现提供了实物证据。④ 魏晋南北朝时,不仅已经有"晋温峤上表贡茶千斤,茗三百斤"⑤的明确记载,更出现了"乌程县西北二十里有温山,出御荈"⑥中特指的专供帝王的茶叶。

---

① (唐)韩鄂原编,缪启愉校释:《四时纂要校释》卷二《二月》,农业出版社1981年版,第69—70页。
② (清)孙星衍撰,陈抗、盛冬铃点校:《尚书今古文注疏》卷三十《书序》三十上《虞夏书》,中华书局1986年版,第560页。
③ (晋)常璩:《华阳国志》卷一《巴志》,嘉庆十九年题襟馆藏版。
④ Houyuan Lu, Jianping Zhang, etc, "Earliest tea as evidence for one branch of the Silk Road across the Tibetan Plateau," Scientific Reports, no. 6 (Jan 2016), 18955.
⑤ (清)郝懿行著,安作璋主编:《郝懿行集》卷一《饮食·茶》,齐鲁书社2010年版,第2165页。
⑥ (南朝宋)山谦之纂:《吴兴记》,清光绪十七年刻云自在龛丛书本。

自唐代开始,贡茶逐渐制度化,发展成为定地、定时、定额,甚至定质地、定品级的特定意义上的贡茶。贡茶州府数量和贡茶数量均大幅增加。据《新唐书·地理志》所记,长庆(821—824年)以后,贡茶州府达到十七个,包括怀州(茶)、峡州(茶)、归州(茶)、夔州(茶)、金州(茶牙)、兴元府(茶)、寿州(茶)、庐州(茶)、蕲州(茶)、黄州(松萝)、常州(紫笋茶)、湖州(紫笋茶)、睦州(细茶)、福州(茶)、饶州(茶)、溪州(茶牙)、雅州(茶)。① 李肇在《唐国史补》中记载的名茶品种多达二十余个:剑南有蒙顶石花,或小方,或散牙,号为第一。湖州有顾渚之紫笋,东川有神泉、小团、昌明、兽目,峡州有碧涧、明月、芳蕊、茱萸簝,福州有方山之露牙,夔州有香山,江陵有南木,湖南有衡山,岳州有浥湖之含膏,常州有义兴之紫笋,婺州有东白,睦州有鸠坑,洪州有西山之白露,寿州有霍山之黄牙,蕲州有蕲门团黄。②

与此同时,贡茶生产渐趋专业化,官方还在阳羡设立了督造贡茶的机构,即"贡焙",专门负责采办唐代名茶阳羡茶。阳羡是宜兴旧称,从六朝时期开始即为著名茶区,唐代所出阳羡茶,也称紫笋茶,品质极佳。据《唐义兴县重修茶舍记》载,"义兴(宜兴)贡茶非旧也,前此,故御史大夫李栖筠实典是邦,山僧有献佳茗者,会客尝之。野人陆羽以为芬香甘辣,冠于他境,可荐于上。栖筠从之,始进万两,此其滥觞也。厥后因之,征献浸广,遂为任土之贡,与常赋之邦侔矣。每岁选匠征夫至二千余人云。"③陆羽认同阳羡茶的卓越品质,因而建议常州太守李栖筠将其进贡于朝廷。栖筠接受了陆羽的建议,将阳羡茶列为贡茶进上。最初的入贡数量为"万两",后逐年增加且渐成惯例,朝廷为此特别修建"茶舍"于宜兴,以供采办阳羡贡茶专用。即《江南通志》所载,"唐李栖筠守常州时,有僧献阳羡茗,陆羽以为芬香可供尚方,遂置舍岁供。"④茶舍最初由洞灵观(今张公洞附近)改建而成,后移至荆溪县罨画溪(距湖汶镇

---

① (宋)欧阳修、宋祁撰:《新唐书》卷三十九志二十九《地理三》至卷四十二志三十二《地理六》,中华书局1975年版,第1010—1083页。
② (唐)李肇著:《唐国史补》卷下,上海古籍出版社1979年版,第60页。
③ (宋)赵明诚撰,金文明校证:《金石录校证》卷二十九《唐义兴县重修茶舍记》,上海书画出版社1985年版,第526页。
④ (清)尹继善、黄之隽纂修:《江南通志》卷三十二《古迹·常州府》,文渊阁四库全书本。

西约一里)。阳羡茶区因此成为唐代盛极一时的贡茶采制地,整个山坞上下全部都种满茶树,而且为了使一个个茶园能够界分清楚和便于生产,还通过种植芦荟为标志来加以隔离。而李栖筠所置"茶舍",亦成为中国历史上第一个贡焙之所。

每年清明之前,阳羡茶的采办工作即在这里展开,制成的贡茶需日夜兼程送至长安,以确保赶上朝廷每年举行的"清明宴",其余茶叶的采制时限虽然宽松一些,但也要"限以四月到"[1]。贡茶于二三月采制,清明贡达京城,周期最多不过30天,而且这还是在不遇春寒正常采摘的情况下,因此运输所费时间非常短。有学者计算,当时陆递日行400里(由"十日王程路四千"之句推测),而唐廷规定的运程时速陆行马最高每日70里、水行顺流最高每天140里,相比之下,茶运速度分别接近征程运速的6倍和3倍。[2] 因此当时阳羡茶又被称为"急程茶"。唐代文人李郢在《茶山贡焙歌》[3]中就有对"急程茶"的描述:

> 使君爱客情无已,客在金台价无比。
> 春风三月贡茶时,尽逐红旌到山里。
> 焙中清晓朱门开,筐箱渐见新芽来。
> 陵烟触露不停探,官家赤印连帖催。
> 朝饥暮匐谁兴哀,喧阗竞纳不盈掬。
> 一时一饷还成堆,蒸之馥之香胜梅。
> 研膏架动轰如雷,茶成拜表贡天子。
> 万人争啖春山摧,驿骑鞭声砉流电。
> 半夜驱夫谁复见,十日王程路四千。
> 到时须及清明宴,吾君可谓纳谏君。
> 谏官不谏何由闻,九重城里虽玉食。
> 天涯吏役长纷纷,使君忧民惨容色。
> 就焙尝茶坐诸客,几回到口重咨嗟。

---

[1] (宋)谈钥纂:《嘉泰吴兴志》食用故事,宋嘉泰元年修,章氏读骚如斋抄本,成文出版社1984年版,第754页。
[2] 沈冬梅:《唐代贡茶研究》,《农业考古》2018年第2期,第13—22页。
[3] (清)彭定求等编:《全唐诗》卷五九〇《李郢》,中华书局1960年版,第6846—6847页。

嫩绿鲜芳出何力,山中有酒亦有歌。
乐营房户皆仙家,仙家十队酒百斛。
金丝宴馔随经过,使君是日忧思多。
客亦无言征绮罗,殷勤绕焙复长叹。
官府例成期如何!
吴民吴民莫憔悴,使君作相期苏尔。

这首诗既是"急程茶"的真实写照,同时又透露出贡茶制度对茶农的剥削以及茶农的困苦与无奈。

随着阳羡茶入贡的数量越来越多,代宗李豫认为宜兴每年的生产任务过重,于是在大历五年(770年),又于长兴顾渚专门设立了贡茶院,使长兴与宜兴"均贡"。即地方志所载,"顾渚与宜兴接,唐代宗以其(宜兴)岁造数多,遂命长兴均贡。自大历五年始分山析造,岁有定额,鬻有禁令;诸乡茶芽,置焙于顾渚,以刺史主之,观察使总之。"①顾渚贡茶院最初设于顾渚虎头岩后的"顾渚源",共建草舍三十余间,自大历五年至贞元十六年(800年)于此造茶,后来刺史李词嫌其简陋狭窄,于是造寺一所,以东廊三十间为贡茶院,两行置茶碓,又焙百余所,工匠千余人。

湖州与常州分贡紫笋茶之初,都想先对方一步贡达京城,因此存在争贡的情况。但是春茶采制受季节限制,如果提前采摘芽叶,势必会因原料的生长期不足而影响成茶品质。因此两州刺史沟通后达成一致,每年茶汛季节(立春后四十五日入山,暨谷雨还),常、湖两地刺史都会在两县相交的啄木岭境会亭集会,与朝廷特派的监督人员共同监制贡茶,杜绝了二州争先争贡的情况出现。时任杭州刺史的白居易在《夜闻贾常州崔湖州茶山境会想羡欢宴因寄此诗》中,记录了常州刺史贾餗和湖州刺史崔玄亮在茶山境会欢宴的场景:"遥闻境会茶山夜,珠翠歌钟俱绕身。盘下中分两州界,灯前合作一家春。青娥递舞应争妙,紫笋齐尝各斗新。自叹花时北窗下,蒲黄酒对病眠人。"②

---

① (宋)谈钥纂:《嘉泰吴兴志》食用故事,宋嘉泰元年修,章氏读骚如斋抄本,成文出版社1984年版,第753页。
② (清)彭定求等编:《全唐诗》卷四四七《白居易》,中华书局1960年版,第5028页。

二州贡茶数额最初为"五百串①,稍加至二千串,会昌中至一万八千四百斤。"②后来,因为顾渚贡茶院规模更大,宜兴所产之茶亦多转至顾渚贡焙加工,所以宜兴茶舍逐渐荒废,因此才有唐代许有谷在《题旧茶舍》中所云,"陆羽名荒旧茶舍,却教阳羡置邮忙。"

阳羡茶虽美,但贡茶制度对茶农造成的压迫与剥削也是不容忽视的问题。时任湖州刺史的袁高,就曾因督造贡茶时目睹贡茶扰民之害,赋《茶山诗》③一首,随贡茶附进以谏。诗载:

禹贡通远俗,所图在安人。后王失其本,职吏不敢陈。
亦有奸佞者,因兹欲求伸。动生千金费,日使万姓贫。
我来顾渚源,得与茶事亲。氓辍耕农耒,采掇实苦辛。
一夫旦当役,尽室皆同臻。扪葛上欹壁,蓬头入荒榛。
终朝不盈掬,手足皆鳞皴。悲嗟遍空山,草木为不春。
阴岭芽未吐,使者牒已频。心争造化功,走挺麋鹿均。
选纳无昼夜,捣声昏继晨。众工何枯栌,俯视弥伤神。
皇帝尚巡狩,东郊路多堙。周回绕天涯,所献愈艰勤。
况减兵革困,重视固疲民。未知供御馀,谁合分此珍。
顾省忝邦首,又惭复因循。茫茫沧海间,丹愤何由申。

袁高是中书令袁恕己之孙,为人耿直清正,敢于直谏。建中二年(781年),袁高为湖州刺史,督造顾渚贡茶,"进三千六百串,并诗刻石在贡焙"④。他所作之诗就是这首《茶山诗》。袁高在诗末高呼"茫茫沧海间,丹愤何由申",抒发心中对贡茶的怨愤,希望能革除对百姓的严重侵害,宽政恤民,国家能够重新振兴。这首深切同情茶农、极言贡茶之弊的诗篇,在随茶进御的同时,也"刻石在贡焙"以为警。

直言控诉贡茶之苦的诗作中,还有一首被公认为历代茶诗中最佳

---

① 1串约为1斤,引自沈冬梅:《唐代贡茶研究》,《农业考古》2018年第2期,第13—22页。
② (宋)谈钥纂:《嘉泰吴兴志》食用故事,宋嘉泰元年修,章氏读骚如斋抄本,成文出版社1984年版,第755页。
③ (清)彭定求等编:《全唐诗》卷三一四《袁高》,中华书局1960年版,第3537页。
④ (宋)钱易撰,黄寿成点校:《南部新书》戊,中华书局2002年版,第66页。

杰作的"七碗茶歌"①:一碗喉吻润,两碗破孤闷,三碗搜孤肠,唯有文字五千卷。四碗发轻汗,平生不平事,尽向毛空散。五碗肌骨清,六碗通仙灵,七碗吃不得也,唯觉两腋习习清风生。蓬来山,在何处,玉川子,乘此清风欲归去。现在广为茶人传诵的"七碗茶歌"内容其实只是卢仝《走笔谢孟谏议寄新茶》(也称《茶歌》)诗中的一段。卢仝,济源(属今河南)人,后居洛阳。他自号玉川子,清正耿直,终生不仕,韩愈任河南令时对他颇为厚遇。甘露之变时,因留宿宰相兼领江南榷茶使王涯家,与王涯同时被宦官所害。②卢仝工诗,是韩孟诗派代表人物之一,著有《玉川子诗集》。在《茶歌》中,卢仝在轻松笑说阳羡七碗茶,描述"两腋习习清风生"的意象后,其实紧接着是以"安得知百万忆苍生,命在坠巅崖受辛苦;便为谏议问苍生,到头还得苏息否"四句收篇。意在诉百姓贡茶的艰辛,指问苍生何时能获苏息。

另外还需补充一点,部分贡茶也可通过各种渠道进入市场。如《册府元龟》所载:"(元和)十二年五月,出内库茶三十万斤,付度支进其直。"③这"三十万斤"贡茶就是政府为解决财政困难、筹集军费而投放市场的。④ 贡焙的茶园和茶叶生产,除宜兴罨画溪茶舍和长兴顾渚贡茶院的官有官营性质外,还有一部分属私有农家茶园,他们除贡茶采造季节生产的茶叶要交官或售于贡焙外,其余夏秋茶可以自由出售。

时至今日,在宜兴与长兴交界的悬脚岭北峰和南峰下,仍可见沟通阳羡与顾渚两大茶区的贡茶古道。古道分为两段,分处于宜兴和长兴境内,宜兴境内长1000余米,长兴境内长约200米,两段古道宽度均在1.2米—2.0米,路面以小石板和块石铺成,并有唐以降的历代瓷片留存于道旁,是贡茶古道辉煌时期的重要见证。旧时古道上有境会亭,为湖、常二守会面之处,在广化桥以南的古道路段还设有"头茶亭""中凉亭"等,是唐代贡茶和贡焙的重要遗迹。

---

① (清)彭定求等编:《全唐诗》卷三八八《卢仝》,中华书局1960年版,第4379页。
② 黄仁生、罗建伦校点:《唐宋人寓湘诗文集》卷十五《卢仝》,岳麓书社2013年版,第698页。
③ (宋)王钦若等编纂,周勋初等校订:《册府元龟:校订本》卷四九三《邦计部(十一)山泽》,凤凰出版社2006年版,第5593页。
④ 陈勇、黄修明:《唐代长江下游的茶叶生产与茶叶贸易》,《中国社会经济史研究》2003年第1期,第11—22页。

图2-3 悬脚岭　　　　　图2-4 茶山路

除了阳羡茶以外，与之一同入贡的还有当地的卓锡泉、於潜泉以及地处长兴县境的金沙泉。卓锡泉，又名真珠泉、珍珠泉，位于南岳山麓的南岳寺。南岳寺建于齐永明二年（484年），时谓"南岳禅寺"，卓锡泉即在南岳寺前，泉水大旱不竭，"泉旧有亭覆之，吴达可题卓锡泉三字"①。据记载，唐开元中，稠锡禅师驻杖于此，"尝曰：以此泉烹桐庐茶，不亦称乎。"②明代徐献忠在《水品》中亦载，"南岳铜官山麓有寺，寺有卓锡泉，其地即古之阳羡，产茶独佳。每季春，县官祀神泉上，然后入贡。寺左三百步，有飞瀑千尺，如白龙下饮，汇而为池。相传稠锡禅师卓锡出泉于寺，而剖腹洗肠于此，今名洗肠池。"③卓锡泉源于石罅之中，故清洌如镜，有"阳羡茶泉，由兹推南岳矣"的极高评价，曾与阳羡茶同列为贡品。於潜泉，地处阳羡茶区，甘醇清洌，极宜烹茶，因此在唐代曾与阳

---

① （清）阮升基等修，宁楷等纂：《宜兴县志》卷一《疆域志·山川》，清嘉庆二年刊本，成文出版社1970年版，第30页。
② （宋）史能之撰：《咸淳毗陵志》卷十五《山水》，清嘉庆二十五年刊本，成文出版社1983年版，第3601页。
③ 郑培凯、朱自振主编：《中古历代茶书汇编校注本》，香港商务印书馆2007年版，第217页。

羡茶一起入贡。如地方志所载:於潜泉,"在湖汊税务场后,穴广二尺,所厥状如井。源伏而味甘,唐时贡茶,泉亦上供。"但因其所处"地近嚣尘,不足以当美景名矣,而未胜也",故其虽与卓锡泉同属阳羡茶泉,但名气却相差甚远。① 金沙泉,位于长兴县啄木岭,据《方舆胜览》记载:"湖、常二郡接界于此,上有境会亭。每茶节,二牧毕至,祈泉处沙中。居常无水,将造茶,太守具牺牲祭泉,久之,发源清溢。造御茶毕,水则微减;供堂者毕,水已半矣;太守造茶毕,即涸矣。"②

入宋以后,由于全国历史气候由温暖期转为寒冷期,茶树生长受到影响,发芽开采日期随着物候变化而延后,紫笋贡茶无法赶在清明前送至京城,以供皇帝的大祭"清明宴"之用。因此,宋太宗继位后,只好舍近求远,在更南方的福建建安设立官茶园,此后贡茶中心,或者说中国茶叶生产的技术中心,也随之由江浙转移到闽北。

太平兴国二年(977年),北苑正式"始置龙焙,造龙凤茶"③。阳羡茶则"自建茶入贡,阳羡不复研膏,祇谓之草茶而已"④。"不复研膏"的阳羡茶并未就此消落,而是由传统的饼茶生产向散茶、末茶、芽茶、叶茶方向转变和发展。如宋代苏轼有"雪芽我为求阳羡,乳水君应饷惠山"⑤的诗句,"雪芽"可能就属芽茶类。方志中也有"元贡荐新茶九十斤,贡金字末茶一千斤,芽茶四百一十斤"⑥的记载,"金字末茶"即为当时宜兴和长兴地区所产的末茶品种。明代许次纾《茶疏》载,"江南之茶,唐人首称阳羡,宋人最重建州,于今贡茶,两地独多。"⑦明代徐光启《农政全书》载:"有紫笋者,其色紫而似笋。唐德宗每赐同昌公主馔,

---

① (清)施惠、钱志澄修,吴景墙等纂:《光绪宜兴荆溪县新志》卷九《古迹名胜》,江苏古籍出版社1991年版,第328页。
② (宋)祝穆撰,(宋)祝洙增订,施和金点校:《方舆胜览》卷四《浙西路》,中华书局2003年版,第80页。
③ (宋)祝穆撰,(宋)祝洙增订,施和金点校:《方舆胜览》卷十一《福建路》,中华书局2003年版,第182页。
④ (清)何文焕辑:《历代诗话》韵语阳秋卷五,中华书局1981年版,第527页。
⑤ (宋)苏轼撰,(清)王文诰辑注,孔凡礼点校:《苏轼诗集》卷二十六《古今体诗四十八首·次韵完夫再赠之什,某已卜居毗陵,与完夫有庐里之约云》,中华书局1982年版,第1406页。
⑥ (清)阮升基等修,宁楷等纂:《宜兴县志》卷三《杂税》,清嘉庆二年刊本,成文出版社1970年版,第108页。
⑦ (明)许次纾著:《茶疏》,引自沈冬梅、李涓编著:《大观茶论(外二种)》,中华书局2013年版,第75页。

其茶有绿花、紫英之号。……安吉州顾渚紫笋,常州宜兴紫笋、阳羡春……皆茶之极品。"①清代袁枚在《随园食单》中记载,"阳羡茶,深碧色,形如雀舌,又如巨米。味较龙井略浓。"②《调鼎集》"茶酒单"所列清代名茶中亦有"常州阳羡茶"一项。③虽然贡焙的地位被北苑取代,但是从宋代直至明清时期,阳羡茶一直都是知名贡茶品种。

第三节　阳羡茶的加工与品饮

从茶叶种类及其加工技术的发展进程来看,饼茶是最先出现的具有一定技术含量的茶叶类型。饼茶至迟在三国时代即已形成,唐代至北宋是其发展高峰期,至南宋中后期,饼茶生产逐渐减少,明代以后在中国大部分地区基本销声匿迹。散茶、末茶在唐时即已出现,陆羽在《茶经》中有明确记载;宋代以后,随着饼茶的式微,末茶、芽茶逐渐在市民阶层盛行,特别是南宋至元代,民间多以饮用末茶和芽茶为主;明代以后,芽茶、叶茶取代其他茶类,成为流传范围最广、时间最长的茶叶产品。饮茶技术的发展情况与茶叶种类的变迁轨迹相互对应,即三国时期已形成饼茶碾末的烹煮方法,并已需要比较复杂的技能练习;唐代达到成熟的程式化、技能化程度,每道程序都有相应的茶具与之相配,形成较为完善的"煎茶"技术;宋元时期,由于末茶的盛行,烹茶发展到出神入化的技术高峰,形成技巧与心得并重的"点茶"技术;明代以后,适用于饼茶的煎茶法和末茶的点茶法逐渐被以开水直接冲泡芽茶、叶茶的瀹饮之法取代。江苏的茶类和烹茶技术变迁总体上与此同步,所不同的是,江苏在北宋时较早进入由饼茶到散茶、芽茶的转制阶段。

一　阳羡茶制作工艺

陆羽称茶有粗茶、散茶、末茶、饼茶等类型。在以现代制茶工艺或

---

① (明)徐光启撰,石声汉校注:《农政全书校注》卷三十九《种植》,上海古籍出版社1979年版,第1094—1095页。
② (清)袁枚撰:《随园食单》,清乾隆五十七年小仓山房刊本。
③ (清)童岳荐著,张延年校:《调鼎集》卷八《茶酒部·茶》,中国纺织出版社2006年版,第238页。

者说发酵程度进行分类之前,茶叶一直是按照是否压制成型而进行分类的。主要类型包括饼茶、散茶、末茶、芽茶。饼茶和散茶是相对的。饼茶是压成饼的茶,散茶是不压成饼、呈松散状态的茶,因此末茶、芽茶、叶茶其实也都可以归为散茶类。饼茶与芽茶、叶茶之间并没有明确的分期,而是同时存在的。至于常用来划分时间节点的朱元璋诏令"罢造(龙团),惟令采茶芽以进"①,也并不是说唐宋时期人们都喝饼茶,明代以后统一改喝芽茶、叶茶,而只是针对统治阶层历代传承的一个习惯性规定。且因古往今来,人们对唐宋茶类的关注点都在饼茶上,留下的文献信息和珍贵茶具大多是关于饼茶的,所以也就给人一种唐宋时期只喝饼茶的错误印象。

饼茶是将鲜叶经过蒸、压、研、造、焙等程序而形成的一种蒸青紧压茶。有关饼茶制法的最早记载出自北魏《广雅》,其载"荆、巴间采茶作饼成,以米膏出之"②,这是目前有史可查的最早的加工方法。从茶叶种类及其加工技术的发展进程来看,饼茶也是最先出现的具有一定技术含量的茶叶类型。饼茶的发展在唐代以后进入繁荣期,尤以阳羡茶为代表。陆羽在《茶经·三之造》中详细说明了蒸青饼茶的制作工艺,具体包括采、蒸、捣、拍、焙、穿、封等程序。③

采:采茶须选在农历"二月、三月、四月之间"的晴而无云之日,"有雨"或"晴有云"时均不采。采茶者需背负竹制的籯,以盛放所采鲜叶。籯,或称篮、笼、筥,竹编容器,容量分为五升、一斗、二斗或者三斗④。

蒸:鲜叶采摘之后,用甑"蒸之",即现代制茶工艺中的杀青。"甑,或木或瓦,匪腰而泥,篮以箄之,篾以系之。始其蒸也,入乎箄;既其熟也,出乎箄。釜涸,注于甑中。又以穀木枝三亚者制之,散所蒸牙笋并叶,畏流其膏。"甑为木质或陶制,甑内用竹篾系着一个篮子状的箄,作为隔水器。蒸茶时,将芽叶置于箄中,蒸好后将芽叶取出摊散,以免汁

---

① (清)张廷玉等撰:《明史》卷八十志五十六《食货四·茶法》,中华书局1974年版,第1955页。
② (宋)乐史撰,王文楚等点校:《太平寰宇记》卷一三九《山南西道七·巴州》,中华书局2007年版,第2704—2705页。
③ 此部分原文和释文参考吴觉农编:《茶经述评》,中国农业出版社1987年版,第50—107页;(唐)陆羽著,沈冬梅编著:《茶经》卷上《三之造》,中华书局2010年版,第39—44页。
④ 唐代1升约合现代的0.6升,唐代1斗约合现代的6升。

液流失。

捣、拍：将蒸过的茶叶用杵臼（或称碓）捣碎，然后用具有各种花纹、形状的铁制模具规（或称模、棬），在石制的承（或称台、砧）上拍压成型。拍压造茶时需要将油绢等材料制成的襜（或称衣）置于承上，再将规置于襜上，以便茶饼成型后"举而易之"。时任苏州刺史从事的皮日休曾作《茶具十咏》，其中《茶舍》一篇有"乃翁研茗后，中妇拍茶歇"之句。说明唐代茶户制茶也不全是男人的事，如果男女共同制茶还会有所分工，如捣掘茶叶的力气活，由男人干，用模具把茶拍压成型是精细活，适于女人做。

焙：茶饼拍压成型后需"焙之"。"焙"，即为干燥，分为初焙和烘干两道程序。初焙是将拍好的茶坯放置于竹编的芘莉（或称籝子、篣筤）上进行初步烘干，然后用锥刀（或称棨）将初焙过的茶饼穿孔，并用竹鞭（或称扑）或竹贯穿好后挂于木制的棚（或称栈）上进一步干燥。

图2-5 捣

图2-6 焙

穿、封：待茶饼干燥之后，将其用竹或树皮搓成的绳索穿好，置于育中予以保存。"育，以木制之，以竹编之，以纸糊之。中有隔，上有覆，下有床，傍有门，掩一扇。中置一器，贮煻煨火，令煴煴然。江南梅雨时，焚之以火。"育，是指编有竹篾、糊有纸的木质框架，上有盖、中有隔、下有底，旁边有一扇可以开闭的门，中间有一个可以盛放热灰火的容器。

图2-7 穿

图2-8 封

热灰火,即没有火焰的暗火,用这种暗火焙茶,有利于保持较低的温度。

二 煎茶之法

中国茶的利用、饮用发源甚早,但真正对饮茶的讲究,至少从现存的文献记载来看,还是从唐代陆羽《茶经》开始的。在《茶经》之前,不消说北方的非产茶区,即使是在南方有些地区,也如皮日休所说:"称茗饮者必浑以烹之,与夫瀹蔬而啜者无异"①,饮茶犹如煮菜喝汤。陆羽有鉴于此,"始为经三卷。由是分其源,制其具,教其造,设其器,命其煮",在讲究茶园择地、采造工具和提高茶叶品质的同时,也开始对茶器的配置、煮茶用水及火候等,提出了具体严格的要求。在《茶经》之前,古籍中关于茶类生产和茶叶烹煮饮用的记载很少,而且也不够详尽,从文献中很难判断饮用茶叶的方法和习俗。陆羽《茶经》"言茶之原、之法、之具尤备",特别是所造二十四茶器,"远近倾慕,好事者家藏一副"②,不但进一步推动了茶叶产制运销的急剧发展,而且从物质和精神两个层面,为古代或传统茶文化铺垫了第一个厚实的发展平台。在一定意义上,中国饮茶能够称艺、成道,正是从陆羽《茶经》开始的。

① (清)彭定求等编:《全唐诗》卷六一一《皮日休·茶中杂咏并序》,中华书局1960年版,第7053页。
② (唐)封演撰,赵贞信校注:《封氏闻见记校注》卷六《饮茶》,中华书局2005年版,第51页。

唐代盛行一种配合饼茶的饮用方法,称为"煎茶"。从《茶经》的记述来看,煎茶法的主要程序包括择水、备器、炙茶、碾茶、罗茶、煮茶和酌茶等。现依据唐代陆羽《茶经》[1]和吴觉农《茶经述评》[2],将煎茶法的主要程序整理并介绍如下。

择水

俗话说,水为茶之母。水在激发茶叶品质方面具有极大影响,高品质的水具有弥补茶叶本身不足的功能,而低品质的水则会对茶品造成影响。对于烹茶之水的认知,在唐代陆羽《茶经》和《煎茶水记》,宋代叶清臣《述煮茶泉品》、欧阳修《大明水记》,明代田艺蘅《煮泉小品》、徐献忠《水品》,明末清初陈鉴《虎丘茶经补注》以及清代刘源长《茶史》等历代茶叶著作中均有相关记载,且其中大多数观点依然被今人所认同。具体关于如何择水、品水等内容,在本章第四节"煎茶水记"中有较为详细的说明,故本处不做赘述。

备器

在陆羽《茶经·四之器》中详列了28种煮茶和饮茶器具,吴觉农先生将其分为8个类别:

(1) 生火用具:风炉、灰承、筥、炭挝、火筴。

(2) 煮茶用具:鍑、交床、竹夹。

(3) 烤茶、碾茶和量茶用具:夹、纸囊、碾、拂末、罗合(由罗和合组成)、则。

(4) 盛水、滤水和取水用具:水方、漉水囊、瓢、熟盂。

(5) 盛盐、取盐用具:鹾簋、揭。

(6) 饮茶用具:碗、札。

(7) 盛器和摆设用具:畚、具列、都篮。

(8) 清洁用具:涤方、滓方、巾。

上述茶器中主要器具的材质及使用方法将在下文中予以介绍。

---

[1] (唐)陆羽著,沈冬梅编著:《茶经》卷中《四之器》,卷下《五之煮》《六之饮》,中华书局2010年版,第47—104页。

[2] 吴觉农编:《茶经述评》,中国农业出版社1987年版,第140—190页。

炙茶

煎茶所用茶饼需要先经过炙烤才能研磨成粉末。"凡炙茶,慎勿于风烬间炙,熛焰如钻,使炎凉不均。持以逼火,屡其翻正,候炮出培塿,状虾蟆背,然后去火五寸。卷而舒,则本其始,又炙之。若火干者,以气熟止;日干者,以柔止。""既而承热用纸囊贮之,精华之气无所散越,候寒末之。"炙烤茶饼时,用"竹夹"将茶饼夹住,靠近火焰,并时时翻转,至茶饼上出现如"虾蟆背"状的泡,然后离开火焰五寸,待卷缩的茶饼逐渐舒展开以后,再按照上述方法烤炙一次。焙干的茶饼需烤至水汽蒸发,晒干的茶饼则烤至柔软即可。烤茶期间,需保持火焰稳定,以免使茶饼受热不匀。烤好之后的茶饼需要趁热放入以两层又白又厚的剡藤纸缝制而成的"纸囊"中保存,以免茶香散失,待冷却后再行碾磨。经过炙烤的茶饼既有利于碾磨成末,又能有效消除茶饼的青草气,从而激发茶香。

碾茶、罗茶

碾茶,是指将冷却好的茶饼用茶碾碾成末状。《茶经》载:"碾,以橘木为之,次以梨、桑、桐、柘为之。内圆而外方。内圆备于运行也,外方制其倾危也。内容堕而外无余。堕,形如车轮,不辐而轴焉。长九寸,阔一寸七分,堕径三寸八分,中厚一寸,边厚半寸,轴中方而执圆。其拂末以鸟羽制之。"另据《大观茶论》载:"碾以银为上,熟铁次之。生铁者,非淘炼槌磨所成,间有黑屑藏于隙穴,害茶之色尤甚。凡碾为制:槽欲深而峻,轮欲锐而薄。槽深而峻,则底有准而茶常聚;轮锐而薄,则运边中而槽不戛。"[①]表明唐代茶碾的材质以木为主,虽然亦不乏金属质,如西安法门寺出土的"鎏金鸿雁流云纹银茶碾",但毕竟仅属于皇家之物,不曾普及至民间,直至宋代才发展成以银、熟铁等金属或石料等更为适宜的材料来制作茶碾。材质的改变使碾茶程序更具可控性。

碾好的茶末需用"罗合"筛贮。罗,罗筛;合,即为盒。罗筛,是将剖开的大竹弯曲,并蒙上纱或绢制成。茶末透过绢纱的网眼,然后落入合中。绢纱经纬间网眼的大小没有确切表述,茶末标准仅能依靠《茶经》中的描述来判断,即"碧粉缥尘,非末也""末之上者,其屑如细米;末之

[①] (宋)赵佶著,沈冬梅、李涓编著:《大观茶论(外二种)》,中华书局2013年版,第30页。

下者,其屑如菱角"。

图2-9 法门寺鎏金壶门座茶碾

图2-10 鎏金仙人驾鹤纹壶门座茶罗

煮水煮茶

煮水煮茶在"鍑"中进行。鍑,即茶釜,无盖,外形似釜式大口锅,并带有方形的耳、宽阔的边以及底部中心为扩大受热面而设置的突起部分,即"脐"。这种无盖、大口的设计对观察辨别水和茶汤的火候极为有利,但同时也存在易被污染的缺陷。茶釜的容量约在3至5升,可供十余人之饮。

茶釜中盛水,置于"风炉"上煮沸。煮水最重火候,有"三沸"之说。"其沸,如鱼目,微有声,为一沸;缘边如涌泉连珠,为二沸;腾波鼓浪,为三沸。已上水老不可食也。初沸,则水合量,调之以盐味,谓弃其啜余,无乃䈎䈁而钟其一味乎?第二沸出水一瓢,以竹筴环激汤心,则量末当中心而下。有顷,势若奔涛溅沫,以所出水止之,而育其华也。"

图2-11 唐代巩县窑黄釉风炉及茶釜(中国茶叶博物馆藏)

先将水烧开至"沸如鱼目,微有声"的程度,即"一沸",此时从"鹾簋"中取出适量的盐加入其中调味。再烧至"缘边如涌泉连珠",即"二沸",此时用"瓢"舀出一瓢水待用,并用"竹筴"在水中转动至出现水涡,再用"则"量取茶末,放入水涡之中。"则"是由海贝、蛎蛤等贝壳或铜、铁、竹制成的计量匙匕,一般来说,煮水一升,大约用一寸正方匙匕的茶末。待茶汤烧至"三沸",即出现"腾波鼓浪""奔涛溅沫"的现象时,将第二沸舀出的水倒入茶汤,降低水温,抑制沸腾,从而孕育沫饽(即汤花)。也就是说,前两次沸腾均为煮水,而第三次沸腾才为煮茶,待茶汤再度沸腾之后,即可进入酌茶程序。

酌茶

将煮好的茶分酌于"碗",即酌茶。"第一煮水沸,弃其沫之上有水膜如黑云母,饮之则其味不正。其第一者为隽永,或留熟以贮之,以备育华救沸之用。诸第一与第二、第三碗次之。第四、第五碗外,非渴甚莫之饮。凡煮水一升,酌分五碗,乘热连饮之,以重浊凝其下,精英浮其上。如冷,则精英随气而竭,饮啜不消亦然矣。"在第一次水沸时,将水面上出现的一层色如"黑云母"、滋味"不正"的水膜去除。酌茶时,舀出的第一瓢为"隽永",需置于熟盂中保存,以备孕育沫饽、抑制沸腾之用,然后再将茶汤依次酌入茶碗。

"凡酌,置诸碗,令沫饽均。沫饽,汤之华也。华之薄者曰沫,厚者曰饽,细轻者曰花。"沫饽是茶汤的精华,酌茶时需注意使各碗中的沫饽均匀,已确保茶汤滋味一致。通常情况下,煮一升水可酌五碗茶汤,其中前三碗滋味最好,但也次于"隽永",至第四、五碗就不再值得饮用了。

酌茶所用的茶碗(即茶盏),敞口、瘦底、碗身斜直,色泽以越窑的青色最衬饼茶的淡红汤色,因此陆羽在《茶经》中称赞越瓷"类玉""类冰",可使茶汤呈现绿色,极具欣赏价值。"故李泌诗云:旋沫翻成碧玉池,添苏散出琉璃眼。遂以碧色为贵。"[1]

上述煎茶程序中提到了几种关键茶具,其他未提及的茶具,在煮饮过程中也会一一用到。例如,"涤方"用于盛放污水,"滓方"用于盛放茶沫、茶渣,"巾"用于擦拭茶渍,"札"用于茶事完毕后洗刷茶釜,"畚"可以贮放十只碗,"具列"用于贮放陈列茶器,"都篮"用于收纳茶器。

---

[1] (宋)曾慥编纂,王汝涛等校注:《类说校注》卷四十七《李泌茶诗》,福建人民出版社1996年版,第1426页。

第四节　煎茶水记①

《罗岕茶记》载，"烹茶，水之功居大。"《续茶经》载，"茶性必发于水，八分之茶遇十分之水，茶亦十分矣；八分之水试十分之茶，茶只八分耳。"是说用高品质的水烹茶，可以弥补茶叶本身的不足，而低品质的水则会对茶品造成影响。《茶疏》亦载，"精茗蕴香，借水而发，无水不可与论茶也。"可见水质的好坏在激发茶叶色、香、味等方面具有显著影响。"凡水泉不甘，能损茶味，故古人择水最为切要"，多有"取冰之晶莹者"烹茶，或称"雪水、梅雨水亦妙"②，认为"茶以雪烹，味更清冽，所谓半天河水是也，不受尘垢"③。赵佶在《大观茶论》中载，好品质的水"以清轻甘洁为美，轻甘乃水之自然，独为难得。"④震君《茶说》亦载，"凡水，以甘为芳，甘而冽为上；清而甘、清而冽次之。未有冽而不清者，亦未有甘而不清者，然必泉水始能如此。"表明宜茶之水需具备"清、轻、甘、洁、冽"等品质，而符合这些条件的水又多隐匿于山川之中，颇为难得。然所谓"茶者水之神，水者茶之体"，"茶之气味，以水为因"，觅水、试茶、评水自古即是爱茶的文人雅士所重视并追求的。如唐代张又新在《煎茶水记》中就记载了刘伯刍评出的宜茶之水，"故刑部侍郎刘公讳伯刍，于又新丈人行也。为学精博，颇有风鉴，称较水之与茶宜者，凡七等：扬子江南零水第一；无锡惠山寺石水第二；苏州虎丘寺石水第三；丹阳县观音寺水第四；扬州大明寺水第五；吴松江水第六；淮水⑤最下，第七。"在此宜茶七水之中，江苏名泉居其六，足见江苏茶文化内涵之丰富。

---

① 此节引用茶书（唐）张又新《煎茶水记》、（明）熊明遇《罗岕茶记》、（明）许次纾《茶疏》、（明）徐献忠《水品》、（清）陆廷灿《续茶经》、（清）刘源长《茶史》、（清）震君《茶说》、（明）黄履道辑（清）佚名增补《茶苑》、（清）佚名《茶史》等，均参考郑培凯、朱自振主编：《中古历代茶书汇编校注本》，香港商务印书馆2007年版。
② （宋）赵希鹄著：《调燮类编》卷三《清饮》，人民卫生出版社1990年版，第92页。
③ （明）高濂著，赵立勋校注：《遵生八笺校注》卷六《四时调摄笺·冬卷·冬时幽赏十二条》，人民卫生出版社1993年版，第207页。
④ （宋）赵佶著，沈冬梅、李涓编著：《大观茶论（外二种）》，中华书局2013年版，第39页。
⑤ （清）刘源长《茶史》载："淮水，颍上寿州怀远界"，位于今安徽境内。

一 扬子江南零水

南零水,又名"中泠泉""龙井",位于镇江市金山以西,中泠泉公园北。此泉原在江水之中,故有"扬子江心水"之称。据《游宦记闻》载,"扬子江心水,号中泠泉,在金山寺傍,郭璞墓下。最当波流险处,汲取甚艰。士大夫慕名求以瀹茗,操舟者多沦溺。寺僧苦之,于水陆堂中,穴井以给游者。"①

中泠泉号称"为天下点茶第一"。明代徐献忠在《水品》中说,"泉品以甘为上,幽谷绀寒清越者,类出甘泉,又必山林深厚盛丽,外流虽近而内源远者。泉甘者,试称之必重厚。其所由来者,远大使然也。江中南零水,自岷江发流,数千里始澄于两石间,其性亦重厚,故甘也。"指出中泠泉是由地下水沿石灰岩裂缝上涌而成,水性厚重。也有人称:"汲此泉满一瓯,可投五十钱不溢,惠山泉则可投三十钱,他水投二十钱未有不溢者。"②

中泠泉水质甘甜清洌,瀹茗尤佳,因此被唐代品泉家刘伯刍奉为"第一泉"。历代文人名士慕名品评者众多,为中泠泉留下众多赞叹之作。如宋代杨万里《过扬子江》,"携瓶自汲江心水,要试煎茶第一功"③;清代施润章《送张康侯之京口》,"中泠泉冠三吴水,北固山当万岁楼"④;康熙皇帝亦作"缓酌中泠泉,曾传第一泉。如能作霖雨,沾洒遍山川"⑤以及"静饮中泠水,清寒味日新。顿令超象外,爽豁有天真"⑥之句赞之。

关于名人品鉴南零水的逸事多有流传。如陆羽品鉴南零水:"太(代)宗朝,李季卿刺湖州,至维扬,遇陆处士鸿渐。李素熟陆名,有倾盖之欢,因赴郡。抵扬子驿中,将食,李曰:陆君善茶,盖天下闻,扬子江南

---

① (宋)张世南撰,张茂鹏点校:《游宦纪闻》卷十,中华书局1981年版,第92—93页。
② 谢永芳校点:《粟香随笔》粟香五笔卷一《中泠泉亭》,凤凰出版社2017年版,第867页。
③ (宋)杨万里撰,辛更儒笺校:《杨万里集笺校》卷二十七《诗·朝天续集·过扬子江》,中华书局2007年版,第1392页。
④ (清)施润章撰:《学余堂诗集》卷三十四《七言律·送张康侯之京口》,文渊阁四库全书本。
⑤ (清)玄烨制:《圣祖仁皇帝御制文集》卷四十《古今体诗三十四首·试中泠泉》,文渊阁四库全书本。
⑥ (清)玄烨制:《圣祖仁皇帝御制文集》第二集卷五十《古今体诗五十首·中泠泉》,文渊阁四库全书本。

零水,又殊绝,今者二妙千载一遇,何旷之乎。命军士信谨者,挈瓶操舟,深诣南零取水。陆洁器以俟。俄水至,陆以杓扬水曰:江则江矣,非南零者,似临岸者。使曰:某棹舟深入,见者累百人,敢绐乎。陆不言,既而倾诸盆,至半,陆遽止,又以杓扬之曰:自此南零者矣。使蹶然大骇,驰下曰:某自南零赍至岸,舟荡半,惧其尠,挹岸水以增之,处士之鉴,神鉴也,其敢隐欺乎。李大惊赏,从者数十辈,皆大骇愕。"[1]李德裕也有类似的品水事迹:"古者,五行官守,皆不失其职,声色香味,俱能别之。赞皇公李德裕,博达之士也。居庙廊日,有亲知奉使于京口。李曰:'还日,金山下扬子江中泠水,与取一壶来。'其人举棹日,醉而忘之。泛舟止石城下方忆及,汲一瓶于江中,归京献之。李公饮后,惊讶非常,曰:'江表水味,有异于顷岁矣。此水颇似建业石城下水。'其人谢过,不敢隐也。"[2]

清咸丰、同治年间,由于江沙堆积导致河道变迁,泉源随金山一同登陆而不得见。同治八年(1869年),候补道薛书常等人发现泉眼,遂

图2-12 金山中泠泉

[1] (宋)李昉等编:《太平广记》卷三九九《水·陆鸿渐》,中华书局1961年版,第3201页。
[2] 夏婧点校:《奉天录:外三种》中朝故事卷上,中华书局2014年版,第219页。

在其四周叠石为池。同治十年,常镇通海道观察使沈秉成为中泠泉立碑、写记、建亭,后损毁。光绪年间,镇江知府王仁堪拓池40亩,于池周建石栏、庭榭,并在方池南面石栏上镌刻"天下第一泉"五字。金武祥在《粟香随笔》中记述:"游新创中泠泉亭。回廊高阁,两桥通焉。扬子江心水,为天下第一泉,本在江中。数十年来,沙涨成洲。近因划沙分亩,始见泉眼,遂浚一池,以石围之,纵横方数丈。凭栏而玩,沸四溢。得此亭,益足增胜矣。"①如今,中泠泉已成为镇江著名的茶文化景观。

二 惠山寺石水

惠山,古称"古华山""历山""锡神山",坐落于无锡西郊,因西域和尚慧照结庐于此而得名"慧山",又作"惠山"。惠山寺位于惠山秀嶂街(今惠山直街和横街交接处),最初为南朝刘宋司徒右长史湛挺所建"历山草堂",至景平元年(423年)改为"华山精舍",梁朝大同三年(537年)改称"慧山寺"。该寺历经多次火灾和重建,最终毁于太平天国与清军的战火之中,仅存寺门匾额。清同治二年(1863年),李鸿章在惠山寺废墟上修建"昭忠祠",辛亥革命后改为"忠烈祠"。2004年,惠山寺经修复开发,并恢复宗教活动,成为无锡著名风景名胜区。

惠山寺石泉位于惠山寺东,惠山头茅峰下白石坞间,今惠山山麓的锡惠公园内,为唐大历元年至十二年(766—777年)无锡令敬澄所开凿。据唐代独孤及《惠山寺新泉记》载:"寺居西山之麓,山小多泉,山下有灵池。其泉伏涌潜泄,无沚无窦,始发衰丈之沼,疏为悬流,及于禅床,周于僧房,灌注于德池,潆洄于法堂。"②另据陆廷灿《续茶经》载:"惠山寺,东为观泉亭,堂曰漪澜。泉在亭中,二井石甃相去咫尺,方圆异形。汲者多由圆井,盖方动圆静,静清而动浊也。"惠山泉分上、中、下三池,上池呈八角形,池栏由八根方柱嵌八块条石构成,池深约三尺,水色

---

① 谢永芳校点:《粟香随笔》粟香五笔卷一《中泠泉亭》,凤凰出版社2017年版,第867页。
② (清)查慎行著,王友胜校点:《苏诗补注》卷八《焦千之求惠山泉诗》,凤凰出版社2013年版,第215页。

透明、甘洌可口；中池紧挨上池，呈四方形，水体清淡；下池凿于宋代，呈长方形，实为鱼池，池壁有明弘治十四年（1501年）杨离雕刻的螭首，即石龙头，中池泉水即由石龙头注入大池之中。上、中池上有亭，始建于唐会昌年间（841—846年），历经废兴，现存为清同治初年重建。亭三面用铁栏护围，山体壁间嵌有元代书法家赵孟頫所书"天下第二泉"石刻。漪澜堂位于池前，供观泉品茗之用，堂北侧龙墙上"天下第二泉"五字为清代礼部员外王澍所书。

惠山寺石泉水"源出石穴"，即是经岩层裂隙滤过的地下水，因而杂质较少，泉水"味淡而清，允为上品"①。其另一特点是不易变质，据记载，"政和甲午岁，赵霆始贡水于上方，月进百樽。先是以十二樽为水式泥印，置泉亭，每贡发以之为则。靖康丙午（1126年）罢贡。至是开之，水味不变，与他水异也。寺僧法皞言之。"②

图2-13 无锡惠山寺石泉（谷为今 摄）

用惠山寺石泉水泡茶，则"茶得此水，皆尽芳味"，唐代品泉家刘伯刍和茶圣陆羽均将其评定为"第二"，因此惠山寺石泉又有"陆子泉"之称。历代文人名士对陆子泉推崇有加。晚唐名相李德裕极其喜欢用惠山泉烹煮茗茶，于是不远数千里设置驿骑，从常州传送泉水至都城长安，并称之为"水递"。如唐庚《斗茶记》所载："唐相李卫公好饮惠山泉，置驿传送，不远数千里。"③后来有位僧人说，"长安吴天观井水，与惠山泉通"，用此井水烹茶与惠泉无异。李德裕听闻，便命人"杂以他水十余缶试之"，不料此僧人"独指其一曰：此惠山泉也"。李德裕大为惊

---

① （清）刘源长辑：《茶史》卷二《名泉·慧山》，兼葭堂藏本翻刻本。
② （宋）张邦基撰，孔凡礼点校：《墨庄漫录》卷三《惠山泉水久留不败》，中华书局2004年版，第93页。
③ 曾枣庄、刘琳主编：《全宋文》卷三〇一一《唐庚五·斗茶记》，上海辞书出版社2006年版，第19页。

叹,自此以后便"罢水驿"。① 欧阳修曾在《归田录》中记录了一则以惠山泉为润笔的雅事:"蔡君谟既为余书《集古录目序》刻石,其字尤精劲,为世所珍,余以鼠须栗尾笔、铜绿笔格、大小龙茶、惠山泉等物为润笔,君谟大笑,以为太清而不俗。"②此四物皆珍品,其中"大小龙茶"更是被视为"然金可有而茶不可得"的极品贡茶,可见惠山泉在宋代之盛名。关于惠山泉的赞咏诗作颇多,如清代康熙、乾隆二帝南巡时曾多次到二泉品茗,并留下多处御碑、匾额和赞美之句。历代文士对二泉的褒赞正如史料所记,"今泉侧留咏殆遍,不可胜载"③。如今,惠山泉庭院及石刻保存完好,已被列为全国重点文物保护单位。

三 虎丘寺石水

虎丘寺石泉位于苏州市阊门外西北山塘街虎丘山。据宋代范成大在《吴郡志》中所述,石井位于剑池傍经藏之后,面阔丈余,岁久堙塞,直至"绍兴三年(1133年),主僧如壁,始淘古石井,去淤泥五丈许。四傍皆石壁,鳞皴天成。下连石底,渐窄。泉出石脉中,一宿水满井。较之二水,味甘冷胜剑池。时郡守沈揆虞卿闻之,往观大喜。为作屋覆之,别为亭于井傍,以为烹茶宴坐之所。"④剑池也是虎丘名水,相传"吴王阖庐葬其下,以扁诸、鱼肠等剑各三千殉焉,故以剑名池。"⑤《庚巳编》有载,"虎丘剑池水清冽,虽经旱不少减。"⑥此后,虎丘石泉再度淤塞,亭屋亦不存。

明代王鏊在《虎丘复第三泉记》记载:"虎丘第三泉,其始盖出于陆鸿渐品定,或云张又新,或云刘伯刍,所传不一,而其来则远矣。今中泠、惠山名天下,虎丘之泉无闻焉。顾闭于颓垣荒翳之间,虽吴人鲜或

---

① (宋)苏轼撰,(明)茅维编,孔凡礼点校:《苏轼文集》卷十二《记·琼州惠通泉记》,中华书局1986年版,第400页。
② (宋)欧阳修撰,李伟国点校:《归田录》卷二,中华书局1981年版,第27页。
③ (宋)史能之纂:《咸淳毗陵志》卷十五《山水》,清嘉庆二十五年刊本,成文出版社1983年版,第3601页。
④ (宋)范成大撰,陆振岳点校:《吴郡志》卷二十九《土物》,江苏古籍出版社1999年版,第426—427页。
⑤ (清)顾治禄撰:《虎丘山志》卷四《山水·剑池》,文海出版社1975年版,第87页。
⑥ (明)陆粲撰:《庚巳编》卷二《剑池》,中华书局1987年版,第26页。

图 2-14 剑池(谷为今 摄)

至焉。长洲尹左绵高君,行县至其地,曰,可使至美,蔽而弗彰。乃命撤墙屋,夷荆棘,疏沮洳。荒翳既除,厥美斯露,爰有巨石,巍崿横陈,可数十丈。泉鬐沸,漱其根而出。曰,兹所谓山下出泉,蒙宜其甘寒清冽,非他泉比也。遂作亭其上,且表之曰第三泉。吴中士夫多为赋诗,而予纪其事,所以贺兹泉之遭也。虽然天下之美,蔽而不彰者,独兹泉也乎哉。因书其后以识,诗曰,岩岩虎丘,巉巉绝壁。步光湛卢,厥侵斯蚀。有支别流,实冽且甘。昔人第之,其品维三。岁久而芜,射鲋且泯。其谁发之,左绵高尹。寒流涓涓,漱于石根。中泠惠山,异美同论。百年之蔽,一朝而袚。伐石高崖,以记其始。"①

虎丘泉,泉味清冽,宜于茗饮,瀹以本山茶尤佳。所谓"茶者水之神,水者茶之体",以虎丘寺石泉水冲泡虎丘寺茶,能使"真水显其神,精茶窥其体"②,好茶好水相得益彰。虎丘石泉水因其卓越品质被唐代刘伯刍列为"第三",被陆鸿渐列为"第五"。此外,茶圣陆羽为了完善《茶经》,曾实地考察宜兴、无锡、丹阳、常州、苏州等地,其增订《茶经》的工作也主要在苏州虎丘进行,因此虎丘山上不仅建有纪念陆羽的楼,而且虎丘泉也因陆羽取此水烹茶,而有"陆羽泉"之称。如今,虎丘寺石泉已成为苏州著名旅游景点。

---

① (明)王鏊撰:《震泽集》卷十七《记·虎丘复第三泉记》,文渊阁四库全书本。
② (清)刘源长辑:《茶史》卷二《名泉·品水》,蒹葭堂藏本翻刻本。

四 观音寺水

观音寺水,又名"玉女泉"或"玉乳泉",位于丹阳市北门外观音山下,原广福寺观音殿前。"旧日观音院内有陈尧佐书'玉乳泉'三字。"①明代皇甫汸《赴丹阳广福寺与弟言别》诗载,"古寺碑题西晋年,澄湖如练倚窗前。寒云自覆金光殿,荒草犹埋玉乳泉。枫叶染霜秋后色,雨花和梵夜中禅。亦知阅水同观世,不奈潮声送客船。"②另据陆游《入蜀记》载:"十六日。早,发云阳,汲玉乳井水。井在道旁观音寺,名列《水品》,色类牛乳,甘冷熨齿。井额陈文忠公所作,堆玉八分也。寺前又有练光亭,下阚练湖,亦佳境,距官道甚近,然过客罕至。"③表明玉乳泉为晋太元时(376—396年)开凿,泉栏呈八角形,青石质地,栏上刻有北宋名臣陈尧佐所书"玉乳泉"三字。南宋景定四年(1263年),广福寺僧始建亭于泉上,并成为古邑胜景之一。

观音寺水色白、甘冷、清洌,为泡茶之佳水,唐刘伯刍《水品》列此泉为第四,而陆羽又列此泉为第十一。南宋陆游于孝宗乾道六年(1170年)由山阴(今浙江绍兴)赴任夔州(今重庆奉节)通判,路过丹阳时曾评价玉乳泉,"名列水品,色类牛乳,甘冷熨齿。"表明当时观音寺水品质尤佳,而张履信于淳熙十三年(1186年)访丹阳时,"沿檄经由,专往访索。僧蹙頞而言,此泉变为昏黑,已数十年矣!初疑其绐,乃亲往验视,果如墨汁。嗟怆不足,因赋诗题壁曰:'观音寺里泉经品,今日唯存玉乳名。定是年来无陆子,甘香收入柳枝瓶。'明年摄邑,六月出迎客,复至寺,再汲,泉又变白。置器中,若云行水影中。虽不极清,而味绝胜。诘其故,盖绍兴初,宗室攒祖母柩于井左,泉遂坏,改迁不旬日,泉如故,异哉!"④明代皇甫汸诗中亦有"寒云自覆金光殿,荒草犹埋玉乳泉"⑤之句。可见,唐代曾列宜茶名泉第四位的玉乳泉,至南宋淳熙年间几近荒废。

---

① 任国维主编:《祁寯藻集》批注及考证《京口山考》卷三《丹徒山》,三晋出版社2015年版,第337页。
② (清)钱谦益编,许逸民、林淑敏点校:《列朝诗集》丁集第四《皇甫金事汸一百六十六首》,中华书局2007年版,第4284页。
③ (宋)陆游著,蒋方校注:《入蜀记校注》卷一,湖北人民出版社2004年版,第30页。
④ (宋)张世南撰,张茂鹏点校:《游宦纪闻》卷十,中华书局1981年版,第93页。
⑤ (明)皇甫汸撰:《皇甫司勋集》卷二十七《七言律诗·赴丹阳广福寺与弟言别》,四库全书本。

五 大明寺水

扬州大明寺始建于宋孝武纪年,即南朝宋孝武帝大明年间(457—464年),故名"大明",又名"栖灵寺""西寺""法净寺",是唐代高僧鉴真大师居住和讲学的地方。大明寺水位于大明寺西花园内的水岛上,俗称"塔院井"。

图2-15 大明寺水

大明寺水水质清澈,滋味甘醇,颇受文人雅士青睐,北宋欧阳修曾撰《大明水记》盛赞,"然此井,为水之美者也"①;张邦基在《墨庄漫录》中亦载,"东坡时知扬州,与发运使晁端彦、吴倅晁无咎大明寺汲塔院西廊井与下院蜀井二水,校其高下,以塔院水为胜。"②明代嘉靖年间(1522—1566年),巡盐御史徐九皋立石,书"第五泉"。清乾隆二年(1737年),郡人汪应庚于寺侧凿池种莲,池中得石井,井水"清冽而甘,闻者争携铛茗瀹试焉,说者谓此正古第五泉也",应庚"环亭跨桥其间,遂成胜境",并由吏部员外王澍(字虚舟)书"天下第五泉"。③

六 吴松江水

松江水,又称"六品泉""甘泉",位于吴江市东南的甘泉桥下。如《吴江县志》所载:"甘泉在石塘第四桥下,去县治南五里,源出天目

---

① (宋)欧阳修著,李逸安点校:《欧阳修全集》卷六十四《居士外集卷十四·大明水记》,中华书局2001年版,第945页。
② (宋)张邦基撰,孔凡礼点校:《墨庄漫录》卷三《塔院水胜蜀井水》,中华书局2004年版,第96页。
③ (清)尹会一、程梦星等纂修:《扬州府志》卷八《河渠》,清雍正十一年刊本,成文出版社1975年版,第91页。

山,流入叶泽湖。水甚清洌,相传有龙居焉。唐陆羽茶经品为第四,桥因得名。张又新品为东南第六。"①宋代张达明曾为此泉写下《题吴江甘泉》一诗:"桥下四檜水,人间六品泉。松陵无鲁望,山茗为谁煎。"②元代倪瓒亦有诗云:"松陵第四桥前水,风急犹须贮一瓢。熟火烹茶歌白纻,怒涛翻雪少停桡。"③六品泉甘甜清洌,适宜烹茶,明代以前"好事者往往以小舟汲之"④,然而在清代文献中却仅见少量记载,且只是引用前朝的内容。如今,六品泉已不存。

七 其他江苏宜茶名水

除了上述自唐代即被排名认定的宜茶名水以外,江苏还有很多适宜泡茶的名泉名水。如南京的崇化寺梅花水、摄山白乳泉、八功德水,扬州天宁寺慧日泉,苏州邓尉山七宝泉等。

梅花水源于南京市西北郊幕府山上的崇化寺。崇化寺,"在府古高峰院,与嘉善寺相连,明正统间重建赐额。崖下有泉,沸起水面若散花,名梅花水。"⑤据《水品》载,"钟阴有梅花水,手掬弄之,滴下皆成梅花。此石乳重厚之故,又一异景也。"梅花水之名缘于其泛起时似梅花状,此水水质甘洌,属"可烹茗者"。另据明代顾璘《崇化寺梅泉》诗载:"昔游岩中寺,梅花覆寒泉。不到三十载,梅摧祇空岩。陵谷幸无改,岂嗟浮物迁。清源出细窦,浅草涵微涓。山僧诵经处,独有龙蜿蜒。冲襟静相照,尘鞅忽已捐。漱齿叙幽事,洗钵修净缘。古殿夕阴起,苍林生远烟。佳兴不可尽,延伫情悠然。"⑥表明明代梅花水已不存。李诩在《戒庵老人漫笔》中对此亦有记载,"崇化寺梅花水甃池一,方仅大如席,泉出自岩石闲。相传水泛起泡皆成梅花,后为寺僧葬侵地脉,今则无矣。"⑦虽

---

① (清)陈龢纕等修,倪师孟等纂:《吴江县志》卷二《山水》,成文出版社1975年版,第90页。
② 何锡光校注:《陆龟蒙全集校注》附录·诸家评论·北京大学古文献研究所《全宋诗》,凤凰出版社2015年版,第1616页。
③ 陈文和主编:《嘉定王鸣盛全集》卷七十九《说集五·第四桥》,中华书局2010年版,第1660—1661页。
④ (宋)范成大撰,陆振岳点校:《吴郡志》卷二十九《土物》,江苏古籍出版社1999年版,第427页。
⑤ (清)尹继善、黄之隽纂修:《江南通志》卷四十三《舆地志·寺观一》,文渊阁四库全书本。
⑥ (明)顾璘撰:《山中集》卷二《游览诗共八十四首·崇化寺梅泉》,文渊阁四库全书本。
⑦ (明)李诩撰,魏连科点校:《戒庵老人漫笔》卷二《琵琶声梅花泡》,中华书局1982年版,第50页。

然崇化寺和梅花水在明代已经寺泉俱废,但因其水质极宜烹煮茗茶,因此仍被周晖《金陵琐事》列为二十四处"金陵泉品"①之一。

白乳泉出自南京摄山。摄山即栖霞山,因传昔时山间盛产具有摄生之效的中草药而得"摄山"之名,白乳泉即位于"摄山栖霞寺千佛岭下"。白乳泉水出自岩石地层之间,水质甚佳,适宜烹茗,是二十四处"金陵泉品"之一。据记载,唐代陆羽曾至栖霞山啜茶品泉,皇甫曾《送陆鸿渐栖霞寺采茶》一诗可以为证,"采茶非采菉,远远上层崖。布叶春风暖,盈筐白日斜。旧知山寺路,时宿野人家。借问王孙草,何时泛椀花。"据推测,此后山僧便在陆羽试茶处造笠亭,并刻石纪念。宋代以后,仅留"白乳泉试茶亭"六字于石壁之上,人皆不知其来历,故有《景定建康志》所载,"昔因人伐木,始见石壁上刻隶书六大字曰'白乳泉试茶亭',不知得名于何人。"②清代文学家厉鹗在《试茶亭》一诗中亦感叹,"言寻白乳泉,皋卢未携至。不见试茶亭,空留试茶字。犹胜徐十郎,山前设茶肆。"③明末清初张怡在《玉光剑气集》中对白乳泉评价颇高,其载:"盛仲交记金陵诸泉二十四处,皆序而赞之,名曰金陵泉品。周吉甫又访得其八,皆携茗试过。予谓附郭以高坐寺茶泉第一,山林以摄山白乳泉第一。昔茅中君云:'清源幽澜,洞泉远沾,水色白。都不学道,居其上,饮其水,亦令人寿考也。'白乳无愧斯言。"④清代乾隆皇帝南巡,多次临幸栖霞山,至白乳泉憩息,以皇甫曾《陆鸿渐栖霞寺采茶》一诗的韵脚赋诗,"石壁隶书六,岁久莓苔生。适自高峰降,遂缘曲栈行。小憩笠亭幽,慢试云窦清。曾羽茗迹邈,兹复传其声。"⑤又"采茶遂试茶,弗焙叶犹生。疑举且吃语,但期此话行。羽踪藉因著,曾句亦云清。泉则付

---

① 二十四处"金陵泉品"为:鸡鸣山泉,国学泉,城隍庙泉,府学玉兔泉,凤凰泉,骁骑卫仓泉,冶城忠孝泉,祈泽寺龙泉,摄山白乳泉,品外泉,珍珠泉,牛首山龙王泉,虎跑泉,太初泉,雨花台甘露泉,永宁寺茶泉,净明寺玉华泉,崇化寺梅花水,方山八卦泉,静海寺狮子泉,上庄宫氏泉,德恩寺义井,方山葛仙翁丹井,衡阳寺龙女泉。周吉甫增八处:谢公墩铁库井,铁塔寺仓百丈泉,铁作坊金沙井,武学井,石头城下水,清凉寺岸山莲花井,凤台门外焦婆井,留守左卫仓井即鹿苑寺井。资料来源:(明)周晖撰,张增泰点校:《金陵琐事;续金陵琐事;二续金陵琐事》《金陵琐事》卷一《泉品》,南京出版社2007年版,第23—24页。
② (宋)马光祖修,周应合编纂:《景定建康志》卷十九《山川志三》,清嘉庆六年刊本。
③ (清)厉鹗撰:《樊榭山房续集》卷四《诗丁》,文渊阁四库全书本。
④ (清)张怡撰,魏连科点校:《玉光剑气集》卷三《法象》,中华书局2006年版,第139页。
⑤ (清)弘历制:《御制诗集》四集卷七十二《古今体九十七首》,文渊阁四库全书本。

无意,淙淙千载声"①。咸丰年间(1851—1861年),试茶亭毁于战火,白乳泉及石刻保存至今,成为栖霞山的著名景点。

八功德水位于南京市钟山灵谷寺。灵谷寺始建于南朝梁天监十三年(514年),是梁武帝为安葬名僧宝访所建,后被明太祖朱元璋迁至钟山东南麓重建,名为"灵谷禅寺"。八功德水源于灵谷寺东北石隙,为六朝时山僧法喜所掘,因灵谷寺僧以竹管将其引入寺内而称"竹递泉"。有传说称,隐居于钟山之中的高僧"忽闻丝竹之音,俄而有清泉一派,莹澈甘滑,有积年疾者服之辄愈。梁已前尝取给御厨水,俗呼为八功德水。杨修之有诗云:翠壁如屏旱不枯,一泓甘滑饮醍醐。高僧到此闻丝竹,还有金鳞对跃无?"②另据《景定建康志》载,"梁天监中,有胡僧昙隐飞锡寓止修行,有一庞眉叟相谓曰:'予山龙也,知师渴,饮功德池,措之无难。'人与口灭,一沼沸成,深仅盈寻,广可倍丈。浪井不凿,醴泉无源,水旱若初,澄挠一色。厥后西僧继至,云本域八池,一已窨矣,此味大较相类,岂非竭彼盈此乎!"③明代顾起元在《客座赘语》中专门列出"八功德水"一条,其载:"灵谷寺八功德水,自寺墙外由钟山流出,下有石为曲水引之,在宝公塔之东北。"④明代徐献忠在《水品》中对此水记载为:"昔山僧法喜,以所居乏泉,精心求西域阿耨池水,七日掘地得之。梁以前,常以供御池。故在峭壁。国初迁宝志

图2-16 摩崖石刻"白乳泉试茶亭"

---

① (清)弘历制:《御制诗集》五集卷七《古今体一百十七首》,文渊阁四库全书本。
② (宋)张敦颐撰,王进珊校点:《六朝事迹编类》卷十一《寺院门》,南京出版社1989年版,第84页。
③ (宋)马光祖修,周应合编纂:《景定建康志》卷十九《山川志三》,清嘉庆六年刊本。
④ (明)顾起元撰:《客座赘语》卷十《八功德水》,中华书局1987年版,第323页。

塔,水自从之,而旧池遂涸,人以为异。谓之灵谷者,自琵琶街鼓掌,相应若弹丝声,且志其徙水之灵也。"①八功德者,"一清、二冷、三香、四柔、五甘、六净、七不噎、八除病"。八功德水水质净澈甘冷、清香绵柔,为泡茶佳水,梁以前一度作为御用之水。北宋天圣年间(1023—1032年),史馆学士兰陵肃公以八块石板立于泉眼四周建井,并在井上建亭。至清代,八功德水又因战乱而一度绝迹,《续金陵琐事》亦称,"今寺有池无水,不知是阻抑之他流乎?或源已绝乎?皆不可知。"②虽然八功德水历史悠久且水质宜茶,深得文人雅士青睐,历代赞咏诗文和相关记载颇多,但却未获陆羽品鉴排名,徐献忠遂发"陆处士足迹未至此水,尚遗品录"之感慨。如今,八功德水及井栏犹在,已成为钟山风景区的一处著名景点。

图 2-17 八功德水

慧日泉位于扬州仪征市城河南岸天宁寺旧址内。据《仪真县志》记载,天宁寺,即"天宁万寿禅寺,在县治东南,澄江桥西。始自唐景龙三年,泗州僧建佛塔七级,以镇白沙,创永和庵于塔后。宋崇宁中,僧道坚复建,赐名报恩光孝禅寺。政和中,改天宁禅院。后有楞伽庵,苏子瞻尝于此写经,故名。西有井,名慧日泉。"③另据《重修仪征县志》记载,"宋东坡先生自儋召还,欲归阳羡买田以老,道出真州,爱楞伽庵地,留写光明经。庵,故寺中僧舍也。井隔院墙,暇日酌水

---

① 郑培凯、朱自振主编:《中古历代茶书汇编校注本》,商务印书馆2007年版,第212页。
② (明)周晖撰,张增泰点校:《金陵琐事;续金陵琐事;二续金陵琐事》《续金陵琐事》卷下《八功德水》,南京出版社2007年版,第256页。
③ (明)申嘉瑞修,李文篆:《(隆庆)仪真县志》卷十二《祠祀考》,明隆庆刻本。

品之,喜其清甘,题曰慧日泉。"①表明慧日泉旧址在天宁寺西侧,泉水质清冽甘甜,舒气爽口,适宜烹茶,苏轼居寺中写经时常取之煮茶。历代文人学士慕名到天宁禅寺品泉饮茗者众多,清代诗人王士禛即留有"秃鬓先生六百年,清泠犹是映江天。自邻五载真州客,初试东坡慧日泉"②的诗句。天宁寺迭经兵火和复建,最终于光绪三年(1877年)毁于火灾,现仅存天宁寺塔身和慧日泉。慧日泉水依旧清澈,且刻有"古慧日泉""光绪十二年重建"字样的井栏及题字尚在,现已被列为文物保护单位。

七宝泉出自邓尉山。邓尉山位于苏州市西南约30公里的光福县,因东汉光武帝时太尉司徒邓禹隐居于此而得名。七宝泉即位于邓尉山妙高峰下。《寓圃杂记》载:"光福之西五里有西崦,周遭皆山,中有一水,其景绝类杭之西湖,然地僻,而游者甚少。山有泉曰七宝,莹洁甘饴,素不经浚凿,纯朴未散其味,迨过于惠山、虎丘也。自倪云林饮后,其名稍著。窃意陆鸿渐遍尝天下之水,而独遗此泉,岂因其近而忽之耶!"③元代文人倪云林"晚年避地光福徐氏。一日,同游西崦,偶饮七宝泉,爱其美,徐命人日汲两担,前桶以饮,后桶以濯。其家去泉五里,奉之者半年不倦。"④至明代,七宝泉颇受文人雅士赞誉,留下不少赞美诗作。如蔡羽曾作《游邓尉山煮七宝泉》一诗赞之:"玉音丁丁竹外闻,璿渊清空出树根。脂光栗栗寒辟尘,冰壶越宿长无痕。碧山无鸡犬,车马不到村。支公三昧火,自闭桑下门。东风西落岩畔花,煎声忽转羊肠车。建州紫磁金叵罗,钱塘新拣龙井茶,琼液津津流马牙。相如有文渴,陆羽无宦情。相逢开士家,七碗同日倾。茶炉若过铜坑去,石上长罂好自盛。"王宠《七宝泉》诗载:"七宝在空翠,谷口桃花流。诸天香雨散,百道白虹浮。华顶通海脉,空中鸣天球。雪喷石钟乳,练挂银河秋。甘于白獭髓,清如赤龙湫。阴山落寒气,二月思貂裘。渐令神思爽,坐

---

① (清)王检心修,刘文淇纂:《(道光)重修仪征县志》卷五《舆地志》,清光绪十六年刻本。
② (清)王士禛著,袁世硕主编:《王士禛全集》卷十八《乙巳稿二·慧日泉》,齐鲁书社2007年版,第430页。
③ (明)王锜撰,张德信点校:《寓圃杂记》卷六《七宝泉》,中华书局1984年版,第44页。
④ (明)王锜撰,张德信点校:《寓圃杂记》卷六《云林遗事》,中华书局1984年版,第51页。

使沉疴瘳。携来双玉瓶,酌以黄金瓯。云英入两腋,渐觉风飕飕。长歌赋归来,去向瑶池头。"王鏊《七宝泉》诗载:"嵌岩滴玲珑,七宝氅完月。幽亭泉上头,暗道曲通穴。剖竹走长蛇,昼夜鸣濏濏。煎无三昧手,渴有七碗啜。寒能醒心神,澄可鉴毛发。桑苎行不到,品第谁为别。埋没向空山,恻此行道渴。"谢缙亦有《七宝泉》诗:"邓尉山中七宝泉,味如沆瀣色如天。半泓清浅无穷脉,一线长流不记年。刳竹引归香积内,试茶烹近白云边。我来酒渴仍秋热,漱尽余酣就石眠。"①虽然七宝泉水甘甜宜茶,文人名士对其评价亦较高,但在茶史资料中却少有记述,徐献忠对此解释为,"顾此水不录,以地僻隐,人迹罕至故也。"②明代李日华在《紫桃轩杂缀》中亦载,"倪云林汲后,无复有垂绠者。"③2000年,光福镇对七宝泉进行了清理和修正,并在露天的泉池周围垒砌石屋加以保护。如今,七宝泉仍作为当地居民的饮用水源。

此外,史籍中另记有高氏父子泉(常州芳茂山,即横山),玻璃泉(盱眙第一山),冽泉、玉蟹泉(常熟虞山),鸡鸣山泉等金陵二十四泉(南京),双井(丹阳),憨憨泉(苏州虎丘),六泾泉(苏州六泾桥)等。甚至还有江、河、雨水的泡茶记录,如《金陵琐志》载:"江水离城市亦远,河水则污浊不堪,居民汲饮,每以为苦。惟雨水较江水洁,较泉水轻,必判分昼夜,让过梅天,炭火粹之,叠换缸瓮,留待三年,芳甘清冽,车研诗所谓'为忆金陵好,家家雨水茶'是也。"④但因这些水品或记载不多,或无重要茶事,故不做收录。

第五节 文学艺术

茶业本身既是一种社会经济和文化现象,又是一个国家或地区整个社会经济和文化发展程度的反映与标识。唐代是我国封建经济发展

---

① 明代四首七宝泉诗均引自(明)钱毂辑:《吴都文粹续集》卷十九《山》,文渊阁四库全书本。
② 郑培凯、朱自振主编:《中古历代茶书汇编校注本》,香港商务印书馆2007年版,第216页。
③ 郑培凯、朱自振主编:《中古历代茶书汇编校注本》,香港商务印书馆2007年版,第1039页。
④ (清)陈作霖编:《金陵琐志》金陵物产风土志,清光绪二十六年刊本,成文出版社1970年版,第292—293页。

的一个高峰期,因此在唐代特别是唐中期以后,茶随着社会经济的发展,由原本仅限于南方的地区性饮品,逐渐普及全国。茶被赋予精神层面的意义并上升为审美对象,茶文化由此进入蓬勃发展时期,作为当时全国茶文化中心的江南地区尤为如此。其中茶诗和茶画是最具表现力且最能直观反映茶文化发展情况的文学艺术作品。

一 茶诗

中国文化是诗性文化,中国也是茶文化的故乡,那么茶向诗中渗透,并由此产生茶诗,也就是顺理成章的事了。唐代是诗作发展的全盛时期,这使茶文化与诗性文化得以在唐代,特别是中唐以后完美结合,并在此后的漫长历史进程中造就了丰富多彩的茶诗作品。根据现存资料统计,从唐玄宗开元(713—741年)末年至宪宗元和(806—820年)末年的中唐阶段,撰写过茶诗的作者有58人,共写茶诗158首;唐穆宗(821—824年)以后直至唐朝覆亡的唐代后期,茶诗作者减至55人,但茶诗增加到233首。① 唐代茶诗及作者数量虽远不如宋代,也少于明清,但与前朝相比,着实发展显著。

中唐有茶诗传世的诗人包括王维、王昌龄、孟浩然、高适、李白、储光羲等。这些人生活在约7世纪末至8世纪中期,是唐代中期出现的我国最早的茶诗诗人群体,他们大多以山水田园诗见长。这一时期山水田园诗的兴起,一方面是由于当时仕途希望暗淡导致山林隐逸之风兴起,另一方面是由于开元后饮茶之风在禅教的推动下盛行于北方,由此带动了南方茶叶生产和南北茶叶贸易蓬勃发展,两方面原因相叠加,所以出现了山水田园诗人的诗作开始将茶事作为主题。正是在这一背景下,一些山水诗的佳作往往也是这一时期茶诗的代表作。如王维《河南严尹弟见宿弊庐访别人赋十韵》"花醥和松屑,茶香透竹丛。薄霜澄夜月,残雪带春风"②;高适《同群公宿开善寺赠陈十六所居》"驾车出入境,避暑投僧家。徘徊龙象侧,始见香林花。读书不及经,饮酒不胜

---

① 李斌城:《唐人与茶》,《农业考古》1995年第2期,第15—32页。
② (唐)王维撰,陈铁民校注:《王维集校注》卷六《编年诗》,中华书局1997年版,第545页。

茶"①；储光羲《吃茗粥作》"淹留膳茶粥，共我饭蕨薇。敝庐既不远，日暮徐徐归"②等。诗句中清晰地透露出幽静清远的山水田园诗风格和特点。

安史之乱（755—763年）以后，盛唐诗人失去了昂扬的精神风貌，如韦应物所撰茶诗《喜园中茶生》"洁性不可污，为饮涤尘烦。此物信灵味，本自出山原。聊因理郡余，率尔植荒园。喜随众草长，得与幽人言"③，即透露出一种孤独冷落的心境和追求清雅高逸的情调。除韦应物以外，还有刘长卿、钱起、皇甫曾、皇甫冉、皎然、李嘉祐、韩翃、顾况、袁高、戴叔伦、耿湋、孟郊、卢纶、权德舆等，他们大多与陆羽是相交相友的同一代人。如著名诗僧皎然，与陆羽为"缁素忘年之交"，其所撰重要茶诗有《对陆迅饮天目山茶因寄元居士晟》《顾渚行寄裴方舟》《饮茶歌诮崔石使君》等。这种清冷孤逸的创作风格一直持续到中唐后期，才开始转而进入积极探索、富于创新的发展阶段，并留下了史料价值极高的茶诗佳作。如张籍撰茶诗八首，其中《山中赠日南僧》一诗的最后二句为："甃石新开井，穿林自种茶。时逢海南客，蛮语问谁家？"④据朱自振先生推测，我国有关茶的知识和饮茶习俗，极有可能在唐以前就传到了与西南紧邻的越南、老挝和缅甸等国。另如著名诗僧贾岛遗有茶诗10首，其《送张校书季霞》有"从京去容州，马在船上多……秦吟宿楚泽，海酒落桂花。暂醉即还醒，彼土生桂茶"；《送朱休归剑南》有"山路长江岸，朝阳十月中。芽新抽雪茗，枝重集猿枫"⑤之句。陆羽《茶经》八之出不载容州（今广西容县）产茶，而贾岛《送张校书季霞》"彼土生桂茶"则反映当时广西东南与广东交界处不仅产茶，而且还出产已颇有名气的"桂茶"。后一首诗则反映剑南（治今四川成都）一带不仅生产一般秋茶，而且在初冬十月还生产一种叫"雪茗"的晚秋茶。这些都是唐代茶

---

① （唐）高适著，刘开扬笺注：《高适诗集编年笺注》第一部分《编年诗》，中华书局1981年版，第295页。
② （明）高棅编纂，汪宗尼校订，葛景春、胡永杰点校：《唐诗品汇（全七册）》五言古诗卷十《名家（上之二）储光羲》，中华书局2015年版，第456页。
③ （唐）韦应物撰，孙望校笺：《韦应物诗集系年校笺》卷七《喜园中茶生》，中华书局2002年版，第350页。
④ （清）彭定求等编：《全唐诗》卷三百四《张籍》，中华书局1960年版，第4308页。
⑤ （清）彭定求等编：《全唐诗》卷五七一《贾岛》，卷五七三《贾岛》，中华书局1960年版，第6626页，第6673页。

书和其他文献未见记载的。此外,如顾况、马叉、卢仝、李贺也各有茶诗,特别是卢仝,今传茶诗虽只四首,但其《走笔谢孟谏议寄新茶》,被公认为历代茶诗之最佳杰作。

此后的唐代诗坛又崛起了以白居易、元稹为代表的元白诗派。他们追随杜甫的写实和通俗化倾向,重视学习民歌,诗歌中充满乡土、市井气息。白居易与刘禹锡、令狐楚、李德裕、裴度等,都是这一时期文人群体中的重要人物,他们经常在一起饮茶作诗,频频唱和,所撰茶诗具有通俗、闲适、重写实的特点,因而内容真切、史实记述较多、史料价值较高。以白居易为例,他是现在唐代遗存茶诗最多的一人,撰写各类茶诗至少有65首以上。叙事长诗《琵琶行》作于其贬江州任上,其中涉及茶事的内容虽然只有"……老大嫁作商人妇。商人重利轻别离,前月浮梁买茶去。去来江口守空船……"①之句,但却有力补充印证了《元和郡县图志》《膳夫经手录》等关于"浮梁"(今江西景德镇)茶叶集散范围、运销区域以及北方大型茶船先停靠浔阳(今江西九江)江口趸位,然后再由茶商携钱财入山采买等具体收购、运输、销售"饶州浮梁"茶叶,"歙州、婺州祁门、婺源方茶"等茶史资料。

至穆宗长庆(821—824年)以后,唐王朝日益呈现危亡之势。随着社会时局的变化,士人首先对国家前途、自身抱负失去希望,常常陷入悲凉压抑的困惑之中,这些反映到诗歌的创作上,就使唐代诗歌由中唐的发展高峰,一下跌落到或怀古伤今,或专于生活苦吟,或追逐爱情题材,或堕入遁世淡泊和乱离悲感、缺少创造、题材境界狭小的晚唐落幕前的衰微阶段。懿宗咸通(860—874年)后期,唐朝开始进入动乱阶段,士人不仅仕途更加艰险,甚至还有性命之虞。因此这一时期文人避世归隐,精神上追求平安闲适,在诗歌中自然表现出淡泊之风。他们以茶酒等生活题材来避世,这使得茶诗作品不但没有受到影响,而且在数量上还较中唐有所增加。如怀古诗人杜牧刺湖州时,修贡督造于今江浙宜兴、长兴贡焙山区,先后写下《茶山下作》《题茶山》《入茶山下题水口草市绝句》《春日茶山病不饮酒因呈宾客》等多首关于茶山和贡焙的

---

① (明)高棅编纂,汪宗尼校订,葛景春、胡永杰点校:《唐诗品汇(全七册)》七言古诗卷十三《歌行长篇·白居易》,中华书局2015年版,第1296页。

诗篇。

以《题茶山》①为例：

山实东吴秀，茶称瑞草魁。剖符虽俗吏，修贡亦仙才。
溪尽停蛮棹，旗张卓翠苔。柳村穿窈窕，松涧渡喧豗。
等级云峰峻，宽平洞府开。拂天闻笑语，特地见楼台。
泉嫩黄金涌，牙香紫璧裁。拜章期沃日，轻骑疾奔雷。
舞袖岚侵涧，歌声谷答回。磬音藏叶鸟，雪艳照潭梅。
好是全家到，兼为奉诏来。树阴香作帐，花径落成堆。
景物残三月，登临怆一杯。重游难自克，俯首入尘埃。

诗中全然不见对贡茶的怨愤，不见寄希望于革除对百姓的严重侵害和国家能够重新振兴，感叹的只是"重游难自克，俯首入尘埃"了。

陆龟蒙、皮日休、司空图等则更关注个人生活，不但在唐末诗坛自成江湖隐逸一派，还把茶诗也纳入了创作的重要题材。据《新唐书·隐逸传》记载："陆龟蒙字鲁望，元方七世孙也。父宾虞，以文历侍御史。龟蒙少高放，通《六经》大义，尤明《春秋》。举进士，一不中，往从湖州刺史张抟游，抟历湖、苏二州，辟以自佐。尝至饶州，三日无所诣。刺史蔡京率官属就见之，龟蒙不乐，拂衣去。居松江甫里，多所论撰，虽幽忧疾痛，赍无十日计，不少辍也。……有田数百亩，屋三十楹，田苦下，雨潦则与江通，故常苦饥。……嗜茶，置园顾渚山下，岁取租茶，自判品第。张又新为《水说》七种，其二慧山泉，三虎丘井，六松江。人助其好者，虽百里为致之。……不喜与流俗交，虽造门不肯见。不乘马，升舟设蓬席，束赍束书、茶灶、笔床、钓具往来。时谓江湖散人，或号天随子、甫里先生……"②陆龟蒙隐居于松江甫里（今苏州甪直），他嗜茶，在顾渚山下置茶园，自己品评茶叶等级，且对鉴泉品水颇为在行，他与皮日休相互以同一件茶器、茶事为题唱和，极具闲适生活的情调。

---

① （唐）杜牧撰，何锡光校注：《樊川文集校注（上下）》第三律诗八十八首《题茶山》，巴蜀书社2007年版，第337—338页。
② （宋）欧阳修、（宋）宋祁撰：《新唐书》卷一九六列传一二一《隐逸》，中华书局1975年版，第5612—5613页。

皮日休《茶中杂咏》①十首：

《茶坞》：闲寻尧氏山，遂入深深坞。种莳已成园，栽葭宁记亩。石洼泉似掬，岩罅云如缕。好是夏初时，白花满烟雨。

《茶人》：生于顾渚山，老在漫石坞。语气为茶荈，衣香是烟雾。庭从㭕子遮，果任獳师虏。日晚相笑归，腰间佩轻篓。

《茶笋》：褎然三五寸，生必依岩洞。寒恐结红铅，暖疑销紫汞。圆如玉轴光，脆似琼英冻。每为遇之疏，南山挂幽梦。

《茶籯》：筤篣晓携去，蓦个山桑坞。开时送紫茗，负处沾清露。歇把傍云泉，归将挂烟树。满此是生涯，黄金何足数。

《茶舍》：阳崖枕白屋，几口嬉嬉活。棚上汲红泉，焙前蒸紫蕨。乃翁研茗后，中妇拍茶歇。相向掩柴扉，清香满山月。

《茶灶》：南山茶事动，灶起岩根傍。水煮石发气，薪然杉脂香。青琼蒸后凝，绿髓炊来光。如何重辛苦，一一输膏粱。

《茶焙》：凿彼碧岩下，恰应深二尺。泥易带云根，烧难碍石脉。初能燥金饼，渐见干琼液。九里共杉林，相望在山侧。

《茶鼎》：龙舒有良匠，铸此佳样成。立作菌蠢势，煎为潺湲声。草堂暮云阴，松窗残雪明。此时勺复茗，野语知逾清。

《茶瓯》：邢客与越人，皆能造兹器。圆似月魂堕，轻如云魄起。枣花势旋眼，苹沫香沾齿。松下时一看，支公亦如此。

《煮茶》：香泉一合乳，煎作连珠沸。时看蟹目溅，乍见鱼鳞起。声疑带松雨，饽恐生烟翠。倘把沥中山，必无千日醉。

陆龟蒙《奉和茶具十咏》②：

《茶坞》：茗地曲隈回，野行多缭绕。向阳就中密，背涧差还少。遥盘云髻慢，乱簇香篝小。何处好幽期，满岩春露晓。

《茶人》：天赋识灵草，自然钟野姿。闲来北山下，似与东风期。雨后探芳去，云间幽路危。唯应报春鸟，得共斯人知。

---

① 何锡光校注：《陆龟蒙全集校注》卷四《往体诗一百十二首·茶中杂咏》，凤凰出版社2015年版，第1399—1401页。

② 何锡光校注：《陆龟蒙全集校注》卷四《往体诗一百十二首·奉和茶具十咏》，凤凰出版社2015年版，第1402—1404页。

《茶笋》：所孕和气深，时抽玉苕短。轻烟渐结华，嫩蕊初成管。寻来青霭曙，欲去红云暖。秀色自难逢，倾筐不曾满。

《茶籝》：金刀劈翠筠，织似波文斜。制作自野老，携持伴山娃。昨日斗烟粒，今朝贮绿华。争歌调笑曲，日暮方还家。

《茶舍》：旋取山上材，架为山下屋。门因水势斜，壁任岩隈曲。朝随鸟俱散，暮与云同宿。不惮采掇劳，只忧官未足。

《茶灶》：无突抱轻岚，有烟映初旭。盈锅玉泉沸，满甑云芽熟。奇香袭春桂，嫩色凌秋菊。炀者若吾徒，年年看不足。

《茶焙》：左右捣凝膏，朝昏布烟缕。方圆随样拍，次第依层取。山谣纵高下，火候还文武。见说焙前人，时时炙花脯。

《茶鼎》：新泉气味良，古铁形状丑。那堪风雪夜，更值烟霞友。曾过赪石下，又住清溪口。且共荐皋卢，何劳倾斗酒。

《茶瓯》：昔人谢堰埏，徒为妍词饰。岂如珪璧姿，又有烟岚色。光参筠席上，韵雅金罍侧。直使于阗君，从来未尝识。

《煮茶》：闲来松间坐，看煮松上雪。时于浪花里，并下蓝英末。倾余精爽健，忽似氛埃灭。不合别观书，但宜窥玉札。

就内容来说，唐代江苏茶诗的关注焦点主要集中于阳羡茶（紫笋茶）及其产地，茶界、诗界名士为其创造了多首脍炙人口的茶诗佳作。除前文述及的袁高《茶山诗》、杜牧《题茶山》、李郢《茶山贡焙歌》、卢仝《走笔谢孟谏议寄新茶》以及皮日休和陆龟蒙的唱和组诗以外，具代表性的作品还包括：

李嘉佑《送陆士伦宰义兴》①：阳羡兰陵近，高城带水闲。浅流通野寺，绿茗盖春山。长吏多（一作先）愁罢，游人讵肯还。知君日清净，无事掩重关。

钱起《与赵莒茶宴》②：竹下忘言对紫茶，全胜羽客醉（一作对）流霞。尘心洗尽兴难尽，一树蝉声片影斜。另有一首《过张成侍御宅》：丞相幕中题（一作吐）凤人，文章心事每相亲。从军谁谓仲宣乐，入室方知颜子贫。杯里紫茶香代酒，琴中绿水静留宾。欲知别后相思意，唯愿琼枝入

---

① （清）彭定求等编：《全唐诗》卷二六〇《李嘉佑》，中华书局1960年版，第2151页。
② （清）彭定求等编：《全唐诗》卷二三九《钱起》，中华书局1960年版，第2688页，第2672页。

梦频。

白居易《晚春闲居杨工部寄诗杨常州寄茶同到因以长句答之》①：宿醒寂寞眠初起，春意阑珊日又斜。劝我加餐因早笋，恨人休醉是残花。闲吟工部新来句，渴饮毗陵远到茶。兄弟东西官职冷，门前车马向谁家。

姚合《寄杨工部闻毗陵舍弟自罨溪入茶山》②：采茶溪路好，花影半浮沉。画舸僧同上，春山客共寻。芳新生石际，幽嫩在山阴。色是春光染，香惊日气侵。试尝应酒醒，封进定恩深。芳贻（一作眙）千里外，怡怡太府吟。

陆希声《阳羡杂咏十九首·茗坡》③：二月山家谷雨天，半坡芳茗露华鲜。春醒酒病兼消渴，惜取新芽旋摘煎。

除描写阳羡茶及其产地以外，这一时期也有零星描写江苏其他名茶、名泉和茶事的茶诗。

皇甫冉《送陆鸿渐栖霞寺采茶》④：采茶非采菉，远远上层崖。布叶春风暖，盈筐白日斜。旧知山寺路，时宿野人家。借问王孙草，何时泛碗花。

皎然《往丹阳寻陆处士不遇》⑤：远客殊未归，我来几惆怅。叩关一日不见人，绕屋寒花笑相向。寒花寂寂徧荒阡，柳色萧萧愁暮蝉。行人无数不相识，独立云阳古驿边。凤翅山中思本寺，鱼竿村口望归船。归船不见见寒烟，离心远水共悠然。他日相期那可定，闲僧著处即经年。

皮日休《题惠山泉二首》⑥：丞相长思煮茗时，郡侯催发只忧迟。吴关去国三千里，莫笑杨妃爱荔枝。马卿消瘦年才有，陆羽茶门近始闲。时借僧炉拾寒叶，自来林下煮潺湲。

---

① （清）彭定求等编：《全唐诗》卷四五四《白居易》，中华书局1960年版，第5146页。
② （清）彭定求等编：《全唐诗》卷四九七《姚合》，中华书局1960年版，第5640页。
③ （清）彭定求等编：《全唐诗》卷六八九《陆希声》，中华书局1960年版，第7914页。
④ （清）彭定求等编：《全唐诗》卷二四九《皇甫冉》，中华书局1960年版，第2808页。
⑤ （清）彭定求等编：《全唐诗》卷八一七《皎然》，中华书局1960年版，第9210页。
⑥ 王继宗校注：《永乐大典·常州府清抄本校注》常州府十四《文章》，中华书局2016年版，第910页。

二 茶画

茶画是指以茶事活动为题材，或在画面中出现有关茶事内容的绘画作品。与茶诗相比，茶画数量相对较少。据陈宗懋先生主编的《中国茶叶大辞典》不完全统计，至今能查证的古代茶画约 120 幅，其中保留至今的有 80 余幅。在这百余幅古代茶画之中，创作于唐宋元时期的茶画数量有 30 余幅，而明清作品则有近 80 幅。可见，茶画与茶诗虽然同时兴起于唐代中期，但之后的发展却不甚同步，茶诗在唐宋时率先达到鼎盛，而茶画的繁荣发展期却在明清两代。如果把茶叶诗画的发展历程用同一条曲线表示，那么会在唐宋和明清分别出现两个峰值，前者属于茶诗，后者属于茶画。

从文化遗存方面来看，绘画的历史早于诗歌，但从茶诗、茶画的实际情况来看，茶画的出现时间则晚于茶诗。关于茶画的最早记载是唐朝初期著名画家阎立本（？—673 年）的《萧翼赚兰亭图》。萧翼，本名世翼，南朝梁元帝萧绎的曾孙。唐太宗时，为监察御史。此画表达的是萧翼奉太宗李世民之命，至越州（今浙江绍兴）从高僧辩才手中骗取王羲之《兰亭集序》真迹的故事。辩才俗姓袁，居越州永钦寺，是该寺王羲之七世孙智永的弟子。相传，王羲之《兰亭集序》的真迹原本由智永收藏，智永临终时传给辩才保存。唐太宗曾多次召辩才至京索画，但都没有结果。太宗求之甚切，于是密遣萧翼赴越诡取之。据说萧翼装扮成一落魄书生，流浪到永钦寺，辩才与之交谈后，很欣赏和怜惜他的才华，就留他住宿庙中。萧翼用计盗得《兰亭集序》回京复命后，太宗非常高兴，授翼为员外郎，赏赐甚厚；后亦赐辩才财物，辩才惊惋，岁余卒。据《中国茶叶大辞典》对此画的介绍，在画中突出位置，绘辩才与萧翼二人交谈情况，有一寺僧站于其间。画面的左下角，有一老者蹲坐于风炉前，正欲用火箸拨火，另有一侍童手捧茶碗欲向主客献茶①。

---

① 王逊著：《中国美术史》，上海人民美术出版社 1989 年版，第 198 页。

图2-18 阎立本《萧翼赚兰亭图》(台北"故宫博物院"藏南宋摹本,辽宁省博物馆藏北宋摹本)

《萧翼赚兰亭图》之后,茶画发展进入空窗期,直至开元年间才有其他茶画作品问世。这在时间上与饮茶之风在唐代中期盛行是相一致的,也就是前文提到的开元中泰山灵岩寺大兴禅教,并由禅教带动北方和黄河流域饮茶的普及。除了饮茶之风的兴起以外,唐代中期以后绘画自身的发展也为茶画发展铺平了道路。安史之乱以后,中国绘画由宗教美术转向世俗化发展,出现了直接描述贵族现实生活的画作。这一转变发生的时间,恰巧与中国北方饮茶盛行同步或稍晚,所以虽然唐代第一幅茶画《萧翼赚兰亭图》是唐代初期的作品,但确切地说,茶画真正成为一种固定的题材,应该是在唐代中期以后。

开元时,有文献可证的茶画再一次出现,即张萱所绘《烹茶仕女图》和《煎茶图》。张萱,京兆(今陕西西安)人,活跃于8世纪,开元间任史馆画直,后入仕官至宣州长史。其画以人物肖像画最著,尤以仕女、贵胄子弟和婴儿为工。《烹茶仕女图》原画未见,但于北宋《宣和画谱》卷五和清代陆廷灿《续茶经·茶之图》"历代图画名目"中均有记载。[①]《煎茶图》,原画未见,在南宋周密《云烟过眼录》和明代张丑《清河书画舫》中都有张萱画过《煎茶图》的记载。

尚且存世的中唐茶画主要有周昉的《调琴啜茗图》和未署作者

[①] 陈宗懋主编:《中国茶叶大辞典》,中国轻工业出版社2000年版,第633页。

的《宫乐图》。周昉,生年不详,大约活跃于代宗李豫、德宗李适(762—804年)时期,字仲朗,一字景玄,与张萱同为京兆(今陕西西安)人,是唐朝中期著名的人物画家兼宗教画家。善画"贵游人物",且作"浓丽丰肥之态",最突出的是画"绮罗人物",画风为"衣裳简劲,彩色柔丽,以丰厚为体"。《调琴啜茗图》现藏美国纳尔逊美术馆。据《中国茶叶大辞典》释称,全图五人,由姿态判断为三主二仆。主人中一人抚琴,二人倾听,其中一女身着红装,正执茶盏于唇边,目光对着抚琴之人,另一人侧首远视。抚琴仕女和侧首者旁,各有一女仆侍茶。[1]

《宫乐图》,又名《会茶图》,藏于台北"故宫博物院"。此画未署作者,有研究者认为其表现了南唐画家周文矩最喜爱的题材,像是周文矩画派的作品。[2] 画面描绘一群宫廷仕女,围聚一长案周围品茗听乐的情况。图中共画12个人物,其中10人,有人称似为嫔妃,也有人称似为乐师,其余2人为侍女。侍女站立在就座长案四周的嫔妃(或乐师)之旁。长案正中,置一提耳侈口大盆,盆中有一长柄茶杓。此外,在盆的两边有一个六曲葵口的器皿,另外在桌上还散放着五个海棠形的漆盒,在每位嫔妃(或乐师)面前都有一个小碟。围绕长案的10人,右边的1个饮者,正用长柄勺从大盆中将茶汤舀到自己的碗里。图中12人,有6人在弹奏拉唱,5人在舀茗和啜茶,画面较周昉的《调琴啜茗图》人物更多,内涵也更加丰富。

唐代中期是中国茶文化蓬勃发展的时期,茶画也在这一时期发展成为固定的题材。总体来看,唐代茶画大多以宫廷贵族和文人士大夫的饮茶生活为题材,但是随着张萱、周昉等描绘宫廷贵族仕女画的风潮逐渐消退,唐代茶画的发展也随即出现了一段空白。由《中国茶叶大辞典·茶事绘画》收录的茶画条目看,唐代茶画至无名氏的《宫乐图》,就再无继者。《宣和画谱》中也未见中唐以后绘有茶事内容的图画名目。直至五代,才又出现陆晃《烹茶图》,周文矩《烹茶图》《火龙烹茶图》,王齐翰《陆羽煎茶图》等茶画。

江苏茶画的起始即在五代时期。如《韩熙载夜宴图》《烹茶图》《火

---

[1] 陈宗懋主编:《中国茶叶大辞典》,中国轻工业出版社2000年版,第633页。
[2] (美)高居翰著,李渝译:《图说中国绘画史》,生活·读书·新知三联书店2014年版,第47页。

龙烹茶图》《陆羽煎茶图》等,俱为南唐作品。这些作品大多只见于史籍记载而无原作留存,仅《韩熙载夜宴图》现存于世。

顾闳中《韩熙载夜宴图》

顾闳中(约910—980年),江南人,五代南唐画家,任南唐画院待诏。《韩熙载夜宴图》是顾闳中的代表作品,但原迹已失传,现存为宋人临摹绢本,纵28.7厘米,横335.5厘米。此画共分五段,以连环长卷的形式描绘了韩熙载家开宴行乐的情景,茶事内容绘于第一部分。①

图2-19 顾闳中《韩熙载夜宴图》局部(北京故宫博物院藏)

周文矩《烹茶图》《火龙烹茶图》

周文矩,生卒年不详,句容人,五代南唐画家,后主李煜时期任宫廷画院翰林待诏。李煜偏爱典雅、唯美风格,因此宫廷画院的画家们也多遵循此风格,流行模仿张萱和周昉的宫景图画,描绘贵族的闲逸生活。周文矩作为南唐最著名的人物画家,画风亦模仿周昉。② 他的传世作品有《宫中图》《重屏会棋图》《琉璃堂人物图》等,多为摹本。其所绘《烹茶图》一幅和《火龙烹茶图》四幅,在《宣和画谱》和《续茶经·茶之图》"历代图画名目"中俱有收录,惜今已不存。

---

① 陈文华著:《长江流域茶文化》,湖北教育出版社2004年版,第509页。
② (美)高居翰著,李渝译:《图说中国绘画史》,生活·读书·新知三联书店2014年版,第47页。

王齐翰《陆羽煎茶图》

　　王齐翰,生卒年不详,江宁(南京)人,五代南唐画家,后主李煜时期任宫廷画院翰林待诏。传世作品有《勘书图》《挑耳图》。其所绘茶画《陆羽煎茶图》在宣和年间传藏于宋徽宗手中,在《宣和画谱》和明代陈继儒《泥古录》中均有著录,惜今已失传。

第三章 宋元时期的江苏茶文化

一般农业和其他科学技术史的分期，大多简单划分为古代、近代和现代三个阶段。茶是中国特产，不但最初为中国所独有，而且其产制、利用也有不同于其他产业和文化的特别之处。以茶的加工制造和饮用器具来说，饼茶（紧压茶）与散茶，特别是芽茶、叶茶，在消费、饮用文化内涵上，就比一般作物有更加明显的差异。前者饮用前必须加以敲碾粉碎，然后才能煮饮，后者则无须粉碎和烹煮，可直接以开水冲泡。所以这一茶类生产的变革就为中国古代茶业发展提供了明显的分期依据。中国近代茶业和茶文化发展所直接传承的对象不是饼茶，而是后来的散茶。因此，根据古代茶业发展的这一实际情况，可以将中国茶业历史分期的古代阶段一分为二，将前期以饼茶为主的阶段单独划分出来，称为"古典时期"，以散茶为主的阶段则称为"传统时期"。由"古典"向"传统"的转变，是宋元时期中国茶业最为明显和重要的变革，而江苏正是引领这一重要变革的先行者。

第一节 茶类生产变革

茶作为饮品，其有史可查的最初的加工方法是将茶树鲜叶通过蒸、捣，然后压制成型，最终成为蒸青饼茶。这种制茶方法在秦人攻取巴蜀之后，逐渐由巴蜀地区向外传播开来，大约至三国甚至汉代以前，以生产和饮用饼茶为主的传统格局逐渐在长江流域形成。如北魏《广雅》所载,"荆、巴间采茶作饼成,以米膏出之",即是对巴蜀和两湖地区饼茶制法的描述。饼茶的发展在唐代以后进入繁荣期,宫廷和民间所制、所饮之茶基本都为饼茶。陆羽在《茶经·三之造》中首次详细说明了蒸青饼茶的制作工艺,分为蒸、捣、拍、焙、穿、封几道工序。即是将鲜叶采下后,择好、洗净,入甑釜中蒸,蒸后用杵臼捣碎,再将末茶拍成茶饼,最后再将茶饼穿起来焙干、封存。唐代中期或后期以后,饼茶制作工序逐渐向两个方向发展,一方面更加精细化,至宋代北苑建茶发展到极致;另一方面有所简化,只蒸不研、研而不拍的散茶逐渐发展起来,且饼茶改制散茶的发展在五代末年,特别是入宋以后大大加快。

一 饼茶的极致发展

宋代极重茶事,因此建安龙团凤饼名满天下。至大观年间,饼茶的采择制造、品第烹点,均是益精益盛。徽宗更因此著书立说,详谈茶事。宋代饼茶也称为"片茶",其焙制方法基本承袭唐代,也是把茶叶蒸熟、捣碎,然后拍压成型。如赵佶《大观茶论》[①]和赵汝砺《北苑别录》[②]所记,具体包括采择、蒸压、制造等程序。宋代饼茶的极致化发展在此制作工艺中得到深刻体现。

采择:包括采茶和拣茶。"撷茶以黎明,见日则止。用爪断芽,不以指揉,虑气汗熏渍,茶不鲜洁。故茶工多以新汲水自随,得芽则投诸水。凡芽如雀舌谷粒者为斗品,一枪一旗为拣芽,一枪二旗为次之,余斯为下茶。茶始芽萌,则有白合,既撷则有乌蒂。白合不去,害茶味;乌蒂不去,害茶色。"采茶需在适宜的气候条件和特定时间下进行,并使用特定手法。采后对茶芽进行拣剔,选择品质好的茶芽作为高档团茶原料,"小芽者,其小如鹰爪,初造龙园胜雪、白茶,以其芽先次蒸熟,置之水盆中,剔取其精英,仅如针小,谓之水芽,是芽中之最精者也。中芽,古谓一枪一旗是也。"芽叶中不合标准的紫芽、白合、乌蒂等,需剔除,这与现代采茶要求已极为接近。

蒸压:"茶之美恶,尤系于蒸芽、压黄之得失。蒸太生则芽滑,故色

---

① (宋)赵佶著,沈冬梅、李涓编著:《大观茶论(外二种)》,中华书局2013年版。
② 郑培凯、朱自振主编:《中古历代茶书汇编校注本》,香港商务印书馆2007年版,第132—144页。

清而味烈;过熟则芽烂,故茶色赤而不胶。压久则气竭味漓,不及则色暗味涩。蒸芽欲及熟而香,压黄欲膏尽亟止。如此,则制造之功十已得七八矣。"蒸芽、压黄是宋代饼茶制作的关键工艺。蒸茶的生熟程度直接影响成茶品质,过熟则色黄味淡,不熟则色青且有青草气。压黄是对蒸造的茶芽进行压榨,挤出其中汁水,以淡茶之色味。

制造:"夫造茶,先度日晷之短长,均工力之众寡,会采择之多少,使一日造成。恐茶过宿,则害色味。"此步骤包括研茶、拍制成型、焙茶等工序。为避免茶叶鲜叶放置过久,需根据鲜叶数量,调节用工人数,以确保在一天之内制造完成。

与唐代饼茶相比,宋代饼茶制作在技术上有所改进。唐代将蒸好的茶叶捣碎时用的是杵臼,完全手工操作,费时费力,而宋代则普遍改用碾,而且可以通过水力驱动。以水力磨出的茶叶称为"水磨茶"。相较人工用杵臼捣碎,水磨茶明显更加省时省力,而且还能保证质量,降低成本,因此水磨的使用在短短几十年间就遍及全国。不仅茶户纷纷自发开设磨茶坊,连官府亦"修置水磨",并规定"凡在京茶户擅磨末茶者有禁,并许赴官请买"①,以此垄断磨茶之利。至北宋末年,水磨的使用已经相当广泛,不只用于磨茶,而且还用于破麦、磨面等粮食加工业,是宋代社会生产力发展水平的具体体现。②

除了以水磨代替杵臼捣茶之外,宋代制茶工艺的另一突出成就体现在北苑贡茶的研膏和拍制方面,特别是贡茶的"饰面",堪称艺术品。宋太宗太平兴国初,在福建建安设立官茶园。这里共有官私焙一千三百三十六,官焙三十二,分在东山、南溪、西溪、北山四处。即朱子安在《东溪试茶录》中所记:"官私之焙千三百三十有六,而独记官焙三十二,东山之焙十有四:北苑龙焙一,乳橘内焙二,乳橘外焙三,重院四,壁岭五,壑源六,范源七,苏口八,东宫九,石坑十,建溪十一,香口十二,火梨十三,开山十四。"③众多官焙之中,尤以北苑焙规模最大,焙下有二十

---

① (元)脱脱等撰:《宋史》卷一八四志一三七《食货下六·茶下》,中华书局1977年版,第4507页。
② 周荔:《宋代的茶叶生产》,《历史研究》1985年第6期,第42—54页。
③ 李之亮笺注:《苏轼文集编年笺注》卷七十四《尺牍一百五十四首·与赵梦得二首之一·笺注》,巴蜀书社2011年版,第399页。

图3-1　元代水磨(王祯《农书》)

五个所属茶园,且茶园数量屡有增替,到南宋淳熙十三年(1186年)增至四十六所。① 当时的贡茶多出于此。

北苑贡茶的制法不同于不作贡茶的普通饼茶的制作。普通饼茶在蒸造后,即入模压制成片,茶的叶形状态尚未被完全破坏,而北苑贡茶在蒸造之后、拍制之前,会把叶状的茶叶进行研磨,称为"研茶"。如《宋史》所载:"片茶蒸造,实棬模中串之,唯建、剑则既蒸而研,编竹为格,置焙室中,最为精洁,他处不能造。"②研磨的过程中要反复地加水,因此也称为"研膏"。研膏时,加水的次数极有讲究。从加水研磨直到水干,称为"一水"。这一过程重复次数越多,茶末就越细,茶的品质也就越高,点茶的效果也就越好,所以北苑贡茶对研茶这道工序要求非常高。

不仅如此,北苑贡茶的发展愈发趋向极致,茶饼的尺寸越来越小,研膏越来越细致,原料也越来越细嫩。最初的北苑龙团茶,"凡八饼重一斤"。庆历(1041—1048年)中,蔡襄担任福建转运使期间,曾负责监

---

① 沈冬梅:《论宋代北苑官焙贡茶》,《浙江社会科学》1997年第4期,第98—102页。
② (元)脱脱等撰:《宋史》卷一八三志一三六《食货下五·茶上》,中华书局1977年版,第4477页。

制北苑贡茶,他为仁宗创制了"凡二十饼重一斤"的小片龙茶,名为"小团"。① 神宗熙宁间(1068—1077年),福建转运使贾青"取小团之精者"创制了二十饼一斤的密云龙。② 徽宗时,郑可简任福建转运使,大概是很难再减小茶饼的尺寸,于是另辟蹊径,从原料中抽取像针线一样细嫩的茶芽,制成了"龙团胜雪",而这款茶的研茶工序要十六水,可谓精细至极。

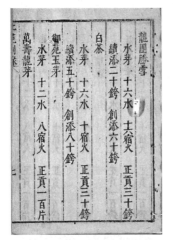

图3-2 赵汝砺《北苑别录》(明喻政辑《茶书》万历四十一年喻政自序刊本)

至于北苑贡茶的拍制,则是将研好的茶末装入茶范,即模具,然后拍打使其成型。宋代制作饼茶的茶范小巧玲珑,范体纹样丰富,用于制作贡茶的茶范更是精致至极,而且为了"以别庶饮",开始使用刻有龙、凤图案的模具。

图3-3 龙凤银模(熊蕃撰,熊克增补:《宣和北苑贡茶录》)

北苑贡焙所造的贡茶形制有方形、圆形、半圆形、椭圆形、花瓣形、多边形等,饰面图案有龙、凤、云彩、花卉等。贡茶名称也高雅别致,可谓"制愈精,数愈多,胯式屡变,而品不一"③。如《宣和北苑贡茶录》详细记载有大观后新出贡茶名色:"贡新銙(大观二年造)、试新銙(政和二年造)、白茶(政和二年)、龙团胜雪(宣和二年)、御苑玉芽(大观二年)、万寿龙芽(大观二年)、上林第一(宣和二年)、乙夜清供(宣和二年)、承平

---

① (宋)欧阳修撰,李伟国点校:《归田录》卷二,中华书局1981年版,第24页。
② (宋)周煇撰,刘永翔校注:《清波杂志校注》卷四《密云龙》,中华书局1994年版,第154页。
③ (元)脱脱等撰:《宋史》卷一八四志一三七《食货下六·茶下》,中华书局1977年版,第4509页。

雅玩（宣和二年）、龙凤英华（宣和二年）、玉除清赏（宣和二年）、启沃承恩（宣和二年）、雪英（宣和二年）、云叶（宣和三年）、蜀葵（宣和三年）、金钱（宣和三年）、玉华（宣和三年）、寸金（宣和三年）、无比寿牙（大观四年）、万春银叶（宣和二年）、宜年宝玉（宣和二年）、玉清庆云（宣和二年）、无疆寿龙（宣和二年）、玉叶长春（宣和四年）、瑞云翔龙（绍圣二年）、长寿玉圭（政和二年）、兴国岩銙、香口焙銙、上品拣芽（绍圣二年）、新收拣芽、太平嘉瑞（政和二年）、龙苑报春（宣和四年）、南山应瑞（宣和四年）……"①

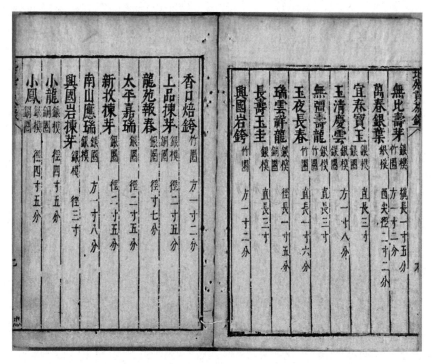

图3-4 熊蕃撰、熊克增补《宣和北苑贡茶录》（明喻政辑《茶书》万历四十一年喻政自序刊本）

这些贡茶外观精美，制作精细，价值昂贵。仁宗时（1023—1063年）蔡襄制成"小龙团"，"其价直金二两"②；大观年间（1107—1110年），

---

① 梁太济、包伟民著：《宋史食货志补正》下篇《货之部补正·茶》，中华书局2008年版，第611—612页。
② （宋）欧阳修撰，李伟国点校：《归田录》卷二，中华书局1981年版，第24页。

"每胯①计工价近三十千"②。南宋时一款名为"水芽"的贡茶,原料来自于极其难得的"高丈余"的茶树,"其大树二月初因雷迸出白芽,肥大长半寸许,采之浸水中,竢及半斤,方剥去外包,取其心如针细,仅可蒸研以成一胯,故谓之'水芽'。然须十胯中入去岁旧'水芽'两胯,方能有味。初进止二十胯,谓之'贡新'。一岁如此者,不过可得一百二十胯而已。……采茶工匠几千人,日支钱七十足。旧米价贱,'水芽'一胯犹费五千。如绍兴六年(1136年),一胯十二千足,尚未能造也。岁费常万缗。"③又如,"福建漕司进第一纲蜡茶,名'北苑试新'。皆方寸小夸。进御止百夸,护以黄罗软盝,藉以青箬,裹以黄罗夹复,臣封朱印,外用朱漆小匣,镀金锁,又以细竹丝织笈贮之,凡数重。此乃雀舌水芽所造,一夸之直四十万,仅可供数瓯之啜耳。"④丧失水分会导致鲜叶枯萎,因此保水是鲜叶保鲜的重要措施之一,正常情况下只需洒水或喷雾保湿即可,但水芽所用原料过于细嫩,因此强调"采之浸水中",以达到保水保鲜的目的,足可见水芽之珍贵。

正可谓"一朝团焙成,价与黄金逞"⑤。只是黄金可有,而茶不可得。这些比黄金还贵的贡茶仅供帝王和贵族阶层享用,特别是带有帝后专用龙凤图案的茶饼,就连皇亲国戚、官僚士大夫也只能通过赏赐获得。仁宗赵祯特别珍惜这种小龙团茶,就算是朝中重臣也不会轻易赏赐,"每因南郊致斋,中书、枢密院各赐一饼,四人分之。宫人往往缕金花于其上,盖其贵重如此。"⑥龙团茶如此珍贵,即使获赐,亦不舍烹点,只在有贵客来访时,才会拿出来赏玩一下。如《武林旧事》所载:"或以一二赐外邸,则以生线分解,转遗好事,以为奇玩。"⑦欧阳修曾作《龙茶录后序》,其载:"余自以谏官供奉仗内,至登二府,二十余年,才一获赐,而丹

---

① 胯:又称"銙",古代附于腰带上的扣版,作方、椭圆等形,宋代用以作计茶的量词;又用以指称片茶、饼茶。也写作"夸"。
② (宋)姚宽撰,孔凡礼点校:《西溪丛语》卷上《北苑茶》,中华书局1993年版,第53页。
③ (宋)庄绰撰,萧鲁阳点校:《鸡肋编》卷下《韩昉论茶》,中华书局1983年版,第100页。
④ (宋)四水潜夫辑:《武林旧事》卷二《进茶》,西湖书社1981年版,第35页。
⑤ (清)吴之振、(清)吕留良、(清)吴自牧选、(清)管庭芬、(清)蒋光煦补:《宋诗钞:全四册》宋诗钞初集《宛陵诗钞·吕晋叔著作遗新茶》,中华书局1986年版,第287页。
⑥ (宋)欧阳修撰,李伟国点校:《归田录》卷二,中华书局1981年版,第24页。
⑦ (宋)四水潜夫辑:《武林旧事》卷二《进茶》,西湖书社1981年版,第35页。

成龙驾,舐鼎莫及,每一捧玩,清血交零而已。因君谟著录,辄附于后,庶知小团自君谟始,而可贵如此。"①能被赐龙团茶的人,毕竟是少数,他们往往会因此感到荣耀,所以欧阳修才会因为仁宗赐给他一块完整的茶饼,而专门写文记叙。那些没有得到过如此高等赐茶的官员,就会向同事亲友讨要,而皇亲国戚则干脆向帝后讨要。如熙宁后开始流行的"密云龙",单在包装上就显得与众不同,其"以二十饼为斤而双袋",谓之"双角团茶","大小团袋皆用绯,通以为赐也。'密云'独用黄,盖专以奉玉食。"②不仅如此,密云龙茶"每岁头纲修贡,奉宗庙及供玉食外,赍及臣下无几。戚里贵近,丐赐尤繁。宣仁一日慨叹曰:'令建州今后不得造密云龙,受他人煎炒不得也!出来道我要密云龙,不要团茶。拣好茶吃了,生得甚意智!'此语既传播于缙绅间,由是密云龙之名益著。"③

  制作贡茶带有一定的强制性。官茶园中的采茶工匠境遇悲惨,要在监采官人的催促下从事劳动,击鼓集合,领牌进山,鸣锣收工,管理严格,不仅十分辛苦,而且还常有被老虎吃掉的危险。④ 出于制茶过程中的"洁""净"要求,对研茶工人的要求更是非常苛刻。宋太宗曾于至道二年(996年)下诏,规定"研茶丁夫悉剃去须发,自今但幅巾,先涤手爪,给新净衣。吏敢违者论其罪"⑤。除了洗手、换上洁净衣服以外,甚至还要剃去胡须、头发,这些带有侮辱性的要求导致制茶工人生产积极性不高。⑥ 官焙贡茶本来就不具备商品属性,而且过度追求极致导致其发展愈发畸形,最终走向衰落。正如蔡京之子蔡絛在《铁围山丛谈》中的评价:"然名益新,品益出,而旧格递降于凡劣尔。又茶茁其芽,贵在于社前则已进御。自是迤逦宣和闲,皆占冬至而尝新茗,是率人力为之,反不近自然矣。茶之尚,盖自唐人始,至本朝为盛;而本朝又至祐陵

---

① (宋)欧阳修著,李逸安点校:《欧阳修全集》卷六十五《居士外集卷十五·龙茶录后序》,中华书局2001年版,第955页。
② (宋)叶梦得撰,宇文绍奕考异,侯忠义点校:《石林燕语》卷八,中华书局1984年版,第124页。
③ (宋)周煇撰,刘永翔校注:《清波杂志校注》卷四《密云龙》,中华书局1994年版,第154页。
④ 周荔:《宋代的茶叶生产》,《历史研究》1985年第6期,第42—54页。
⑤ (宋)李焘撰,上海师范大学古籍整理研究所、华东师范大学古籍研究所点校:《续资治通鉴长编》卷四十《太宗至道二年》,中华书局2004年版,第853页。
⑥ (宋)赵佶著,沈冬梅、李涓编著:《大观茶论(外二种)》,中华书局2013年版,第23页。

时益穷极新出,而无以加矣。"①

二 江苏引领散茶发展

散茶是所有不经压制成型的茶类的统称,既包括磨碎后的末茶,又包括不经碾磨从而保持芽叶外形完整的芽茶。在制茶工艺方面,散茶与饼茶的制作原理和方法大致相同,都是蒸过的不发酵茶,差别仅在于所用原料的老嫩,以及成茶外形的整碎和松紧程度。与饼茶相比,散茶由于无需拍压成型,制作工艺和饮茶程序都更加简单,成本也更加低廉,因此在宋代饼茶向极致发展的同时,为了适应大众的饮茶需求,散茶迅速发展起来,并逐渐取代了饼茶的主导地位。而这一转变正是从宜兴贡焙南移福建之后,率先在江苏开始的。

末茶、芽茶等散茶在唐代以前就已存在,但人们生产和饮用的主要还是饼茶。入宋以后,伴随改朝换代的变革,茶叶生产制度也出现了改繁就简的发展趋向。最明显的就是唐和五代时期,宜兴和长兴地区采造最精的饼茶——顾渚紫笋,在贡焙南移建安后即"不复研膏",改为专门生产"草茶",即叶片保持完整的芽茶。北宋中后期的诗文中有关草茶的记载越来越多,到南宋时散茶更加快速地发展起来,并逐步替代饼茶。如《宋史》中就有记载,淮南、归州、江南、荆湖等茶区专以生产蒸青散茶为主,且品目和等级众多,"有龙溪、雨前、雨后之类十一等,江、浙又有以上中下或第一至第五为号者。"②北宋政治家、文学家欧阳修在《归田录》中也称,"腊茶出于剑、建,草茶盛于两浙",腊茶就是片茶、饼茶,草茶则指散茶。又载:"两浙之品,日注为第一。自景祐(1034—1038年)已后,洪州双井白芽渐盛,近岁制作尤精,囊以红纱,不过一二两,以常茶十数斤养之,用辟暑湿之气,其品远出日注上,遂为草茶第一。"③元代诗论家方回在《瀛奎律髓》中亦载,"江茶最富,为末茶;湖南、西川、江东、浙西为芽茶、青茶、乌茶;惟建宁甲天下,为饼茶;广西修江

---

① (宋)蔡絛撰,冯惠民、沈锡麟点校:《铁围山丛谈》卷六,中华书局1983年版,第106页。
② (元)脱脱等撰:《宋史》卷一八三志一三六《食货下五·茶上》,中华书局1977年版,第4477—4478页。
③ (宋)欧阳修撰,李伟国点校:《归田录》卷一,中华书局1981年版,第8页。

亦有片茶,双井、蒙顶、顾渚、鳖源,一时不可卒数。……凡用碾罗者俱作团茶,近来则芽片为多也。"①

当然,这种改产并非朝廷之命,而是茶农根据市场需求自行决定。芽茶不用紧压成型,制作工艺更加简单,所以成本更低,价格上普遍低于饼茶,饮用方法也更随意。这种各方面都简化的茶,既得到茶叶生产者的认同,又符合消费者的需求。因此,芽茶在南宋中后期,逐渐成为茶叶市场上的畅销产品,是当时平民阶层饮用的主要茶类。也就是说,早在南宋末年,中国的茶类生产,就基本完成了由饼茶到芽茶的转变。到宋末元初,农学家王祯在《农书》中记载:"茶之用有三:曰茗茶,曰末茶,曰蜡茶。凡茗煎者择嫩芽,先以汤泡去熏气,以汤煎饮之。今南方多效此。蜡茶……其制有大小龙团带銙之异。此品惟充贡献,民间罕见之。"②茶类正式转变为以生产散茶为主的局面。这一点,元末明初人叶子奇在其所著的《草木子》中也指出:饼茶除供御用外,"民间止用江西末茶、各处叶茶。"③

在各类散茶中,产于宜兴与长兴交界处的金字末茶就是元代最为著名的贡茶之一。陆羽《茶经》有"饮有粗茶、散茶、末茶、饼茶"的记载。也就是说,末茶在唐代即已产生,其制作过程较饼茶简单,只需将鲜叶干燥后入磨细碾即可。由于末茶未经拍压成型,因此烹煮之前无需再进行炙烤、研磨,极大简化了烹煮程序。因此,末茶在入宋以后逐渐成为茶叶市场上的畅销产品,不仅茶户纷纷自发开设磨茶坊,连官府亦"修置水磨",并规定"凡在京茶户擅磨末茶者有禁,并许赴官请买"④,以此垄断磨茶和出售末茶之利。元代"金字末茶"即是在此基础上发展起来的。金字末茶的制作方法与唐宋时的末茶制法相同,即将鲜叶用甑蒸杀青,然后以茶磨碾磨成末状而成,如王祯《农书》所载,"先焙芽令

---

① (元)方回选评,李庆甲集评校点:《瀛奎律髓汇评》卷十八《茶类》,上海古籍出版社1986年版,第713页。
② (元)王祯著,王毓瑚校注:《农书》百谷谱集之十《杂类·茶》,农业出版社1981年版,第163—164页。
③ (明)叶子奇撰:《草木子》卷三下《杂制篇》,中华书局1959年版,第67页。
④ (元)脱脱等撰:《宋史》卷一八四志一三七《食货下六·茶下》,中华书局1977年版,第4507页。

燥，入磨细碾，以供点试"①。金字末茶颇受贵族阶层青睐，元朝统治者甚至为督贡金字末茶而专门设立贡茶官署，即"磨茶所"。据史料记载，磨茶所在长兴县北水口镇，其制造贡茶的历史可追溯至唐贞元年间（785—805年），至元代改为"磨茶所"，明初又改称"磨茶院"②。另据宜兴方志记载，"元贡荐新茶九十斤，贡金字末茶一千斤，芽茶四百一十斤。"③湖州府方志中关于"土贡"一项则记为："旧志所载，自元以来，皆不复贡。所存者，惟长兴金字末茶，并荐新芽茶而已。"④表明元代金字末茶在江浙贡茶中占据最为重要的位置，同时，常湖地区芽茶类贡茶的生产也在迅速发展。如《元史》所载："常湖等处茶园都提举司……掌常、湖二路茶园户二万三千有奇，采摘茶芽，以贡内府。"至元十六年（1279年），"又别置平江（今苏州）等处榷茶提举司，掌岁贡御茶"⑤。可见元代常湖地区的茶叶生产规模以及茶区所处的重要地位。明洪武八年（1375年），磨茶院罢院，金字末茶随之被芽茶、叶茶彻底取代。仅仅两年后（洪武十年），宜兴县就已"岁收芽茶，一万五千五十一斤一十两八钱；叶茶，一十万五千三百六十一斤一十一两六钱"⑥。

芽茶和叶茶的产生通常被认为始于明太祖朱元璋"罢造（龙团），惟令采茶芽以进"⑦的诏令，事实上早在宋代，芽茶和叶茶已经颇为流行。由南宋中后期经元代直至明代前期，虽然贡茶仍沿袭唐代旧制，保留饼茶的生产和饮用方式，但民间的茶叶生产格局已经多以制作和烹饮工序更为简捷的末茶，甚至芽茶、叶茶为主了。茶类改制适应了社会需求，促进了茶叶产销，从而推动了茶叶零售系统的完善。宋元时期，在其他茶区仍限于饼茶生产时，江苏的制茶技术以当地茶树品种所适合的茶类生产为依据，率先完成了由传统饼茶向芽茶方向的转变和发展，并通过较高的制茶技术水平创造出多种优秀芽茶品

---

① （元）王祯著，王毓瑚校注：《农书》百谷谱集之十《杂类·茶》，农业出版社1981年版，第163页。
② （清）穆彰阿、潘锡恩等纂修：《大清一统志》卷二二二《湖州府·古迹·贡茶院》，四库全书本。
③ （清）阮升基等修，宁楷等纂：《宜兴县志》卷三《杂税》，清嘉庆二年刊本，成文出版社1970年版，第108页。
④ 马蓉等点校：《永乐大典方志辑佚》，中华书局2004年版，第788页。
⑤ （明）宋濂等撰：《元史》卷八十七志三十七《百官三》，中华书局1976年版，第2206页。
⑥ 王继宗校注：《永乐大典·常州府清抄本校注》常州府四《田赋》，中华书局2016年版，第169页。
⑦ （清）张廷玉等撰：《明史》卷八十志五十六《食货四·茶法》，中华书局1974年版，第1955页。

种。以此为基础,在明代贡制转变之际,江苏制茶技术获得进一步发展,其工艺更加先进、精细,炒青及蒸青技术均达到传统制茶工艺的最高水平。

第二节　蜀冈贡茶文化

蜀冈贡茶产于扬州市北的蜀冈。《江南通志》载,"蜀冈在府西北四里,绵亘四十余里,西接仪征县界,东北抵茱萸湾,隔江与金陵诸山相对。"①《嘉靖志》亦载,"蜀冈上自六合县界,来至仪征小帆山入境,绵亘数十里,接江都县界,迤逦正东北四十余里,至湾头官河水际而微,其脉复过泰州及如皋赤岸而止。"②关于蜀冈之名的由来,有两种说法。一是源于《尔雅》所载,"山之孤独者名蜀……蜀,虫名……此虫更无群匹,故云蜀亦孤独。既虫之孤独者蜀,是以山之孤独者亦名蜀也。"③即蜀冈之名由虫名而来。二是传说因蜀冈地脉通蜀,或曰蜀冈产茶味如蒙顶,故名蜀冈。《太平寰宇记》中亦有类似记载,"冈有茶园,其茶甘香,味如蒙顶。"④也就是说,蜀冈之名的由来与其产茶,且茶味可与蜀中蒙顶茶媲美有着极为密切的关系。无论哪种说法确切,蜀冈所产之茶可与蒙顶茶相匹敌却是不争的事实。

其实早在隋唐时期,蜀冈已有名茶产制的记载。如毛文锡在《茶谱》中所载,"扬州禅智寺,隋之故宫。寺傍蜀冈,有茶园,其茶甘香,如蒙顶也。"⑤禅智寺故址在蜀冈上,月明桥北,由隋炀帝行宫改建,是隋唐时期扬州名寺之一。《茶谱》成书于五代时期(907—960年),说明隋唐五代时,蜀冈所产之茶即因"甘香"且"味如蒙顶"而具有较高知名度。

---

① (清)尹继善、黄之隽纂修:《江南通志》卷十四《舆地志·山川四》,文渊阁四库全书本。
② (清)李斗著,王军评注:《扬州画舫录》,中华书局2007年版,第237页。
③ (清)阮元校刻:《十三经注疏:清嘉庆刊本》尔雅注疏卷七《释山第十一》,中华书局2009年版,第5694页。
④ (宋)乐史撰,王文楚等点校:《太平寰宇记》卷一二三《淮南道一·扬州》,中华书局2007年版,第2444页。
⑤ 郑培凯、朱自振主编:《中古历代茶书汇编校注本》,香港商务印书馆2007年版,第54页。

宋代以后,禅智寺虽然褪去了往日辉煌,但蜀冈茶仍闻名于世。在此后的史料中多见"蜀冈有茶园,宋时贡茶,皆出于此"①的记载,并有关于"时会堂""春贡亭"等贡焙遗址的相关记录,说明蜀冈茶在宋代曾被列为贡茶,蜀冈贡焙也由此设立。正如刘敞《时会堂诗序》(嘉祐二年)所述,"太守岁贡蜀冈茶,以火前采之,发轻使驰至京师,不过十日,为天下先。自禹抑洪水,分九牧,淮海惟扬州,其任土之法,若瑶琨、金木、篠簜、齿革、羽毛、织贝诸奇物,当备输王府。天子为其远费民力,皆止不以为常贡,常贡独茶,至简易矣。然犹岁所上不过三数斤,所以御于至尊者,贵精不贵衍也。"②表明蜀冈茶制作工艺精湛,品质可与蒙顶茶相媲美,且采制极早,为天下贡茶之先,但产量甚微,年产"不过三数斤",为难得珍品。因此,即使天子体恤民力,裁减土贡,但唯独蜀冈茶不在裁减之列,仍需每年贡奉,可见其卓越与珍贵。时任扬州太守的欧阳修曾赋诗盛赞,"积雪犹封蒙顶树,惊雷未发建溪春。中州地暖萌芽早,入贡宜先百物新。"③

然而,蜀冈茶作为贡茶并未持续较长时间,由晁补之《扬州杂咏七首》"蜀冈茶味图经说,不贡春芽向十年。未惜青青藏马鬣,可能辜负大明泉"一诗推测,至迟至熙宁(1068—1077年)、元丰年间(1078—1085年),蜀冈茶即已不再入贡,而此后关于该茶的记载亦寥寥无几。新中国成立以后,政府对扬州传统茶业发展极为关注,从邻近省市引进茶籽,于1959年在蜀冈建立平山茶场,1983年又在西湖镇西南部辟地建立蜀冈茶场,现今名扬中外的名优绿茶"绿杨春"即出自蜀冈。

蜀冈宋代贡焙遗址主要包括茶园、春贡亭、时会堂等。宋至道年间(995—997年),王禹偁知扬州时,曾赋《茶园十二韵》,"勤王修岁贡,晚驾过郊原。蔽芾余千本,菁葱共一园。牙新撑老叶,土软进深根。舌小侔黄雀,毛狞摘绿猿。出蒸香更别,入焙火微温。采近桐华节,生无谷雨痕。缄縢防远道,进献趁头番。待破华胥梦,先经阊阖门。汲泉鸣玉

---

① (清)高士钥修,五格等纂:《江都县志》卷十六《古迹》,清乾隆八年刊,光绪七年重刊本,成文出版社1983年版,第925页。
② 曾枣庄、刘琳主编:《全宋文》卷一二八五《刘敞一〇·时会堂诗序》,上海辞书出版社2006年版,第205页。
③ 李之亮笺注:《欧阳修集编年笺注》,巴蜀书社2007年版,《居士集》卷十三,第515页。

觺,开宴压瑶鳟。茂育知天意,甄收荷主恩。沃心同直谏,苦口类嘉言。未复金銮召,年年奉至尊。"①指明当时蜀冈茶园面积不大,且作为贡茶之所。据《扬州府志》载,"宋时贡茶皆出蜀冈,上有春贡亭"②。时会堂位于春贡亭侧。

史料中有关宋代贡焙的诗赋较多,如嘉祐元年(1056年)刘敞知扬州时,诗人梅尧臣曾和刘敞作诗五题,其一即为《春贡亭》,有"蒙谷浮船稳丘平,泊登山顶看茶生"③之句。欧阳修亦作有《自东门泛舟至竹西亭登昆丘入蒙谷戏题春贡亭》:"昆丘蒙谷接新亭,画舸悠悠春水生。欲觅扬州使君处,但随风际管弦声。"以及《时会堂二首》:"积雪犹封蒙顶树,惊雷未发建溪春。中州地暖萌芽早,入贡宜先百物新。忆昔尝修守臣职,先春自探两旗开。谁知白首来辞禁,得与金銮赐一杯。"④

据考证,蜀冈茶园、春贡亭、时会堂等遗址俱废,现仅存大明寺泉和蜀井两处宜茶名水,向今人昭示着蜀冈贡焙曾经的辉煌。

大明寺泉,位于蜀冈中峰大明寺的西花园内。大明寺始建于宋孝武纪年,是唐代高僧鉴真大师居住和讲学的地方。大明寺泉即位于大明寺西花园内的水岛上,俗称"塔院井"。"大明寺水自与诸水不同"⑤,水质清澈,滋味甘醇,因此被刘伯刍排在宜茶七水的"第五"位,陆羽则将其排在"第十二"。以"天下第五泉"扬名于世的大明寺水深受文人雅士青睐,北宋欧阳修曾盛赞其"为水之美者也"⑥;张邦基在《墨庄漫录》中亦载,"元祐七年七夕日,东坡时知扬州,与发运使晁端彦、吴倅晁无咎大明寺汲塔院西廊井与下院蜀井二水,校其高下,以塔院水为

---

① (清)吴之振、(清)吕留良、(清)吴自牧选,(清)管庭芬、(清)蒋光煦补:《宋诗钞:全四册》,中华书局1986年版,第57页。
② (清)尹会一、程梦星纂修:《扬州府志》卷二十三《古迹》,清雍正十一年刊本,成文出版社1975年版,第375页。
③ 周义敢、周雷编:《梅尧臣资料汇编》清代《姚文田等·古迹二》,中华书局2007年版,第256页。《扬州府志》记为"蒙谷浮船稳且平,泊登冈顶看茶生"。
④ (宋)欧阳修著,李逸安点校:《欧阳修全集》卷十三《居士集卷十三·律诗五十五首》,中华书局2001年版,第214页。
⑤ (清)李斗著,王军评注:《扬州画舫录》,中华书局2007年版,第247页。
⑥ (宋)欧阳修著,李逸安点校:《欧阳修全集》卷六十四《居士外集卷十四·记二十首》,中华书局2001年版,第945页。

胜。"①晁补之亦感叹,"蜀冈茶味图经说,不贡春芽向十年,未惜青青藏马鬃,可能辜负大明泉。"从文人墨客对大明寺泉的盛赞与感慨中,足可见扬州大明寺泉水性之清美。

蜀井,位于北蜀冈上的禅智寺左侧长廊外。据《扬州画舫录》载,"廊外有吕祖照面池,由池入圃,圃前有泉在石隙,《(嘉靖)志》曰蜀井,今曰第一泉"②,是禅智寺八景之一③。另据《江都县志》载,"蜀井,在城东北蜀冈上禅智寺侧,其泉脉通蜀,故名。又云:水味甘冽如蜀江。"④说明蜀井与蜀冈之名均是因其脉通蜀而得。蜀井水质甘甜清冽,宜于烹茶,颇得文人名士赏识。宋代苏辙认为蜀井水质清冽,好过号称"天下第五泉"的大明寺泉,赞其为扬州第一泉,并赋《蜀井》诗云:"信脚东游十二年,甘泉香稻忆归田。行逢蜀井恍如梦,试煮山茶意自便。短绠不收容盥濯,红泥仍许置清鲜。早知乡味胜为客,游宦何须更着鞭。"⑤苏轼自汝州罢职归宜兴,路过扬州时因不舍蜀井,遂在《归宜兴,留题竹西寺》三首诗中写道,"十年归梦寄西风,此去真为田舍翁。剩觅蜀冈新井水,要携乡味过江东"⑥之句。秦观亦曾作《广陵五题其三次韵子由题蜀井》诗,"蜀冈精气潴多年,故有清泉发石田。乍饮肺肝俱澡雪,久窥杖屦亦轻便。炊成香稻流珠滑,煮出新茶泼乳鲜。坐使二公乡思动,放杯西望欲挥鞭。"⑦虽然蜀井在与大明寺泉相较之时不敌"天下第五泉",但仍不失为宜茶名水。清代中期以后,禅智寺渐废,蜀井是其仅有的遗存,现已得到恢复。

另需一提的是,除上述唐、宋两处贡焙以外,元代的"磨茶所"也可算作是江苏的贡茶官署。磨茶所,位于长兴顾渚山水口镇,元代始名,

---

① (宋)张邦基撰,孔凡礼点校:《墨庄漫录》卷三《塔院水胜蜀井水》,中华书局2004年版,第96页。
② (清)李斗著,王军评注:《扬州画舫录》,中华书局2007年版,第7页。
③ 禅智寺八景,在寺外者:月明桥一,竹西亭二,昆丘台三;在寺内者:三绝碑一,苏诗二,照面池三,蜀井四,芍药圃五。
④ (清)高士钥修,五格等纂:《江都县志》卷四山川,清乾隆八年刊,光绪七年重刊本,成文出版社1983年版,第218页。
⑤ (宋)苏辙著,陈宏天、高秀芳点校:《苏辙集》,中华书局1990年版,第173页。
⑥ (宋)苏轼撰,(清)王文浩辑注,孔凡礼点校:《苏轼诗集》卷二十五《古今体诗五十一首》,中华书局1982年版,第1347页。
⑦ 徐培均著:《秦少游年谱长编》卷二《元丰元年至元丰三年·淮海集卷八次韵子由题蜀井》,中华书局2002年版,第162页。

至明代改为"磨茶院",是为督造"金字末茶"而专门设立的。磨茶所虽然地处长兴,但与唐时督造紫笋茶的顾渚贡焙一样,也兼管宜兴的贡茶,如《永乐大典》所载,"宜兴'茶课',元岁贡金字末茶一千斤,芽茶四百一十斤,荐新茶九十斤。"①虽然史料中关于"磨茶所"和"磨茶院"的记载远不及"顾渚"和"北苑",但其对研究元代至明初江苏茶业发展以及饼茶至芽茶的过渡和转变等方面具有极其重要的价值和意义。

第三节 榷茶制度

在经历了唐代开元以来"举国之饮"的飞跃发展后,茶叶至宋代已经在国家政治、经济、军事等方面占据重要位置,茶税以及茶利收入也成为宋代财政的重要组成部分。有学者统计,茶盐榷货收入占国家财政收入的一半,茶利仅次于盐利。② 正所谓"今天下无贵贱,不可一饷不啜茶。且其榷与盐、酒并为国利。"③因此宋代进一步健全了始于唐代的茶政茶法,确立了榷茶制度。虽然宋代榷茶政策频繁变动,但其作为一种茶叶专卖制度,有效实现了朝廷对于茶叶经济以及相关领域的管控。

公元755年(玄宗天宝十四年),唐将领安禄山和史思明等背叛朝廷,发动叛乱。这场内战一直持续到代宗广德元年(763年),唐廷虽然获胜,但人口大量丧失,国力严重受损。安史之乱以后,饮茶之风随着佛教复兴扩展到北方地区,渐成"举国之饮"。民间茶饮的需求量大增,使茶叶生产和贸易逐渐发展成为一种大宗生产和大宗贸易。而内战之后,唐廷一直国库空虚,还面临着政治危机,"州县多为藩镇所据,贡赋不入,朝廷府库耗竭"④。为了解决军费困境,唐政府不断增加税收,对

---

① 王继宗校注:《永乐大典·常州府清抄本校注》常州府四《田赋》,中华书局2016年版,第169页。
② 黎世英:《宋代茶叶在财政上的作用》,《南昌大学学报(社会科学版)》1995年第2期,第110—115页。
③ (元)方回选评,李庆甲集评校点:《瀛奎律髓汇评》卷十八《茶类》,上海古籍出版社1986年版,第712页。
④ (宋)司马光编著,(元)胡三省音注,"标点资治通鉴小组"校点:《资治通鉴》卷二二六《唐纪四十二·代宗睿文孝武皇帝下》,中华书局1956年版,第7284页。

于日益繁盛的茶叶贸易自然要加强管制。茶叶最初是与竹、木、漆同收10%的税,后由德宗于兴元元年(784年)下令停收,直至贞元九年(793年)茶税才正式变为独立的专税。① 贞元九年,诸道盐铁使张滂提出税茶建议:"伏请于出茶州县,及茶山外商人要路,委所由定三等时估,每十税一,充所放两税。"②自此年始,唐廷按官定茶价的10%征收茶税,每年税额可达40万贯,后此税率于长庆元年(821年)提高至15%。③ 即《新唐书》所载:"盐铁使王播图宠以自幸,乃增天下茶税,率百钱增五十。江淮、浙东西、岭南、福建、荆襄茶,播自领之,两川以户部领之。"④

大和九年(835年),唐文宗的丞相王涯为了尽可能收取茶叶利益,推行榷茶。"榷者,禁他家,独王家得为之。"⑤榷茶,就是一种茶叶专营专卖的制度。这一榷茶思想源自郑注,由王涯具体执行。⑥《旧唐书·郑注传》载:"初浴堂召对,上访以富人之术,乃以榷茶对。其法,欲以江湖百姓茶园,官自造作,量给直分,命使者主之。帝惑其言,乃命王涯为榷茶使。"王涯强令各地负责人把茶农的茶树移栽到官府的茶园,茶农囤积的茶叶也要处理掉,"旧有贮积,皆使焚弃",而且禁止商人与茶农私下交易,一时间"天下怨之"。⑦ 不过不久之后,王涯就在甘露之变中被腰斩处死,榷茶因此没能在唐时完全贯彻。但是,即使未实施榷茶制,越来越重的茶税也已成为唐代一个突出的社会矛盾,这种情况一直持续到宣宗时期(846—859年)。宣宗做太子时,正值兵荒马乱,裴休为了避难,曾与宣宗一起在香严和尚会下做小沙弥。后来,宣宗即位,礼聘裴休入朝为丞相。裴休在大中六年(852年)设立"税茶之法,凡十二条"⑧,使茶叶走私得到控制,茶税收入也有所稳定,茶税也由此成为中晚唐时期经济的重要一环。茶叶从不收税到收税,实际代表了茶业

---

① 孙军辉:《唐朝政府行为对唐人饮茶习俗的影响》,《江淮论坛》2007年第3期,第129—134页。
② (后晋)刘昫等撰:《旧唐书》卷四十九志二十九《食货下》,中华书局1975年版,第2128页。
③ 孙洪升:《唐代榷茶析论》,《云南社会科学》1997年第3期,第77—82页。
④ (宋)欧阳修、宋祁撰:《新唐书》卷五十四志四十四《食货四》,中华书局1975年版,第1382页。
⑤ (汉)司马迁撰:《史记》卷五十九《五宗世家第二十九》,中华书局2003年版,第2098页。
⑥ 孙洪升:《唐代榷茶析论》,《云南社会科学》1997年第3期,第77—82页。
⑦ (后晋)刘昫等撰:《旧唐书》卷四十九志二十九《食货下》,中华书局1975年版,第2121页。
⑧ (后晋)刘昫等撰:《旧唐书》卷四十九志二十九《食货下》,中华书局1975年版,第2122页。

从一种自由的地方经济形式,提升为一种全国性的社会生产和经济形式。

唐末和五代时,税制又一次进入混乱状态。到了唐明宗(926—933年)时,"省司及诸府置税茶场院,自湖南至京六七处纳税,以致商旅不通。"①因此,一是为充实国库,二是为整顿唐末以来的茶政积弊,宋初推行了唐代提出但并未完全贯彻的榷茶制度。

北宋榷茶制度较前朝更加完善。它是一种茶叶官营官卖的茶叶专卖制度,同时也是一种税制,行榷就不再设税。如《宋史》所载:"六州采茶之民皆隶焉,谓之园户。岁课作茶输租,余则官悉市之。其售于官者,皆先受钱而后入茶,谓之本钱;又民岁输税愿折茶者,谓之折税茶。"②榷茶制度的基本特征是:园户(种茶户)生产茶叶之前,要先向附近的"山场"兑取"本钱",采造以后,以成茶折交本钱,而剩余的茶叶也要悉数卖给山场。茶商买茶,也不同于过去向茶农直接收购,而是先到京师榷货务交付金帛(也可直接到六务十三场入纳钱帛),换得提货凭证性质的"交引",然后凭此"交引"到货栈和指定的山场兑取茶叶,再运销各地。也就是说,官府几乎完全垄断了茶叶资源,然后高价把茶叶批发给商人,再由商人转向各地销售。③

这一制度推行于乾德二年(964年),"诏在京(河南开封)、建州(福建建瓯)、汉(湖北汉阳)、蕲口(湖北蕲春)各置榷货务"④,开始榷茶。政府直接参与茶叶贸易活动,垄断茶叶批发,禁止南唐、吴越等商人过江卖茶,确保茶利不致外流并从中获得巨大利润,同时严惩私茶藏匿及贩运,"诏民茶折税外,悉官买,敢藏匿不送官及私贩鬻者,没入之,论罪;主吏私以官茶贸易及一贯五百,并持仗贩易为官私擒捕者,皆死。"⑤

宋初榷茶的榷务和山场时有变化。乾德三年(965年),苏晓出任

---

① (宋)王钦若等编纂,周勋初等校订:《册府元龟》卷九十二《帝王部(九十二)赦宥第十一》,凤凰出版社2006年版,第1019页。
② (元)脱脱等撰:《宋史》卷一八三志一三六《食货下五》,中华书局1977年版,第4477页。
③ 李晓:《北宋榷茶制度下官府与商人的关系》,《历史研究》1997年第2期,第40—53页。
④ (宋)沈括著,胡道静校证:《梦溪笔谈校证》卷十二《官政二》,上海古籍出版社1987年版,第442页。
⑤ (元)马端临撰,上海师范大学古籍整理研究所、华东师范大学古籍研究所点校:《文献通考》卷二一八《经籍考四十五》,中华书局2011年版,第505页。

淮南转运使,建议榷舒、庐、蕲、黄、寿五州茶货,置十四场。开宝八年(975年)灭南唐,九年(976年)吴越入朝,至此南方统一,榷茶制度也推行到了整个东南地区。① 太平兴国二年(977年),设置江陵府(湖北江陵)、真州(江苏仪征)、海州(江苏连云港)、汉阳军、无为军(安徽无为)、蕲州之蕲口、襄州(湖北襄樊)、复州(湖北天门)沿江八榷货务。② 淳化四年(993年),废襄州、复州务,此后相对稳定为六务十三场。即《宋史》所载:"宋榷茶之制,择要会之地,曰江陵府,曰真州,曰海州,曰汉阳军,曰无为军,曰蕲州之蕲口,为榷货务六。"③"十三场"则指光州光山场、子安场、商城场,寿州麻步场、霍山场、开顺场,庐州王同场,黄州麻城场,舒州罗源场、太湖场,蕲州洗马场、王祺场、石桥场。除十三场以外,江南各地的产茶区另有山场组织,但它们只管向园户买茶,再分运到指定的榷货务交货,长江中游与两浙大部分山场的茶叶主要送至真州与海州两个榷货务。④

六榷货务是"要会之地",主管东南茶区茶叶存储和销售,可以说是六大茶叶集散中心。江苏境内即占其二,可见茶叶产销之繁盛。真州与海州也因运河沿线转运港的重要地位,发展成繁荣的市镇。如真州在唐代还只是一个名为"白沙"的小镇,五代升为迎銮镇,宋乾德二年(964年)升为建安军,真宗大中祥符六年(1013年)升为真州,政和七年(1117年)赐名仪真郡。北宋时,南方各地运往汴京的物品,先集中于真(江苏仪征)、扬(江苏扬州)、楚(江苏淮安)、泗(江苏泗洪)四州,再转运北方。由于真州距离长江最近,因此最为繁盛。⑤

北宋朝廷利用六榷货务和十三山场垄断茶利,如《梦溪笔谈》所记:嘉祐六年(1061年),"荆南府租额钱三十一万五千一百四十八贯三百七十五,受纳潭、鼎、澧、岳、归、峡州、荆南府片散茶共八十七万五千三百五十七斤。汉阳军租额钱二十一万八千三百二十一贯五十一,受纳

---

① 黎世英:《宋代茶叶在财政上的作用》,《南昌大学学报(社会科学版)》1995年第2期,第110—115页。
② 黎世英:《宋代的茶叶政策史实综述》,《农业考古》1992年第2期,第207—211页。
③ (元)脱脱等撰:《宋史》卷一八三志一三六《食货下五》,中华书局1977年版,第4477页。
④ 高荣盛:《两宋时代江淮地区的水上物资转输》,《江苏社会科学》2003年第1期,第192—197页。
⑤ 高荣盛:《两宋时代江淮地区的水上物资转输》,《江苏社会科学》2003年第1期,第192—197页。

鄂州片茶二十三万八千三百斤半。蕲州蕲口租额钱三十五万九千八百三十九贯八百一十四，受纳潭、建州、兴国军片茶五十万斤。无为军租额钱三十四万八千六百二十贯四百三十，受纳潭、筠、袁、池、饶、建、歙、江、洪州、南康、兴国军片散茶共八十四万二千三百三十三斤。真州租额钱五十一万四千二十二贯九百三十二，受纳潭、袁、池、饶、歙、建、抚、筠、宣、江、吉、洪州、兴国、临江、南康军片散茶共二百八十五万六千二百六斤。海州租额钱三十万八千七百三贯六百七十六，受纳睦、湖、杭、越、衢、温、婺、台、常、明、饶、歙州片散茶共四十二万四千五百九十斤。十三山场租额钱共二十八万九千三百九十九贯七百三十二，共买茶四百七十九万六千九百六十一斤。光州光山场买茶三十万七千二百一十六斤，卖钱一万二千四百五十六贯。子安场买茶二十二万八千三十斤，卖钱一万三千六百八十九贯三百四十八。商城场买茶四十万五百五十三斤，卖钱二万七千七十九贯四百四十六。寿州麻步场买茶三十三万一千八百三十三斤，卖钱三万四千八百一十一贯三百五十。霍山场买茶五十三万二千三百九斤，卖钱三万五千五百九十五贯四百八十九。开顺场买茶二十六万九千七十七斤，卖钱一万七千一百三十贯。庐州王同场买茶二十九万七千三百二十八斤，卖钱一万四千三百五十七贯六百四十二。黄州麻城场买茶二十八万四千二百七十四斤，卖钱一万二千五百四十贯。舒州罗源场买茶一十八万五千八十二斤，卖钱一万四百六十九贯七百八十五。太湖场买茶八十二万九千三十二斤，卖钱三万六千九十六贯六百八十。蕲州洗马场买茶四十万斤，卖钱二万六千三百六十贯。王祺场买茶一十八万二千二百二十七斤，卖钱一万一千九百五十三贯九百九十二。石桥场买茶五十五万斤，卖钱三万六千八十贯。"①

太宗雍熙年间（984—987年），宋朝在西北大量驻军，急需粮饷，遂规定商人向榷货务购茶不能直接交付金帛，而是需要输粟京师或纳刍粮于边塞（后来也可以输送到京师，称为"入中制度"），再按值付券（交引）兑茶。即《宋史》所载，"切于馈饷，多令商人入刍粮塞下，酌地之远

---

① （宋）沈括著，胡道静校证：《梦溪笔谈校证》卷十二《官政二》，上海古籍出版社1987年版，第445—446页。

近而为其直,取市价而厚增之,授以要券,谓之交引,至京师给以缗钱,又移文江、淮、荆湖给以茶及颗、末盐。"①北宋政府通过"交引法",既可以控制茶叶资源,又能换得粮草解边塞之急。而商人持交引至京师榷货务取得的钱、盐或茶等报酬,通常高于其输送粮草钱物的实际价值,因此商人也可以从中获得高额回报。②

除交引法外,北宋榷茶期间也实行贴射法,即"令商贾就园户买茶,公于官场贴射,始行贴射法"③。官府不再预给园户"本钱"征购茶叶,不直接参与茶叶的经营,而是允许商人与园户自相交易,但官府原先卖茶获得的"净利"必须由商人贴纳,且商人与园户的交易必须在官场中进行,以确保净利的征收。④贴射法与交引法交替实行,但持续时间较短,且地域有限,所以北宋榷茶制度以交引法为主。⑤

交引法无疑对解决国家的财政困难和边塞粮草之急起到积极作用,商人也能从中获得更多利益,但与此同时,交引也破坏了政府长期的榷茶利益。⑥"乾兴以来,西北兵费不足,募商人入中刍粟,如雍熙法给券,以茶偿之。后又益以东南缗钱、香药、犀齿,谓之三说;而塞下急于兵食,欲广储偫,不爱虚估,入中者以虚钱得实利,人竞趋焉。及其法既弊,则虚估日益高,茶日益贱,入实钱金帛日益寡。而入中者非尽行商,多其土人,既不知茶利厚薄,且急于售钱。得券则转鬻于茶商或京师交引铺,获利无几;茶商及交引铺或以券取茶,或收蓄贸易以射厚利。由是虚估之利皆入豪商巨贾,券之滞积,虽二三年茶不足以偿,而入中者以利薄不趋,边备日蹙,茶法大坏。"⑦面对这种情况,北宋政府除了出钱收购并销毁贬值的茶叶交引以外,不得不实行见钱法,即一切以实钱交易,以除虚估之弊。然而见钱法又严重威胁到富商大贾和权贵们的利益,导致见钱法又重新被交引法代替。⑧

---

① (元)脱脱等撰:《宋史》卷一八三志一三六《食货下五》,中华书局1977年版,第4479页。
② 黎世英:《宋代的茶叶政策史实综述》,《农业考古》1992年第2期,第207—211页。
③ (宋)沈括著,胡道静校证:《梦溪笔谈校证》卷十二《官政二》,上海古籍出版社1987年版,第442页。
④ 黄纯艳:《论北宋中期的茶法变动》,《云南大学人文社会科学学报》2000年第2期,第86—90页。
⑤ 李晓:《北宋榷茶制度下官府与商人的关系》,《历史研究》1997年第2期,第40—53页。
⑥ 刘春燕:《宋代的茶叶"交引"和"茶引"》,《中国经济史研究》2012年第1期,第149—153页。
⑦ (元)脱脱等撰:《宋史》卷一八三志一三六《食货下五》,中华书局1977年版,第4483页。
⑧ 刘春燕:《宋代的茶叶"交引"和"茶引"》,《中国经济史研究》2012年第1期,第149—153页。

总体来看,宋代茶法多变且乱,这既反映了政府与茶商之间对茶利的争夺,也反映了政府、茶商、园户之间的矛盾。直至崇宁元年(1102年)实行禁榷法,又称长短引法,崇宁四年又改行通过垄断茶引印卖,从而实现茶叶专卖的卖引法以后,榷制才稍稍稳定下来。① 此引制在南宋和元、明及清中期前,基本为后来各朝所遵循和仿效。茶税在宋代财政中占有重要位置,因此政府通过频繁变动茶法,从而使茶叶贸易成为有利可图的行业。②

除了作为生活、文化元素和税收来源以外,茶在宋代还被当成一种重要的战略物资,用于维系与边疆少数民族之间的和平稳定。一方面,少数民族地区已形成"夷人不可一日无茶以生"③的局面,对茶叶的需求量大大增加;另一方面,宋朝立国中原,与辽、夏等民族战火连年不断,需要大量战马充实国防。因此,宋政府基于同西北少数民族进行茶马贸易的需要,于熙宁年间开始在川陕榷茶,以满足军事及政治的需求。

其实西北少数民族"驱马市茶"的记载早先见之于唐,但茶马交易成为一种定制,还是宋太宗时确定的。宋境内不产良马,而且养马很困难,因此入宋初年开始在河东、陕西路买藩部之马,或者鼓励此二路藩部及川陕蛮部入贡。最初购买马匹主要用钱,但是"戎人得铜钱,悉销铸为器,郡国岁铸钱不能充其用"④,于是才设"买马司",正式禁以铜钱买马,改用"布帛、茶及它物市马",当然主要是以茶换马。在设买马司的同时,于今晋、陕、甘、川等地广辟马市,大量换取回纥、党项和吐蕃的马匹。仁宗(1023—1063年)时,西夏扩张与宋政权对立,因此只能在陕西原、渭州、德顺军等地置场买马,这就导致马源不足且品质低下,促使神宗于熙宁七年(1074年)改革买马方式,即设置茶马司,并在今川(成都)、秦(甘肃天水)分别设立茶司、马司,专掌以茶易马之务。官府在产茶之地设买茶场,向园户预付"本钱"征购所有茶叶,并将其中一部

---

① 黄纯艳:《论北宋中期的茶法变动》,《云南大学人文社会科学学报》2000年第2期,第86—90页。
② 高荣盛:《两宋时代江淮地区的水上物资转输》,《江苏社会科学》2003年第1期,第192—197页。
③ 汪圣铎点校:《宋史全文》卷二十六上《宋孝宗五》,中华书局2016年版,第2193页。
④ (宋)李焘撰,上海师范大学古籍整理研究所、华东师范大学古籍研究所点校:《续资治通鉴长编》卷二十四《太宗太平兴国八年》,中华书局2004年版,第559页。

分茶叶运到陕西供买马场买马、卖茶场销售。① 此后逐渐形成"蜀茶总入诸蕃市,胡马常从万里来"②的局面。

在茶马互市的过程中,茶司更具掌控权。因为藩部食肉饮酪,不可一日无茶,茶叶需求量大,但马司却不能随心所欲向茶司索要茶叶,而是要用本司"本钱"向茶司购买茶叶。茶司自然要考虑自身的利益,必然会讨价还价,以更少的茶换取更多的马。即《宋史》所载:"西人颇以善马至边,其所嗜唯茶,而乏茶与之为市……茶司既不兼买马,遂立法以害马政,恐误国事……"③从这一角度来看,马司的命脉其实是掌控在茶司手中的。想要减少买马所受的限制,最好的方式就是将两司合并。熙宁(1068—1077年)后,关于茶马司和茶场的分合、设立变化无常,直至元丰六年(1083年)才终于将茶场、马司合而为一。此后茶、马司合并,仍然在成都和秦州分别置司,川路重在茶事,秦路重在马事。南渡后失陕西之大部,于是在绍兴七年(1137年)又将川、秦两司合为一司,名"都大提举茶马司",驻于成都,总领其事。④ 南宋茶马互市的机构在四川设五场,甘肃设三场,并逐渐固定下来。川场主要用来与西南少数民族交易,换取马匹,充作役用;秦场与西北少数民族互易,所购马匹大都用作战马。元代不缺马,边茶一般用银两和土货交易;明初恢复茶马互市,这一政策一直延续到清代中期才渐渐废止。

第四节　文学艺术

宋元时期是中国茶文化的发展盛期,在茶诗、茶词、茶画和茶文学著作等方面表现得尤为明显。这一时期,宋、辽、金、元几个政权交叉并存,其中,宋是南方汉人,辽为北方契丹,金为女真,元为蒙古游牧部族

---

① 李晓:《北宋榷茶制度下官府与商人的关系》,《历史研究》1997年第2期,第40—53页。
② (宋)黄庭坚撰,(宋)任渊等注,刘尚荣校点:《黄庭坚诗集注》卷十一《叔父给事挽词十首·其八》,中华书局2003年版,第417页。
③ (元)脱脱等撰:《宋史》卷一六七志一二〇《职官七·都大提举茶马司》,中华书局1977年版,第3969页。
④ (南宋)李心传撰:《建炎以来系年要录》卷一八〇,中华书局1988年版,第1762页。

建立的国家,因此这一时期的茶文学艺术作品具有显著的民族融合特点。又因贡焙由江浙南移至闽北,因此作品主题与内容也由阳羡转换成建茶。

一 茶诗茶词

(一) 从阳羡到建茶的主题转换

宋代可谓中国茶文化,特别是茶诗发展的鼎盛时期。据朱自振先生统计,宋代仅茶诗作者就有近千人之多,茶诗作品更超过5000首。其中,现存茶诗超过65首以上的作者有北宋梅尧臣(约69首)、苏轼(约79首)、黄庭坚(约129首)、南宋陆游(约374首)、杨万里(约69首)、赵蕃(约73首)、韩淲(约125首),以及宋末元初著名诗人方回(约94首)。元祐(1086—1094年)以后,茶词亦随宋词一同进入发展高峰,苏轼、黄庭坚、毛滂、秦观、陈师道等人均创作了数量不等的茶词作品。其中,黄庭坚现存茶词最多,共11首;毛滂有6首;秦观、陈师道各有2首。苏轼现存茶词虽然只有二三首,但他却可能是茶词的创始者,因为在其之前未见题名为"茶词"的词,或者说在苏轼之前,茶词在词界尚未产生创作热度,未形成效仿局面。此外,与宋朝并存或更替的辽、金、元等政权,在接受汉族文化、融入汉族文明的基础上,也很快形成了自己的风格。如金人融合宋诗艺术,建立起具有北方雄豪特色的诗风,出现了诸如蔡珪、王庭筠和元好问等一批著名的诗人,创作出大量优秀的文学作品。元代,随着散曲这种文学样式的登坛树帜,茶散曲作为一种新形式展现诗坛,又一次丰富和发展了茶文学的内容和形式。

无论是诗词作品数量,还是作者数量,宋代都要明显多于唐代,这也体现了宋代茶文化的发展比唐代更为繁荣。但是,由于这一时期历史气候由暖转冷,太湖冬天冰封,上可行车,江浙茶区茶树萌发推迟,迫使宋初贡焙中心由江浙南移至福建建安。贡焙在一定程度上代表着制茶技术的最高水准,因此贡焙南移可以看作是当时的制茶技术中心南移到了闽北,北苑擅制的龙凤团茶由此大为流行。因此,这一时期茶诗关注的内容也与贡焙一同南移,转为以记叙建茶为主的格局。

虽然阳羡茶的地位被北苑建茶取代,但若论推动建茶发展,江苏人丁谓可谓功不可没。丁谓（966—1037年）是长洲（今江苏苏州）人，淳化三年（992年）进士，历饶州通判、闽漕运使、三司使、同中书门下平章事，官终秘书监，封晋国公。《宋史》载其"善谈笑，尤喜为诗，至于图画、博弈、音律，无不洞晓"。① 著有《建阳茶录》《丁谓集》等。他所著《茶录》是宋朝有关建州和北苑贡茶的第一部重要茶书。他于咸平（998—1003年）初在闽督理漕运时，还在北苑亲自创制"大龙团"以进，并通过诗文努力宣传，如其在《北苑焙新茶》和序中所说，"以大其事"，对建州和北苑贡茶的盛名天下，起到了首要作用。丁谓现存茶诗6首，多半是与建茶有关的诗，现录其《北苑焙新茶》并序："产茶者将七十郡，每岁入贡，皆以社前、火前为名，悉无其实。惟建州出茶有焙，焙有三十六；三十六中，惟北苑发而味尤佳。社前十五日，即采其芽，日数千工，聚而造之，逼社即入贡。工甚大，造甚精，皆载于所撰《建安茶录》，仍作诗以大其事。"②诗载："北苑龙茶者，甘鲜的是珍。四方惟数此，万物更无新。才吐微茫绿，初沾少许春。散寻萦树遍，急采上山频。宿叶寒犹在，芳芽冷未伸。持将溪口焙，役用雨中民。长疾匀萌拆，开齐分两均。带烟蒸雀舌，和露叠龙鳞。贡作胜诸道，先尝祇一人。缄封瞻阙下，邮传渡江滨。特旨留丹禁，殊恩赐近臣。啜宜灵药助，用与上樽亲。头进英华尽，初烹气味醇。细香胜却麝，浅色过于筠。顾渚惭投木，宜都愧积薪。年年号供御，天产壮瓯闽。"③

范仲淹（989—1052年）也是江苏吴县（苏州）人，作为北宋政坛的改革家和著名文人，他留下了以斗茶为题材的著名茶诗《范希文和章岷从事斗茶歌》④：

年年春自东南来，建溪先暖水微开。
溪边奇茗冠天下，武夷仙人从古栽。
新雷昨夜发何处，家家嬉笑穿云去。

---

① （元）脱脱等撰：《宋史》卷二八三列传四十二《丁谓》，中华书局1977年版，第9570页。
② （宋）程俱撰，张富祥校证：《麟台故事校证》卷五《恩荣》，中华书局2000年版，第194页。
③ （宋）阮阅撰：《诗话总龟》后集卷二十九《咏茶门》，四库全书本。
④ （宋）蔡正孙撰，常振国、降云点校：《诗林广记》前集卷八《卢玉川》，中华书局1982年版，第140—141页。

露芽错落一番荣,缀玉含珠散嘉树。
终朝采掇未盈襜,唯求精粹不敢贪。
研膏焙乳有雅制,方中圭兮圆中蟾。
北苑将期献天子,林下雄豪先斗美。
鼎磨云外首山铜,瓶携江上中斗水。
黄金碾畔绿尘飞,碧玉瓯中翠涛起。
斗茶味兮轻醍醐,斗茶香兮薄兰芷。
其间品第胡能欺,十目视而十手指。
胜若登仙不可攀,输同降将无穷耻。
吁嗟天产石上英,论功不愧阶前蓂。
众人之浊我可清,千日之醉我可醒。
屈原试与招魂魄,刘伶却得闻雷霆。
卢仝敢不歌,陆羽须作经。
森然万象中,焉知无茶星。
商山丈人休茹芝,首阳先生休采薇。
长安酒价减千万,成都药市无光辉。
不如仙山一啜好,泠然便欲乘风飞。
君莫羡花间女郎只斗草,赢得珠玑满斗归。

诗中提及的斗茶,是唐末、五代时流行于闽北茶区的一种娱乐风俗。入宋以后,建州北苑茶名冠天下,茗战风俗也随之风兴起来,而且特别风靡于文人士大夫之间。建安斗茶,比的是茶汤在盏壁上是否留下水痕。如果点茶技巧高超,那么盏中的茶和水就会充分融合,产生比较强的内聚力,从而"着盏无水痕",也就是茶色不会沾染到茶盏上。反之,茶与水融合不彻底,盏壁上就会留下水痕。先出现水痕的,就算斗输了,所以胜负通常用"相差一水、两水"来形容。《和章岷从事斗茶歌》通过对建州茶山斗茶的具体描述,不但令原来主要流行于建州的斗茶经宣传在全国范围内普及开来,而且此诗对建茶尤其是对北苑贡茶的采制、品质、香气、功效以及斗茶技艺和内容的记载,也为我们留下了不少珍贵的史料。

（二）品泉为主的江苏茶诗

贡焙南移使北苑建茶成为宋代茶诗关注的焦点，导致江苏咏茶之诗的整体发展陷入低谷。从内容上看，仅有关于蜀冈茶以及蜀冈贡焙等的少量作品面世，这要归因于欧阳修、梅尧臣、苏轼等文坛大家与扬州的渊源。北宋庆历八年（1048年），欧阳修守扬州时，在大明寺西侧的蜀冈上修建"平山堂"，"壮丽为淮南第一……下临江南数百里，真、润、金陵三州隐隐若可见"①。因堂据蜀冈，地势较高，"江南诸山，拱列檐下，若可攀取，因目之曰平山堂。"②欧阳修常与宾客友人于堂中游玩赏景、饮酒品茶。他还在蜀冈上修建"时会堂"，作为贡茶制造之所，并创作《时会堂二首》③，回忆督造贡茶的情景。诗载：积雪犹封蒙顶树，惊雷未发建溪春。中州地暖萌芽早，入贡宜先百物新。忆昔尝修守臣职，先春自探两旗开。谁知白首来辞禁，得与金銮赐一杯。

欧阳修知扬州期间，好友梅尧臣曾两度到扬州探访，也留下了数篇关于蜀冈贡焙的诗作。《大明寺平山堂》④：陆羽烹茶处，为堂备宴娱。冈形来自蜀，山色去连吴。毫发开明镜，阴晴改画图。翰林能忆否，此景大梁无。《平山堂留题》：蜀冈莽苍临大邦，雄雄太守驻旌幢。相基树槛气势庞，千山飞影横过江。峰峤俯仰如奔降，雷塘坡小鸂鶒双。陆羽井苔黏瓦缸，煎铛泻顶声淙淙。雨牙鸟爪不易得，碾雪恨无居士庞。已见宣城谢公陋，吟看远岫通高窗。《时会堂二首》⑤：今年太守采茶来，骤雨千门禁火开。一意爱君思去疾，不缘时会此中杯。雨发雷塘不起尘，蜀昆冈上暖先春。烟牙才吐朱轮出，向此亲封御饼新。《春贡亭》⑥：蒙谷浮船稳且平，泊登冈顶看茶生。始从官属二三辈，时听春禽一两声。

虽然宋代江苏咏茶之诗数量不多，但因文人雅士对宜茶之水的重

---

① 丁传靖辑：《宋人轶事汇编》卷八《欧阳修》，中华书局1981年版，第376页。
② 孔凡礼撰：《苏轼年谱》卷十《熙宁四年》，中华书局1998年版，第213页。
③ （宋）欧阳修著，李逸安点校：《欧阳修全集》卷十三《居士集卷十三·律诗五十五首》，中华书局2001年版，第214页。
④ （宋）梅尧臣撰：《宛陵集》卷四十六，四库全书本。
⑤ （宋）梅尧臣撰：《宛陵集》卷五十六，四库全书本。
⑥ （清）尹会一、程梦星纂修：《扬州府志》卷二十三《古迹》，清雍正十一年刊本，成文出版社1975年版，第375页。

视,江苏的众多名泉名水得以成为这一时期江苏茶诗的重点,蜀井、大明泉、惠山泉、中泠泉、玉乳泉等备受青睐,苏轼、黄庭坚、陆游等文坛大家都有相关诗作传世。

蜀井和大明泉诗作

苏轼(1037—1101年)《归宜兴,留题竹西寺》①:十年归梦寄西风,此去真为田舍翁。剩觅蜀冈新井水,要携乡味过江东。

苏辙(1039—1112年)《蜀井》②:信脚东游十二年,甘泉香稻忆归田。行逢蜀井恍如梦,试煮山茶意自便。短绠不收容盥濯,红泥仍许置清鲜。早知乡味胜为客,游宦何须更著鞭。

黄庭坚(1045—1105年)《谢人惠茶》③:一规苍玉琢蜿蜒,藉有佳人锦段鲜。莫笑持归淮海去,为君重试大明泉。

晁补之(1053—1110年)《扬州杂咏七首·其四》④:蜀冈茶味图经说,不贡春芽向十年。未惜青青藏马鬣,可能辜负大明泉。

方岳(1199—1262年)《赵龙学寄阳羡茶为汲蜀井对琼花烹之》⑤:三印谁分阳羡茶,自煎蜀井瀹琼花。数间明月玉川屋,两腋清风银汉槎。团凤烹来奴仆等,老龙毕竟当行家。相思几梦山阴雪,搜搅平生书五车。

陆游(1125—1210年)《寄题扬州九曲池》⑥:清汴长淮莽苍中,扬州画戟拥元戎。南连近甸观秋稼,北抚中原扫夕烽。茶发蜀冈雷殷殷,水通隋苑月溶溶。悬知帐下多豪杰,一醉何因及老农。

惠山泉和惠山茶诗作

梅尧臣《尝惠山泉》⑦:吴楚千万山,山泉莫知数。其以甘味传,几何

---

① (宋)苏轼撰,(清)王文浩辑注,孔凡礼点校:《苏轼诗集》卷二十五《古今体诗五十一首》,中华书局1982年版,第1347页。
② (宋)苏辙著,陈宏天、高秀芳点校:《苏辙集》卷九《诗七十首》,中华书局1990年版,第173页。
③ (宋)黄庭坚撰,(宋)任渊等注,刘尚荣校点:《黄庭坚诗集注》外集卷十五《谢人惠茶》,中华书局2003年版,第1317页。
④ (宋)晁补之撰:《鸡肋集》卷二十《绝句·扬州杂咏七首》,四库全书本。
⑤ (清)吴之振、(清)吕留良、(清)吴自牧选,(清)管庭芬、(清)蒋光煦补:《宋诗钞:全四册》宋诗钞初集《秋崖小藁钞》,中华书局1986年版,第2804页。
⑥ (宋)陆游撰:《剑南诗稿》卷四十二,四库全书本。
⑦ (宋)梅尧臣撰:《宛陵集》卷十二,四库全书本。

若饴露。大禹书不载,陆生品尝著。昔惟庐谷亚,久与茶经附。相袭好事人,砂瓶和月注。持参万钱鼎,岂足调羹助,彼哉一勺微,唐突为霖澍。疏浓既不同,物用诚有处。空林癯面僧,安比侯王趣。

蔡襄(1012—1067年)《即惠山煮茶》①:此泉何以珍,适与真茶遇。在物两称绝,於予独得趣。鲜香箸下云,甘滑杯中露。当能变俗骨,岂特湔尘虑。昼静清风生,飘萧入庭树。中含古人意,来者庶冥悟。

强至(1022—1076年)《惠山泉》②:封寄晋陵船,东南第一泉。出瓶云液碎,落鼎月波圆。正味云谁别,繁声秖自怜。要须茶品对,合煮建溪先。

苏轼《游惠山》③:敲火发山泉,烹茶避林樾。明窗倾紫盏,色味两奇绝。吾生眠食耳,一饱万想灭。颇笑玉川子,饥弄三百月。岂如山中人,睡起山花发。一瓯谁与共,门外无来辙。

又《焦千之求惠山泉诗》④:兹山定空中,乳水满其腹。遇隙则发见,臭味实一族。浅深各有值,方圆随所蓄。或为云汹涌,或作线断续。或鸣空洞中,杂佩间琴筑。或流苍石缝,宛转龙鸾蹙。瓶罂走千里,真伪半相渎。贵人高宴罢,醉眼乱红绿。赤泥开方印,紫饼截圆玉。倾瓯共叹赏,窃语笑僮仆。岂如泉上僧,盥洒自挹掬。故人怜我病,蒻笼寄新馥。欠伸北窗下,昼睡美方熟。精品厌凡泉,愿子致一斛。

再《常润道中有怀钱塘寄述古五首》⑤:惠泉山下土如濡,阳羡溪头米胜珠。卖剑买牛吾欲老,杀鸡为黍子来无。地偏不信容高盖,俗俭真堪着腐儒。莫怪江南苦留滞,经营身计一生迂。

曾几(1085—1166年)《吴傅朋送惠山泉两瓶并所书石刻》⑥:锡

---

① (宋)蔡襄撰:《端明集》卷三《古诗·即惠山煮茶》,四库全书本。
② (宋)强至撰:《祠部集》卷四《五言律诗·惠山泉》,四库全书本。
③ (宋)苏轼撰,(清)王文浩辑注,孔凡礼点校:《苏轼诗集》卷十八《古今体诗四十八首》,中华书局1982年版,第946页。
④ (宋)苏轼撰,(清)王文浩辑注,孔凡礼点校:《苏轼诗集》卷八《古今体诗六十八首》,中华书局1982年版,第362页。
⑤ (宋)苏轼撰,(清)王文浩辑注,孔凡礼点校:《苏轼诗集》卷十一《古今体诗七十四首》,中华书局1982年版,第555—556页。
⑥ (元)方回选评,李庆甲集评校点:《瀛奎律髓汇评》卷十八《茶类》,上海古籍出版社1986年版,第722页。

谷寒泉双玉瓶,故人捐惠意非轻。疾风骤雨汤声作,淡月疏星茗事成。新岁纲头须击拂,旧时水递费经营。银钩虿尾增奇丽,并得晴窗两眼明。

洪适(1117—1184年)《答小隐惠山茶》①:何处仙官萼绿华,鞭鸾独御五云车。来从月窟曾依桂,分种盘洲不碍茶。枝耐岁寒犀换叶,蕊藏朝雾锦羞花。红颜不逐东君老,须著频来斗脸霞。

杨万里(1127—1206年)《酌惠山泉瀹茶》②:锡作诸峰玉一涓,曲生堪酿茗堪煎。诗人浪语元无据,却道人间第二泉。

又《题陆子泉上祠堂》③:先生吃茶不吃肉,先生饮泉不饮酒。饥寒祇忍七十年,万岁千秋名不朽。惠泉遂名陆子泉,泉与陆子名俱传。一瓣佛香炷遗像,几多衲子拜茶仙。麒麟图画冷似铁,凌烟冠剑消如雪。惠山成尘惠泉竭,陆子祠堂始应歇,山上泉中一轮月。

林景熙(1242—1301年)《惠山泉》④:第二名泉在,深云护石阑。九峰灵气泄,三伏细流寒。远脉松长润,余香茗欲残。荒祠怀陆羽,一掬酹空坛。

吴克恭(?—约1354)《惠山泉》⑤:九龙之峰秀蜿蜒,玉浆迸出为寒泉。来归石井僧分汲,流入草堂吾独怜。暗滴洞中云细细,冷穿池上月娟娟。(更)乞茶经与水记,俟余岁晚奉周旋。

又《阳羡茶》⑥:南岳高僧开道场,阳羡贡茶传四方。蛇衔事载风土记,客寄手题春雨香。故人惠泉龙虎蹙,吾兄紫笋鸿雁行。安得茅斋傍青壁,松风石鼎夜联床。

谢应芳(1295—1392)《寄题无锡钱仲毅煮茗轩》⑦:聚蚊金谷任辈

---

① (宋)洪适撰:《盘洲文集》卷六《诗六·答小隐惠山茶》,四库全书本。
② (宋)杨万里撰,辛更儒笺校:《杨万里集笺校》卷十三《诗·西归集·酌惠山泉瀹茶》,中华书局2007年版,第647页。
③ (宋)杨万里撰,辛更儒笺校:《杨万里集笺校》卷二十九《诗·朝天续集·题陆子泉上祠堂》,中华书局2007年版,第1494—1495页。
④ 杨镰主编:《全元诗》第十册《林景熙·惠山泉》,中华书局2013年版,第428页。
⑤ (清)顾嗣立编:《元诗选·三集》吴处士克恭《惠山泉》,中华书局1987年版,第466页。
⑥ (元)顾瑛辑,杨镰、祁学明、张颐青整理:《草堂雅集》卷五《吴克恭·阳羡茶》,中华书局2008年版,第461页。
⑦ (清)顾嗣立编:《元诗选·二集》龟巢老人谢应芳《寄题无锡钱仲毅煮茗轩》,中华书局1987年版,第1250页。

臆,煮茗留人也自贤。三百小团阳羡月,寻常新汲惠山泉。星飞白石童敲火,烟出青林鹤上天。午梦觉来汤欲沸,松风吹响竹炉边。

又《与子叙旧言怀良有感慨作二诗贻之》①:我思阳羡茶,初生如粟粒。州人岁入贡,雷霆未惊蛰。天荒地老今几(一作十)年,春归又闻啼杜鹃。山中灵草化荆(一作榛)棘,白蛇何处藏蜿蜒。玉山(一作川)先生一寸铁,欲剸妖蟆救明月。丹霄路断肝肠热,还忆茶瓯饮冰雪。

我思惠山泉,长流无古今(一作泠然响鸣琴)。瓶罂走千里,煮茗清人心。向来劫火炎锡谷,神焦鬼烂势莫扑(一作猿猱哭)。池边浦(一作楯)石亦灰飞,此水泠泠泻寒玉。高(一作若)人饮泉五六年,一襟清气清于泉。好为吴侬洗烦热,乘风归报蓬莱仙。

中泠泉诗作

陆游《将至京口》②:卧听金山古寺钟,三巴昨梦已成空。船头坎坎回帆鼓,旗尾舒舒下水风。城角危楼晴霭碧,林间双塔夕阳红。铜瓶愁汲中濡水,不见茶山九十翁。

又《闲咏》③:莫笑结庐鱼稻乡,风流殊未减华堂。茶分正焙新开筈,水挹中濡自候汤。小儿研朱晨点易,重帘埽地昼焚香。个中富贵君知否,不必金貂侍紫皇。

杨万里《过扬子江》④:只有清霜冻太空,更无半点荻花风。天开云雾东南碧,日射波涛上下红。千载英雄鸿去外,六朝形胜雪晴中。携瓶自汲江心水,要试煎茶第一功。

其他江苏名水诗作

苏辙《八功德水》⑤:君言山上泉,定有何功德。热尽自清凉,苦除即甘滑。颇遭游人病,时取破鲍挹。烦恼虽云消,凛然终在臆。

---

① (清)顾嗣立编:《元诗选·二集》龟巢老人谢应芳,中华书局1987年版,第1232—1233页。
② (清)吴之振、(清)吕留良、(清)吴自牧选,(清)管庭芬、(清)蒋光煦补:《宋诗钞:全四册》宋诗钞初集《剑南诗钞·将至京口》,中华书局1986年版,第1850页。
③ (宋)陆游撰:《剑南诗稿》卷七十七,四库全书本。
④ (宋)杨万里撰,辛更儒笺校:《杨万里集笺校》卷二十七《诗·朝天续集·过扬子江》,中华书局2007年版,第1392页。
⑤ (宋)苏辙著,陈宏天、高秀芳点校:《苏辙集》卷十《诗九十六首·和孔武仲金陵九咏·八功德水》,中华书局1990年版,第177页。

杨万里《舟泊吴江》①:江湖便是老生涯,佳处何妨且泊家。自汲淞江桥下水,垂虹亭上试新茶。

张达明《题吴江甘泉》②:桥下四楹水,人间六品泉。松陵无鲁望,山茗为谁煎。

林景熙《丹阳泉》③:扬子江中麹夜月,慧山亭上漱朝烟。遥看丹气霏微里,二十泉中第四泉。

二 茶画

随着茶文化的发展与普及,茶事内容更加频繁地出现在人物画、山水画、社会风俗画等各种类型的绘画作品中。从文人雅集上的侍茶待客,到市井民间的烹茶场景,都在茶画中有所呈现。而这一时期的茶画主题,则与茶诗茶词一致,同样热衷于表现当时流行的点茶、斗茶内容。如台北"故宫博物院"藏宋徽宗《文会图》和《十八学士图卷》中,都描绘了侍童烹茶治具的场景:三僮备茶,一于茶桌旁,左手持黑漆茶托,上托建窑紫盏(褐地),右手执匙正从罐内舀茶末,准备点茶。另一僮则立于茶炉旁,炉火正炽,内置茶瓶二,茶炉前方另置水瓮、方形竹制漆边都篮(茶柜),都篮分上下二层,内藏茶盏等茶器。④ 南宋刘松年《碾茶图》则呈现了宋代的点茶法:画面左方绘二侍者正在备茶,一跨坐于长方形矮几上,手推茶磨挽把,正在碾茶,上下臼之间茶末泄出于承盘内,茶磨边上置棕制茶帚与釜末各一,以拂聚茶末。另一侍者则立于桌边,左持茶盏,右执茶瓶正在点茶。⑤ 刘松年的《斗茶图》和《茗园赌市图》则描绘了普通民众和茶农茶贩在市井点茶、斗茶的场景,是斗茶风行各阶层的一个例证。此外,宋代风行的点茶习俗还深刻影响了辽、元等部族

---

① (宋)杨万里撰,辛更儒笺校:《杨万里集笺校》卷八《诗·荆溪集·舟泊吴江》,中华书局2007年版,第449页。
② 何锡光校注:《陆龟蒙全集校注》附录·诸家评论·北京大学古文献研究所《全宋诗》,凤凰出版社2015年版,第1616页。
③ 杨镰主编:《全元诗》第十册《林景熙·丹阳泉》,中华书局2013年版,第429页。
④ 廖宝秀文字撰述:《也可以清心:茶器、茶事、茶画》,台北"故宫博物院"2002年版,第34页。
⑤ 廖宝秀文字撰述:《也可以清心:茶器、茶事、茶画》,台北"故宫博物院"2002年版,第35页。

的饮茶习惯。如辽代河北宣化辽墓出土的饮茶风俗壁画①、山西大同元代冯道真墓壁画②以及内蒙古赤峰元宝山元代墓葬壁画③呈现的饮茶场景,与徽宗、刘松年画中描绘的点茶方式并无不同。

虽然宋元时期茶叶绘画艺术发展繁盛,但江苏茶画似无发展。这一时期仅有蔡肇《煎茶图》、倪瓒《龙门茶屋图》和赵原《陆羽烹茶图》三幅江苏籍作者所绘茶画作品见诸文献。

蔡肇《煎茶图》

蔡肇(? —1119年),字天启,润州丹阳人。北宋画家,能为文,最擅歌诗,著有《丹阳集》。初事王安石,见器重。④《煎茶图》著录于清代卞永誉《式古堂画考》卷二,惜今已失传。

图3-5 元代墓葬壁画(内蒙古赤峰市元宝山区沙子山2号墓)

倪瓒《龙门茶屋图》

倪瓒(1301—1374年),初名珽,字泰宇,后字元镇,江苏无锡人。"所居有阁曰清閟,幽迥绝尘。藏书数千卷,皆手自勘定。古鼎法书,名琴奇画,陈列左右。四时卉木,萦绕其外,高木修篁,蔚然深秀,故自号云林居士。"⑤元代画家、诗人,博学好古,是元四家之一。他青少年时家境富裕,四方名士日至其门,后生变故,"富家悉被祸,而瓒扁舟箬笠,往

---

① 李清泉:《宣化辽墓壁画散乐图与备茶图的礼仪功能》,《故宫博物院院刊》2005年第3期,第104—161页。
② 大同市文物陈列馆、山西云冈文物管理所:《山西省大同市元代冯道真、王青墓清理简报》,《文物》1962年第10期,第34—43页。
③ 项春松:《内蒙古赤峰市元宝山元代壁画墓》,《文物》1983年第4期,第40—46页。
④ 周祖譔主编:《历代文苑传笺证》卷六《宋史》卷四百四十四〈文苑列传六〉蔡肇》,凤凰出版社2012年版,第594页。
⑤ (清)张廷玉等撰:《明史》卷二九八《列传一八六·隐逸》,中华书局2003年版,第7624页。

来震泽、三泖间,独不罹患"①,过着漫游生活,"往来五湖三泖间,人望之若仙去"。②《龙门茶屋图》著录于钱杜撰《松壶画赘》,惜原画未见,仅存倪瓒《龙门茶屋图》诗:"龙门秋月影,茶屋白云泉。不与世人赏,瑶草自年年。上有天池水,松风舞沦涟。何当蹑飞凫,去采池中莲。"③

赵原《陆羽烹茶图》

赵原,生卒年不详,本名元,字善长,山东莒城(莒县,一作东平)人,寓居江苏苏州,元末明初画家。《陆羽烹茶图》,纸本设色,纵 27.0 厘米,横 78.0 厘米。清代松泉老人《墨缘汇观录》卷四著录。画面以陆羽烹茶为题材,幽雅恬静的环境之中,一人坐于堂上,傍有童子拥炉烹茶。画前上首押"赵"字,题"陆羽烹茶图",后款"赵丹林"。画面题咏和印章颇多,有七绝一首,"山中茅屋是谁家,兀坐闲吟到日斜。坐客不来山鸟散,呼童汲水煮新茶。"④另有落款"窥斑"的七律一首,"睡起山斋渴思

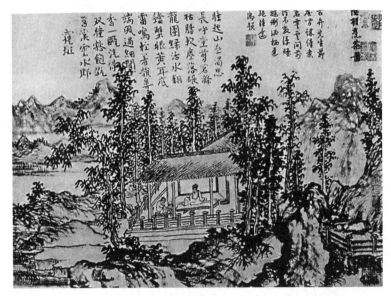

图 3-6 赵原《陆羽烹茶图》局部(台北"故宫博物院"藏)

---

① (清)张廷玉等撰:《明史》卷二九八《列传一八六·隐逸》,中华书局 2003 年版,第 7625 页。
② 赵景深、张增元编:《方志著录元明清曲家传略》,中华书局 1987 年版,第 425—426 页。
③ 杨镰主编:《全元诗》第四十三册《倪瓒·龙门茶屋图》,中华书局 2013 年版,第 26 页。
④ (清)顾嗣立、席世臣编:《元诗选癸集》癸之己下《赵觐·题云林六君子图》,中华书局 2001 年版,第 847 页。

长,呼童煎茗涤枯肠。软尘落碾龙团绿,活水翻铛蟹眼黄。耳底雷鸣轻着韵,鼻风过处细闻香。一瓯洗得双瞳豁,饱玩苕溪云水乡。"①

三 茶书②

自唐代陆羽著《茶经》,开为茶著书之先河,历朝历代均有茶叶典籍刊行。据不完全统计,我国现存与茶叶、茶饮、茶事等有关的古代茶书共计百余种(包括辑佚)。③ 这些茶书内容涉及广泛,从茶树栽种、茶叶采制、茶园管理,到煎点煮饮、品泉鉴水、茶具选配,再到茶政茶法、茶事艺文等,无不收于其中,为我国传统茶学的形成奠定了坚实基础。江苏自古即是著名茶区,茶事内容丰富,又是经济发达、文人荟萃之地,因此历代茶书中,专著江苏茶业内容或江苏籍作者所著茶书均颇为丰富。此外,其他茶书对江苏的茶业内容也多有涉及。如唐代张又新《煎茶水记》,作者非江苏籍,内容也非专著江苏茶事,所以本书并未将其列入"江苏茶书",但该书中所评宜茶之水凡七等,前六品均为江苏名泉,因此也是关于江苏宜茶泉品的重要记载。这些茶书详细著述了江苏茶叶产区、种植、采制、品评,以及与之相关的泡茶用水、饮茶器具、茶叶法规和茶事活动等内容,为江苏茶文化提供了丰富、翔实的史料依据。

《大明水记》 欧阳修撰

欧阳修(1007—1072年),字永叔,号醉翁、六一居士,谥号文忠,吉州庐陵(江西永丰县)人,举天圣八年(1030)进士甲科,文学家、史学家。《大明水记》是庆历八年(1048年),欧阳修于扬州所著。该书在南宋时即被附于唐代张又新《煎茶水记》卷末,书后附欧阳修于嘉佑三年(1058年)所著《浮槎山水记》。《大明水记》通过对陆羽《茶经》和张又新《煎茶水记》中关于宜茶之水的品评进行比对、评说,指出其中矛盾之处,并强调扬州大明寺井"为水之美者也"。

---

① (清)顾嗣立编:《元诗选·三集》孤篷倦客陈方《题迁翁安处斋图》,中华书局1987年版,第476页。
② 此部分内容参考郑培凯、朱自振主编:《中古历代茶书汇编校注本》,香港商务印书馆2007年版。
③ 朱自振、沈冬梅、增勤编著:《中国古代茶书集成》,上海文化出版社2010年版:记114种;陈椽:《茶业通史》,中国农业出版社2008年版:记118种。

《述煮茶泉品》 叶清臣撰

叶清臣(1000—1049年),字道卿,长洲(苏州)人,北宋天圣二年(1024年)进士,名臣。撰有文集一百六十卷,惜已佚。《述煮茶泉品》篇幅较小,全文仅500余字,原书被附于张又新《煎茶水记》文后,清陶珽重新编印宛委山堂《说郛》时将其作为一书收录,《古今图书集成》将其收入食货典茶部艺文中。该书内容主要为记述各地宜茶泉品等。主要刊本有宋咸淳刊百川学海本,明华氏刊百川学海本,明喻政《茶书》本,宛委山堂说郛本,古今图书集成本,文渊阁四库全书本,涵芬楼说郛本等。

《本朝茶法》一卷,《茶论》 沈括撰

沈括(1031—1095年),字存中,号梦溪丈人,钱塘(浙江杭州)人,寄籍苏州,北宋嘉佑八年(1063年)进士,科学家,有《长兴集》《梦溪笔谈》《苏沈良方》等著作传世。《本朝茶法》是沈括晚年居润州(镇江)梦溪时所撰《梦溪笔谈》卷十二中的第八、第九两条内容,由明代陶宗仪辑出,收入《说郛》一书中,并取第八条首四字题名为《本朝茶法》。该书内容是关于北宋茶叶专卖法和茶利等。现存《五朝小说》本(第七十六册),南京图书馆藏;清顺治三年(1646年),宛委山堂刻本,线装(《说郛》卷九十三),国家图书馆、南京图书馆等藏。

除《本朝茶法》以外,沈括在《梦溪笔谈》卷二十四中还提到:"予山居有《茶论》",陆廷灿在《续茶经》中亦列此书目,王观国《学林》引用时称"沈存中《论茶》"。惜《茶论》原书佚,现内容仅为《梦溪笔谈》《学林》辑出的两条茶诗。

《北苑茶录》(辑佚) 丁谓撰

丁谓(966—1037年),字谓之,后改字公言,长洲(今江苏苏州)人,淳化三年(992年)进士,善诗文,通音律,官至宰相。至道年间(995—997年)任福建路转运使,在任期间积极推动建安北苑贡茶发展。《北苑茶录》记述了福建建安北苑贡焙所出贡茶的种类,包括"蜡茶、品载、龙茶、石乳",并介绍每种贡茶的产地、制茶时间等。《北苑茶录》原书已佚,现存内容是从宋子安《东溪试茶录》、熊蕃《宣和北苑贡茶录》、高承《事物纪原》等书中辑出。

《补茶经》(辑佚)　周绛撰

周绛,生卒年不详,字斡臣,常州溧阳人。少为道士,名智进,还俗后发奋读书,太平兴国八年(983年)举进士,景德元年(1004年)官太常博士,后以尚书都官员外郎知毗陵(江苏常州)。《补茶经》是周绛于大中祥符年间(1008—1016年)任建州知府时,因陆羽《茶经》未载建安茶叶内容,故而予以补充。《补茶经》原书已佚,今存二条是据《舆地纪胜》、熊蕃《宣和北苑贡茶录》、陆廷灿《续茶经》辑录。

《茹芝续茶谱》(辑佚)　桑庄撰

桑庄,生卒年不详,约北宋至南宋间人,字公肃,高邮人。宋代陈耆卿撰《嘉定赤城志》卷三四《人物门》"侨寓"记载:"官至知柳州,绍兴初,寓天台,曾文清公几志其墓,有《茹芝广览》三百卷藏于家。"桑庄还著有《茹芝续谱》,《茹芝续茶谱》即是《茹芝续谱》中的内容,大约写成于南宋初年,惜原书已佚,现存内容据《嘉定赤城志》《续茶经》辑出。书中记述了浙江天台的三种名茶,即"紫凝、魏岭、小溪"。

第四章　明代的江苏茶文化

在中国茶业和茶文化的发展史上,明代是一个开创性时期,其主要特征是在饮茶和茶类生产改制的基础上,以炒青绿茶为主体的芽茶、叶茶风靡于世,同时促使茶业各领域都出现了"散茶化"变革。明代以芽叶为主的发展形式,不但从技术和文化上把中国古代茶业和茶文化的传统最终确立和固定了下来,而且把传统茶业和茶文化提高到了中国古代社会条件下可能达到的巅峰。江苏的茶文化也在此期间迎来了又一个发展高潮。得益于深厚的文化积累和蓬勃的经济发展,江苏茶文化不仅在技术上引领全国,在品饮方面发展出文人茶的独特理念,而且在茶器具方面也开创了紫砂茶器艺术形式。

第一节　精湛的制茶工艺

通常所说的茶,是指以茶树鲜叶为原料,利用相应的加工方法使鲜叶内质发生变化而制成的饮料。按照现代制茶工艺的不同,茶可分为六大基本茶类和再加工茶类。六大基本茶类包括绿茶、黄茶、白茶、青茶、红茶、黑茶,再加工茶类包括花茶、萃取茶、含茶饮料等。每种茶类都经过了长时间的演变、发展,最终才成为我们现在所熟悉的样子。从秦汉时期王公贵族的宫廷奢侈品,到唐代"不可一日无"的民间必需品,再到宋元以来"罢团茶兴散茶"的革命性转变,茶叶的种类及加工方式随着其普及程度和饮用习俗的改变而不断地发展变化。除蒸青饼茶在唐宋时期就已发展成熟之外,其他茶类大多是在明代以后才大规模发展起来的。这一时期江苏制茶工艺发展的特点体现在两个方面:一是部分茶叶生产中依然保留了传统饼茶加工中的蒸青工艺;二是炒青茶工艺精湛,占据了茶叶生产的绝对主导地位。

一 炒青茶的蓬勃发展

早在宋末元初以前,中国茶类生产和供应内地民间所用的茶叶,就基本上完成了由饼茶到以芽茶为主的转变。但宋元生产的芽茶在工艺上还保留有饼茶加工的一些旧制,如杀青一般不用锅炒而依然用甑蒸。至明代,锅炒杀青成为主流,除个别地区一度坚持用蒸,大部分地区都以专制炒青绿茶为主。

明代炒青绿茶的风兴与明太祖朱元璋的倡导有一定关系。明初百废待兴,朱元璋倡导节俭并身体力行,于是上行下效,形成了明代前期淳朴的社会风气。当时,建宁入贡的武夷御茶仍然沿袭宋制,是经过碾揉压制的大小龙团。如《明史》所载:"其上供茶,天下贡额四千有奇,福建建宁所贡最为上品,有探春、先春、次春、紫笋及荐新等号。旧皆采而碾之,压以银板,为大小龙团。"至洪武二十四年(1391年)九月,太祖朱元璋"以其劳民"为由,"罢造,惟令采茶芽以进",而且下令各地均照此行事,"复上供户五百家。凡贡茶,第按额以供"。[①] 如果说南宋和元代紧压茶向散茶转换的滞缓与贡茶一直沿用唐宋旧制有关,那么朱元璋罢造龙团,改进芽茶的诏令下达后,团茶饼茶在人们心目中便失去了残存的最后一束光彩。饼茶的加工本就费时费力,成本高昂,而且制作中水浸和榨汁等工序可导致茶香损失,夺走茶叶真味。散茶特别是炒青茶的加工,则是尽量将茶叶天然的色香味发挥到极致。因此,蒸青饼茶在这样的社会环境和人为因素影响下日趋式微,除边茶和特色茶以外,炒青芽茶后来居上,逐渐占据茶叶市场的主导地位,并更加快速地发展起来。至明代中期,饼茶、末茶都已经不再是中国茶文化依存的主要形式,芽茶、叶茶等散茶取而代之,并影响到茶具、品饮艺术等的转化。

---

① (清)张廷玉等撰:《明史》卷八十志五十六《食货四·茶法》,中华书局1974年版,第1955页。

明代炒青的突出发展,首先反映在炒青名茶的创制上。宋元时,散茶的名品主要有日铸、双井和顾渚等少数几种,但至明后期,如明代扬州文人黄一正《事物绀珠》所载,当时的名茶就有近百种,包括:四川蒙山茶、雅州雷鸣茶、荆州仙人掌茶、苏州虎丘茶、苏州天池茶、罗岕茶、宜兴阳羡茶、六安茶、会稽日铸茶、洺湖含膏茶、苏州西山茶、渠江茶、绍兴茶、福州栢岩茶、凤亭茶、乌程温山茶、袁州界桥茶、洪州白露茶、徽州牛棺岭茶、婺州举岩茶、武林龙井茶、洪州鹤岭茶、睦州鸠坑茶、潭州铁色茶、衡山茶、丹陵茶、昌合茶、青阳茶、广德茶、莱阳茶、海州茶、罗山茶、西乡茶、城固茶、石泉茶、长兴茶、顾渚茶、龙坡山子茶、龙游方山茶、严州茶、台州茶、南昌紫清茶、南昌香城茶、饶州茶、南康茶、九江茶、吉安茶、崇阳茶、嘉鱼茶、蒲圻茶、沙溪茶、蕲茶、荆州茶、施州茶、宣州横纹茶、嫩绿茶、纳溪茶、新添茶、北苑茶、平越茶、朝鲜茶、巴条茶、南川茶、黔江茶、彭水茶、武隆茶、酆都茶、感通茶、峨嵋茶、泸州茶、乌蒙茶、芒部茶、播州茶、永宁茶、天全茶、建始茶、开茶、武夷茶、南平茶、泰宁茶、阳宗茶、广西茶、金齿茶、湾甸茶、涪州宾化茶、涪州白马茶、涪陵茶、毛茶、卬州火井思安茶、巴东真香、黔阳都濡高株、夔州香山茶、江陵南木茶、太和骞林茶以及建宁探春、先春、次春三贡茶。[①]《事物绀珠》撰于万历初年,其所列名茶,南自云南的金齿(今云南保山)、湾甸(今云南镇康县北),北至山东的莱阳,包括今云南、四川、贵州、广西、广东、湖南、湖北、陕西、河南、安徽、江西、福建、浙江、江苏和山东15个省区。成书于万历四十五年(1617年)的《客座赘语》中也列举了诸多名茶,如"吴门之虎丘、天池,岕之庙后、明月峡,宜兴之青叶、雀舌、蜂翅,越之龙井、顾渚、日铸、天台,六安之先春,松萝之上方、秋露白,闽之武夷,宝庆之贡茶"[②]等,都是茶中精品。

这里需特别指出的是,在众多茶名中,除少数是元代以前就已见记载者外(其中有相当一部分虽然名字依旧,但制法已经不同),大多数均为第一次出现。表明这些新见的茶叶都是在明代前期和中期的一两百年间创制产生的,这既反映了茶叶市场的多元化需求,也标志着当时饮

---

① (明)黄一正辑:《事物绀珠》卷十四《食部·茶类》,明万历刻本。
② (明)顾起元撰:《客座赘语》卷九《茶品》,中华书局1987年版,第305页。

茶文化的进一步发展。

明代芽茶、叶茶的突出发展,还表现在炒青绿茶采制技术的精细和完善上。如《茶解》归纳的炒青各工序技术要点为:采茶"须晴昼采,当时焙",否则就"色味香俱减"。采后萎凋,要放在箄中,不能置于漆器和瓷器内,也"不宜见风日"。炒制时,"炒茶,铛宜热;焙,铛宜温"。具体操作时,"凡炒,止可一握,候铛微炙手,置茶铛中,札札有声,急手炒匀;出之箕上,薄摊用扇扇冷,略加揉挼。再略炒,入文火铛焙干。"①张源在《茶录》"造茶"一节中记述:"锅广二尺四寸,将茶一斤半焙之,候锅极热始下茶。急炒,火不可缓。待熟方退火,彻入筛中,轻团那数遍,复下锅中,渐渐减火,焙干为度。中有玄微,难以言显。火候均停,色香全美,玄微未究,神味俱疲。"②冯梦祯在《快雪堂漫录》中也详细说明了炒青绿茶的制作方法:"锅令极净,茶要少,火要猛,以手拌炒令软净,取出摊匾中,略用手揉之,揉去焦梗,冷定复炒,极燥而止。不得便入瓶,置净处,不可近湿。一二日再入锅,炒令极燥,摊冷。"③

上述文字记载涉及了炒青绿茶制作中鲜叶采摘、杀青、摊凉、揉捻和焙干等整个过程的全套工艺。作者对有些工序要注意些什么,为什么要注意,还做了进一步解释。如强调杀青后,要薄摊,用扇扇冷,这样色泽就如翡翠,不然就会变色。再则是原料要新鲜,叶鲜,膏液就充足;杀青讲究"茶要少,火要猛",要"用武火急炒,以发其香,然火亦不宜太烈";杀青后,"必须揉挼,揉挼则脂膏溶液,少数入汤,味无不全"。另外还提及,有些高档茶,如安徽休宁的松萝,在鲜叶选拣以后,还有一道将叶片"摘去叶脉"的工序。所有这些工艺和叙述,都达到了传统绿茶制造技术的最高水平,其中有些工艺和采制原则与现代炒青绿茶的制法已经极为相似。比如鲜叶采摘后,叶内化学成分会受水分、温度、氧气、损伤情况等因素影响而发生不同程度的变化,从而对鲜叶质量造成一定影响。④因此在鲜叶采摘、运输和存放过程中,应注意保水、保鲜、

---

① 郑培凯、朱自振主编:《中古历代茶书汇编校注本》,香港商务印书馆2007年版,第343页。
② 郑培凯、朱自振主编:《中古历代茶书汇编校注本》,香港商务印书馆2007年版,第252页。
③ (明)冯梦祯撰:《快雪堂漫录》"炒茶并藏法",乾隆奇晋斋丛书本。
④ 夏涛主编:《制茶学》,中国农业出版社2014年版,第30页。

通风、散热,并尽量做到及时炒制,以保持鲜叶新鲜度和质量。明代茶书中提到的采茶要点,既要求了用竹编的"筤"盛装鲜叶,以满足通风、易散热等条件;又强调"当时焙",也就是及时炒制,从而避免"色味香俱减",影响成茶品质。又如现代杀青技术主要关注的是杀青温度、杀青时间、投叶量以及鲜叶质量;揉捻是为了适当破坏叶组织,使茶汁容易泡出;干燥则是在去除茶叶中水分的同时,使外形也发生显著改变,①这些技术要点在上述史料中均有提及。正因为传统绿茶制造技术已达到极高水平,所以至今在一些名特茶叶生产中仍然广被沿用。正如现代茶学家陈橼所说,"这仍然是现时炒青制法的理论依据。"②

除了在制茶工艺上要求精益求精,明代文献中对于茶叶如何保存也有细致说明。如屠隆《茶笺》专门记述了三种藏茶方法。第一种:茶宜箬叶而畏香药,喜温燥而忌冷湿,故收藏之家,先于清明时收买箬叶,拣其最青者,预焙极燥。以竹丝编之,每四片编为一块听用。又买宜兴新坚大罂,可容茶十斤以上者,洗净焙干听用。山中焙茶回,复焙一番,去其茶子、老叶、枯焦者及梗屑,以大盆埋伏生炭,覆以灶中敲细赤火,既不生烟,又不易过。置茶焙下焙之,约以二斤作一焙,别用炭火入大炉内,将罂悬架其上,至燥极而止。以编箬衬于罂底,茶燥者,扇冷,方可入罂。茶之燥,以捻起即成末为验,随焙随入。既满,又以箬叶覆于罂上,每茶一斤,约用箬二两。口用尺八纸焙燥封固,约六七层,捆以方厚白木板一块,亦取焙燥者,然后于向明净室高阁之。用时,以新燥宜兴小瓶取出,约可受四五两,随即包整。夏至后三日,再焙一次;秋分后三日,又焙一次;一阳后三日,又焙之。连山中共五焙,直至交新,色味如一。罂中用浅,更以燥箬叶贮满之,则久而不浥。第二种:以中坛盛茶,十斤一瓶,每瓶烧稻草灰入于大桶,将茶瓶座桶中,以灰四面填桶,瓶上覆灰筑实。每用,拨开瓶,取茶些少,仍复覆灰,再无蒸坏,次年换灰。第三种:空楼中悬架,将茶瓶口朝下放。不蒸,缘蒸气自天而

---

① 夏涛主编:《制茶学》,中国农业出版社2014年版,第47—56页。
② 章传政、丁以寿等:《徽州明代茶叶加工技术及其影响》,《中国茶叶加工》2009年第3期,第45—46页。

下也。①

茶叶易吸湿、吸味,即"畏香药""忌冷湿",如果保存不善,极易变质,降低品质。因此在贮存过程中,需要防潮、防热、防光、防异味。传统的茶叶贮存保鲜方法在《茶笺》以及历代茶叶文献中多有提到,大致为设置一个密闭的容器空间,并用蒻叶、稻草灰等填充。即"贮于陶器,以防暑湿"②,或"藏茶宜大瓮,底置箬,封固倒放,则过夏不黄,以其气不外泄也;不宜热处,不宜见日,不宜近诸香气"③。其原理是利用稻草灰和蒻叶的吸湿功能,将贮存茶叶的小环境中的水分吸收,形成干燥的贮藏环境。稻草灰需经常更换,以确保干燥度恒定。而温度的恒定则可以通过定期加热来保持,即"以蒻叶封裹入焙中,两三日一次用火,常如人体温温,以御湿润"④。

总的来说,炒青绿茶制作技术在明代发展至极高水平,从鲜叶采摘到整个炒制工艺流程再到茶叶贮藏,每个环节都与现代工艺极为接近。而且在炒青绿茶一枝独秀的同时,明代的制茶工艺也获得了全面发展,以现代制茶工艺划分的基本茶类,包括黄茶、白茶、青茶、红茶、黑茶等均陆续创制,进一步促进了茶叶消费以及散茶文化的繁荣。

二 名冠天下的江苏名茶⑤

(一)虎丘茶

虎丘位于苏州市阊门外山塘街,传说因"秦始皇将发吴冢,有白虎踞其上"而得名,又名"海涌峰",素有"吴中第一名胜"的美誉。东晋时,司徒王珣、司空王珉在虎丘山建宅,咸和二年(327年),二人因崇佛而舍宅为寺,取名虎丘山寺,分东、西二刹。唐初,为避太祖李虎讳,改名"武丘报恩寺",后于武宗会昌五年(845年)毁于灭佛运动,重建后合二

---

① (明)屠隆撰,秦跃宇点校:《考槃余事》卷四《山斋笺·藏茶》,凤凰出版社2017年版,第103—104页。
② (宋)王谠撰,周勋初校证:《唐语林校证》卷八《补遗》,中华书局1987年版,第691页。
③ (明)白胤昌著,莫丽燕、杨海娜整理,冀东审订:《容安斋苏谈》卷九《谈物》,三晋出版社2010年版,《阳城历史名人文存·1》第660页。
④ 曾枣庄、刘琳主编:《全宋文》第四十七册卷一〇一九《蔡襄二十六·茶录》,上海辞书出版社2006年版,第208页。
⑤ 其中碧螺春、本山茶、云雾茶等盛行于清代,但因其产制历史可向前代追溯,故在本节中一并说明。

寺为一寺并移至山上。北宋至道年间（995—997年）更名为"云岩禅寺"。元代以后，虎丘寺屡有兴建，虽然历经兴衰，但仍声名远播，今"虎阜禅寺"匾额即为清康熙皇帝御题。20世纪中期以后，虎丘及其周围自然、人文环境得到全面保护、维修和发展，如今已成为闻名中外的风景名胜区。

虎丘茶产于虎丘寺西的"金粟房"，为虎丘寺僧人所植，宋代名为白云茶，名闻天下。虎丘茶属炒青芽茶，其"叶微带黑，不甚苍翠"①，因在"谷雨前摘细芽焙而烹之"，所以又有"雨前茶"之称。采制虎丘茶"必亲诣茶所，手摘监制，乃得真产。且难久贮，即百端珍护，稍过时，即全失其初矣。殆如彩云易散，故不入供御耶"②。虎丘茶品质极佳，"其色如月下白，其味如豆花香"，"清香风韵，自得天然妙趣，啜之骨爽神怡，真堪卢仝七碗之鉴；其名已冠天下，其价几与银等，向为山僧获利，果属吴中佳产也。"③明代李日华《竹懒茶衡》评价虎丘茶："气芳而味薄，乍入盎，菁英浮动，鼻端拂拂，如兰初析，经喉吻亦快然……"④刘凤《虎丘采茶曲》写道："山寺茶名近更闻，采时珍重不盈斤。直输华露倾仙掌，浮沫春磁破白云。"冯梦祯《快雪堂漫录》记载："茂吴（徐桂）品茶以虎丘为第一，常用银一两余，购其斤许，寺僧以茂吴精鉴，不敢相欺。他人所得，虽厚价亦赝物也。"⑤屠隆在《考槃余事》中亦称其"最号精绝，为天下冠。惜不多产，皆为豪右所据，寂寞山家，无繇获购矣"⑥。茶品独贵的虎丘茶，以其"色白，香如幽兰"⑦的精绝之处，被品茶者奉为天下第一的"茶中王"⑧。

虎丘茶虽然名冠天下，但因栽植于山岩隙地，生产规模有限。

---

① （清）许治修，（清）沈德潜、顾诒禄纂：《乾隆元和县志》，江苏古籍出版社1991年版，第201页。
② 郑培凯、朱自振主编：《中古历代茶书汇编校注本》，香港商务印书馆2007年版，第764页。
③ 郑培凯、朱自振主编：《中古历代茶书汇编校注本》，香港商务印书馆2007年版，第907页。
④ （清）陆廷灿撰：《续茶经》卷下之一《五茶之煮》，文渊阁四库全书本。
⑤ （明）冯梦祯撰：《快雪堂漫录》"品茶"，乾隆奇晋斋丛书本。
⑥ （明）屠隆撰，秦跃宇点校：《考槃余事》卷四《山斋笺·虎丘》，凤凰出版社2017年版，第101页。
⑦ （清）尹继善、黄之隽纂修：《江南通志》卷八十六《食货志》，文渊阁四库全书本。
⑧ （清）许治修，（清）沈德潜、顾诒禄纂：《乾隆元和县志》，江苏古籍出版社1991年版，第201页。

图 4-1 虎丘茶园（谷为今 摄）

如《遵生八笺》所记："若近时虎丘山茶,亦可称奇,惜不多得。"①而官府的不断征用更加重了虎丘寺僧的负担,使虎丘茶成为"僧害"。寺僧终因无法承受官吏逼迫索取,"伐树以绝之"②,将虎丘茶树剃除殆尽。自此以后,虎丘茶所剩无多。如《苏州府志》所载,"明时,有司申馈大吏,骚扰不堪,守僧薙除殆尽,文震孟作《薙茶说》以戒之,后植如故,采馈同前。睢州汤公斌抚吴,严禁馈送,寺僧亦疲于艺植,此种觉少矣。明文震孟《薙茶说》:吴山之虎邱,名艳天下。其所产茗柯亦为天下最,色、香与味,在常品外,如阳羡、天池、北源、松萝,俱堪作奴也。以故好事家争先购之。然所产极少,竭山之所入,不满数十斤。而自万历中,有大吏而汰者檄取于有司,动以百斤计,有司之善谀者,若以此役为职守。然每当春时茗花将放,二邑之尹即以印封封其园,度芽已抽,则二邑胥吏之黠者,踰垣入,先窃以献令,令急先以献大吏博色笑。其后得者辄银铛其僧,痛棰之。而胥吏辈复啖咋,僧尽衣钵资不得偿,攒眉蹙额,或闭门而泣,如是者三十余年矣！……"③虎丘茶树被剃除之后,寺僧曾尝试

---

① (明)高濂著,赵立勋校注:《遵生八笺校注》卷十《饮馔服食笺》上卷《茶泉类·论茶品》,人民卫生出版社 1993 年版,第 388 页。
② (明)冯梦龙辑:《智囊补》上智部,明积秀堂刻本。
③ (清)李铭皖等修,冯桂芬等纂:《苏州府志》卷二十《物产》,清光绪九年刊本,成文出版社 1970 年版,第 496 页。

恢复种植,同样遭到官府骚扰,虽然汤斌任江苏巡抚时,为防止类似事件再度发生,曾下令严禁官员馈送此茶,可惜后来寺僧亦疲于栽种,虎丘茶树逐渐萎败绝种,再难得见了。

(二) 天池茶

天池位于苏州市虎丘区龙池风景区北的华山(花山)上,唐代即被陆羽列为名茶产地,《茶史》亦载,"苏州城西有华山,山半有池,曰天池。……产茶"①。天池茶对产地和采制时间要求较高,"出龙池一带者佳,出南山一带者最早,微带草气。"②需在谷雨之前采制才能保证其品质,"在谷雨前收细芽,炒得法者,青翠芳馨,嗅亦消渴。"③且因采制时间较早,有"寒月诸茶晦黯无色,而彼独翠绿媚人"④的雅誉。屠隆亦评价其"青翠芳馨,噉之赏心,嗅亦消渴,诚可称仙品。诸山之茶,尤当退舍"⑤。

虽然"士人皆贵天池",但此茶亦有不足之处,如许次纾所言,"天池产者,饮之略多,令人胀满。自余始下其品,向多非之。近来赏奇者,始信余言矣"⑥。明代人文地理学家王士性也称:"虎邱天池茶今为海内第一。余观茶品固佳,然以人事胜,其采揉焙封法度,锱两不爽……"⑦即便如此,天池茶在明代仍可称得上是炒青芽茶中的仙品,并与虎丘茶一起被奉为"海内第一"。直至清代以后,逐渐失传。如今,天池茶及其采制技术已经得到恢复,苏州著名绿茶品种"天池茗毫"即是对这一历史名茶的继承和延续。

(三) 岕茶⑧

岕茶是产于宜兴和长兴的一种蒸青绿茶的总称。"岕",是指两山

---

① 郑培凯、朱自振主编:《中古历代茶书汇编校注本》,香港商务印书馆2007年版,第638页。
② (明)文震亨著:《长物志(图版)》卷十二《香茗》,重庆出版社2008年版,第454页。
③ (明)高濂著,赵立勋校注:《遵生八笺校注》卷十《饮馔服食笺》上卷《茶泉类·论茶品》,人民卫生出版社1993年版,第388页。
④ 郑培凯、朱自振主编:《中古历代茶书汇编校注本》,香港商务印书馆2007年版,第489页。
⑤ (明)屠隆撰,秦跃宇点校:《考槃余事》卷四《山斋笺·天池》,凤凰出版社2017年版,第101页。
⑥ 郑培凯、朱自振主编:《中古历代茶书汇编校注本》,香港商务印书馆2007年版,第269页。
⑦ (明)王士性撰,吕景琳点校:《广志绎》卷二《两都》,中华书局1981年版,第33页。
⑧ 岕茶内容参考(明)周高起《洞山岕茶系》、(明)屠隆《茶笺》、(明)许次纾《茶疏》、(明)熊明遇《罗岕茶记》、(明)冯可宾《岕茶笺》、(明)周庆叔《岕茶别论》、(清)冒襄《岕茶汇钞》,均引自朱自振、沈冬梅、增勤编著:《中国古代茶书集成》,上海文化出版社2010年版。

之间的凹陷部分。岕茶在明代极负盛名,以产于"宜兴山谷者佳"①。据记载,"罗岕去宜兴而南蹦八九十里,浙直分界,只一山冈,冈南即长兴山。两峰相阻,介就夷旷者,人呼为岕,云有八十八处。前横大磵,水泉清驶,潄润茶根,泄山土之肥泽,故洞山为诸岕之最。"就产地来看,岕茶与紫笋茶同属宜兴与长兴交界处的茶区,其茶树资源应属同种。据屠隆《考槃余事》载,"阳羡,俗名罗岕。浙之长兴者佳,荆溪稍下。"②《茶疏》亦有"长兴之罗岕,疑即古之顾渚紫笋也"的记载。表明岕茶与紫笋茶确实同种,仅在加工方法上有所差别而已。

岕茶制作工艺精湛细致,主要包括采摘、摊凉、拣茶、蒸茶、焙茶等程序。采摘有别于他茶的"以初出雨前者佳",而是"非夏前不摘",必待"正夏"时才"开园"采摘,称为"春茶";也有在"秋七八月重摘一番",称为"早春"。采茶需要在"风日晴和,月露初收"的清晨进行,如果在烈日之下,则"须伞盖至舍"以防止"篮内郁蒸";采回的鲜叶需要迅速摊凉,并"细拣枯枝、病叶、蛸丝、青牛之类"。采摘要求繁琐复杂,也是岕茶价高且难得的原因之一,因此有"其价甚重,两倍天池,惜乎难得,须用自己令人采收方妙"③的记述。

鲜叶在经过摊凉、萎凋和挑拣之后才能进入蒸茶工序。蒸茶时"须看叶之老嫩,定蒸之迟速。以皮梗碎而色带赤为度,若太熟则失鲜。其锅内汤须频换新水,盖熟汤能夺茶味也"。蒸茶之后需焙茶,即将茶叶干燥。据《岕茶笺》记载,"茶焙每年一修,修时杂以湿土,便有土气。先将干柴隔宿熏烧,令焙内外干透,先用粗茶入焙,次日,然后以上品焙之。焙上之帘,又不可用新竹,恐惹竹气。又须匀摊,不可厚薄。如焙中用炭,有烟者急剔去。又宜轻摇大扇,使火气旋转。竹帘上下更换,若火太烈,恐糊焦气;太缓,色泽不佳;不易帘,又恐干湿不匀。须要看到茶叶梗骨处俱已干透,方可并作一帘或两帘,置在焙中最高处。过一夜,仍将焙中炭火留数茎于灰烬中,微烘之,至明早可收藏矣。"焙好的

---

① (清)尹继善、黄之隽纂修:《江南通志》卷八十六《食货志》,文渊阁四库全书本。
② (明)屠隆撰,秦跃宇点校:《考槃余事》卷四《山斋笺·阳羡》,凤凰出版社2017年版,第101页。
③ (明)高濂著,赵立勋校注:《遵生八笺校注》卷十《饮馔服食笺》上卷《茶泉类·论茶品》,人民卫生出版社1993年版,第388页。

茶叶在贮藏时需要用干净的新磁坛，坛周用干燥箬叶密砌，将茶叶装进坛中并摇晃扎实，再以干箬叶覆盖，并用干燥木炭铺在坛口扎固以吸湿气，最后需在坛口压上"火炼候冷新方砖"才能放置在干燥阴凉处保存。

　　岕茶采制工艺精细，且因无需像饼茶一样经过碾末、蒸压、烹点等程序，从而保留了茶叶原本的清香淡雅。因此饮岕茶时，需用小壶，壶小则茶香不涣散，茶味不耽搁，而且茶中香味，"不先不后，只有一时，太早则未足，太迟则已过。见得恰好，一泻而尽"①。一客一把小壶自斟自饮，能恰到好处地控制冲泡时间，尽显岕茶之味。明代周庆叔曾作《岕茶别论》感叹陆羽、蔡君谟未能一品岕茶之味，"恨鸿渐、君谟不见庆叔耳，为之覆茶三叹"。甚至有人将岕茶与宋时蔡襄所创小龙团茶相比，称"至近年岕茶盛行，其价复绝，几与蔡君谟小龙团相埒"②。被誉为"明末四公子"之一的冒襄对其亦有"茶之为类不一，岕茶为最"，"味淡香清，足称仙品"的高度评价。清代施润章作《岕茶歌》："岕茶胜事真罕见，脱略茗柯作香片。顾渚月峡趋下风，倒戈羞与岕山战。岕阳绝胜无多地，寸壤黄金争品第。最老庙后称冠军，纱帽綦槃亚兄弟。问谁造者唐与朱，苦心创获前代无。抑扬徐疾有妙理，俄顷能分气味殊。北海韩侯雉城长，玉川遗事传清赏。石鼎金泉手自煎，小酌深尝戒卤莽。就中甲乙难讨寻，贱耳归求鼻舌心。其甘隽永香蕴藉，非兰非乳鲜知音。……"③清代文人张英亦作《赐新贡岕茶二瓶恭纪》诗："紫笋芳芬比蕙兰，吴山越水到长安。含香瑞草封雕簏，拜赐名芽出禁闱。自瀹清泉松籁起，细倾仙液露华溥。只因身侍红云里，岁岁恩波捧月团。"④

　　清代后期，由于社会环境等因素的影响，岕茶逐渐淡出历史舞台。直至近年来，随着对传统名茶研究的重视，岕茶及其古老的制作工艺在现代制茶技术的配合下得以复原，并重新现身于茶叶市场。

　　（四）虎丘花茶

　　花茶是采用香花与茶叶拌合窨制而成的，属于六大基本茶类之外

---

① （清）徐珂编撰：《清稗类钞》第十三册《饮食类·冯正卿嗜饮岕茶》，中华书局1986年版，第6311页。
② （明）沈德符撰：《万历野获编》卷二十四《畿辅·宋时诨语》，中华书局1959年版，第626页。
③ （清）施润章撰：《学余堂诗集》卷二十二《七言古》，文渊阁四库全书本。
④ （清）张英撰：《文端集》卷三，文渊阁四库全书本。

的再加工茶类。所谓"茶引花香以增茶味",花茶既保持了茶叶的鲜爽甘醇,又兼具馥郁的花香。制作花茶的历史可以追溯到北宋时期,如北宋名臣、书法大家蔡襄在《茶录》中所载,"茶有真香,而入贡者微以龙脑和膏,欲助其香。"①但花茶真正发展成熟则是在明代以后。明代屠隆《考槃余事》记载,"木樨、玫瑰、蔷薇、兰蕙、橘花、栀子、木香、梅花,皆可伴茶。"②清末民初的文学家徐珂在《清稗类钞》"饮食类"中,归纳了明代屠隆《茶笺》、罗廪《茶解》、顾元庆《茶谱》、朱权《茶谱》等茶书中关于花茶制作的方法:"诸花开时,摘其半含半放之蕊,其香气全者,量茶叶之多少以加之。花多,则太香而分茶韵;花少,则不香而不尽其美,必三分茶叶一分花而始称也。……莲花点茶者,以日未出时之半含白莲花,拨开,放细茶一撮,纳满蕊中,以麻皮略扎,令其经宿。明晨摘花,倾出茶叶,用建纸包茶焙干。……玫瑰花点茶者,取未化之燥石灰,研碎铺坛底,隔以两层竹纸,置花于纸,封固。俟花间湿气尽收,极燥,取出花,置之净坛,以点茶,香色绝美。……茶叶用茉莉花拌和而窨藏之,以取芳香者,谓之香片。"③现代花茶的窨制工艺是以茶叶吸香理论为基础,将茶坯与香花放置在一起,经过气相—固相的物理吸附和化学吸附、鲜花吐香的生理生化过程以及茶坯中一系列化学成分的非酶性变化过程,使茶坯吸收花香,形成带有花香气的茶。古代茶书中所列的诸多花茶制作原理和方法,已与现代花茶制作工艺基本相同。

  虎丘花茶是在虎丘花卉的基础上发展演变而形成的。苏州种花历史可追溯至宋代。据民间传说,宋时,朱勔以江南的奇花异草博得权贵青睐以后,即在苏州盘剥百姓、肆意妄为,后被处死,其后人从此隐姓埋名,并在阊门外虎丘一带以种植花草为生,开虎丘花事之先河。至明清时期,虎丘山塘地区花店、花场众多,已发展成为全国著名花市。顾禄在《桐桥倚棹录》中对其有详细描述,"花树店:自桐桥迤西,凡十有余家,皆有园圃数亩,为养花之地,谓之园场。种植之人俗呼花园子,营工

---

① 曾枣庄、刘琳主编:《全宋文》第四十七册卷一〇一九《蔡襄二十六·茶录》,上海辞书出版社2006年版,第207页。
② (明)屠隆撰,秦跃宇点校:《考槃余事》卷四《山斋笺·诸花茶》,凤凰出版社2017年版,第104—105页。
③ (清)徐珂编撰:《清稗类钞》第十三册《饮食类·以花点茶》,中华书局1986年版,第6308—6309页。

于圃，月受其值，以接萼、寄枝、剪缚、扦插为能……""花场，在花园弄及马营弄口。每晨晓鸦未啼，乡间花农各以其所艺花果，肩挑筐负而出，坌集于场。先有贩儿以及花树店人择其佳种，鬻之以求善价。余则花园子人自担于城，半皆遗红剩绿……"①《吴郡岁华纪丽》中详述诸花品类："居民以艺花为业，晓来担负百花，争集售卖。山塘列肆，供设盆花，零红碎绿，五色鲜浓，照映四时，香风远袭。街头唤卖戴花，妇女投钱帘下折之。圃人废晨昏，勤灌溉，辛苦过农事，终岁衣食之资赖焉。入春而梅，来自邓尉，有九英、绿萼、细白、玉蝶。而山茶、宝珠、玉茗。而水仙、金钱、重台。而探春、白玉、紫香。仲春而桃李，而海棠。……至于春之玫瑰，夏之珠兰、茉莉，秋之木樨，所在成市，为居人和糖熬膏，点茶酿酒煮露之用，色香味三者兼备，不徒供盆玩之娱，尤足珍也。"②表明当时虎丘地区不仅鲜花种植规模较大、品种繁多，而且种花收入已经成为当地农民收入的主要来源。《清稗类钞》中专列一条"苏女卖花"，其载："苏州花圃，皆在阊门外之山塘。吴俗，附郭农家多莳花为业，千红万紫，弥望成畦。清晨，由女郎挈小筲篮入城唤卖。昔人谓金陵卖菜佣亦带六朝烟水气，而吴中卖花女郎，天趣古欢，风姿别具，亦当求诸寻常脂粉之外。上海亦有之，则率为移居之苏人，赁地而自种自卖者也。"③

不仅如此，当时虎丘地区的鲜花种植水平极高，创造了花卉的温室栽培技术。据《花神庙记》载，"乾隆庚子春，高宗南巡，台使者檄取唐花备进，吴市莫测其术。郡人陈维秀善植花木，得众卉性，乃仿燕京窨窖熏花法为之，花乃大盛。甲辰岁，翠华六幸江南，进唐花如前例。繁葩异艳，四时花果，靡不争奇吐馥，群效灵于一月之前，以奉宸游。郡人神之，乃度地立庙，连楹曲廊，有庭有堂，并莳杂花，荫以秀石。"清代尤维熊对此描述为，"花神庙里赛花神，未到花时花事新。不是此中偏放早，

---

① （清）顾禄撰，王稼句校点：《桐桥倚棹录》卷十二《园圃》，中华书局2008年版，第391—393页。
② （清）袁景澜撰，甘兰经、吴琴校点：《吴郡岁华纪丽》卷三《三月·虎阜花市》，江苏古籍出版社1998年版，第134—135页。
③ （清）徐珂编撰：《清稗类钞》第五册《农商类·苏女卖花》，中华书局1984年版，第2263页。

布金地暖易为春。"①

　　虎丘花肆以其优越的自然、人文、经济等条件,形成了完整的香花种植、生产和销售体系,充足的香花资源为虎丘花茶的产生和发展提供了必要条件。据《清嘉录》记载,"珠兰茉莉花来自他省,熏风欲拂,已毕集于山塘花肆。茶叶铺买以为配茶之用者,珠兰辄取其子,号为撇梗;茉莉花则去蒂衡值,号打爪花。"②

　　山塘街不仅花肆众多,而且其所处的阊门一带是中国最为繁华的商业街区。唐寅所作《阊门即事》中写道,"世间乐土是吴中,中有阊门更擅雄。翠袖三千楼上下,黄金百万水西东。五更市卖何曾绝,四远方言总不同。若使画师描作画,画师应道画难工。"③大学士李东阳在《南隐楼记》中形容阊门:"若苏之为城也,称繁华之地,其最繁且华者,莫如阊门。天下之仕者、商者、旅而游者,舟楫鳞次,货贝山积,喧哄嚚笑之声,穷昼夜不绝。"④清代徐扬所绘《姑苏繁华图》(又名《盛世滋生图》),生动反映了乾隆年间苏州市井商贾辐辏、百货毕聚的繁盛局面,阊门内外更是"居货山积,行人流水,列肆招牌灿若云锦",河上船只竹筏约400艘,商铺230余家,涉及50多个行业。⑤以如此繁盛的商业氛围以及江苏自身的茶业发展水平为支撑,阊门成为清代苏州,乃至全国的茶叶集散中心。据统计,当时阊门一带开设的代客买卖、加工茶叶的茶行(茶栈)不下数十家。这些茶行与各地茶商设立的茶业会馆、会所以及经营茶叶贸易的茶商、茶号等共同形成了闻名全国的阊门茶市。⑥这为虎丘花茶的流通提供了便利条件。

---

① (清)顾禄撰,王稼句校点:《桐桥倚棹录》卷十二《园圃》,中华书局2008年版,卷三《寺院》第271—272页。
② (清)顾禄撰,王迈校点:《清嘉录》卷六《六月·珠兰茉莉花市》,江苏古籍出版社1999年版,第132页。
③ 周道振、张月尊辑校:《唐伯虎全集》,中国美术学院出版社2002年版,第51页。
④ (明)李东阳撰,周寅宾、钱振民校点:《李东阳集》文稿卷十二《记》,岳麓书社2008年版,第534页。
⑤ 朱栋霖:《明清苏州艺术论》,《艺术百家》2015年第1期,第122—130页。
⑥ 朱年著:《太湖茶俗》,苏州大学出版社2006年版,第106—107页。

图 4-2 徐扬《姑苏繁华图》"山塘街"(辽宁省博物馆藏)

(五) 碧螺春茶

碧螺春茶创制于明末清初,是由唐宋时期的水月茶发展而来。据《吴语》载,"碧螺春产洞庭西山,以谷雨前为贵。唐皮、陆各有茶坞诗,宋时水月院僧所制尤美,号水月茶,近易兹名,色玉香兰,人争购之,洵茗荈中尤物也。"①

碧螺春茶的产地位于苏州吴中区境内的太湖洞庭山。洞庭山包括东山和西山两部分,两山遍布数目众多的山坞即为碧螺春茶的地理标志产品保护产地。据《随见录》载,"洞庭山有茶,微似芥而细,味甚甘香,俗呼为吓杀人。产碧螺峰者尤佳,名碧螺春。"②《朱和羲万竹楼词》载:"洞庭山茶产于碧螺峰上,曰碧螺春,其色如螺黛,其味如兰麝,其细如蚕眉。采于社前者为头茶,又名寿茶(本社字,后误为寿。)二采者为明茶,谓清明时所采,不过一二十两。山人亦自珍惜,俗谓之吓煞人。"③《太湖备考》载,"茶,出东西两山,东山者胜。有一种名碧螺春,俗呼吓杀人香,味殊绝,人矜贵之。然所产无多,市者多伪。"④另据王应奎《柳南续笔》记载,"洞庭东山碧螺峰石壁产野茶数株,每岁土人持竹筐采归,以供日用,历数十年如是,未见其异也!康熙某年,按候以采,而其叶较多,筐不胜贮,因置怀间,茶得热气,异香忽发,采茶者争呼'吓杀人香'。'吓杀人'者,吴中方言也,因遂以名是茶云。自是以后,每值

---

① 王镇恒、王广智主编:《中国名茶志》,中国农业出版社2008年版,第48页。
② (清)陆廷灿撰:《续茶经》卷下之四《八茶之出》,文渊阁四库全书本。
③ 唐圭璋编:《词话丛编》赌棋山庄词话续编三《朱和羲万竹楼词》,中华书局1986年版,第3537页。
④ (清)金友理撰:《太湖备考》卷六《饮馔之属》,江苏古籍出版社1998年版,第309页。

采茶,土人男女长幼务必沐浴更衣,尽室而往,贮不用筐,悉置怀间。而土人朱正元,独精制法,出自其家,尤称妙品,每斤价值三两。己卯岁,车驾幸太湖,宋公购此茶以进,上以其名不雅,题之曰碧螺春。自是地方大吏岁必采办,而售者往往以伪乱真。正元没,制法不传,即真者亦不及曩时矣!"①

由上述史料分析,碧螺春为洞庭东、西两山所产之茶,以东山为胜,因其香气特异,故俗称"吓杀人"。清圣祖康熙于三十八年(1699年)南巡至太湖时,江苏巡抚宋荦进此"吓煞人香"(苏州方言读作"黑杀宁香")茶,康熙因其名不雅,钦题"碧螺春"。此后,每年"谷雨节前,邑侯采办洞庭东山碧螺春茶入贡,谓之茶供"②。

碧螺春属炒青绿茶,其采制工艺在清末民初朱琛的《洞庭东山物产考》中有详细记载,"茶有明前雨前之名,因摘叶之迟早而分粗细也。采茶以黎明,用指爪掐嫩芽,不以手揉,置筐中覆以湿巾,防其枯焦。回家拣去枝梗,又分嫩尖一叶二叶,或嫩尖连一叶为一旗一枪。随拣随放,做法用净锅入叶约四五两,先用文火,次微旺,两手入锅急急炒转,以半熟为度,过热则焦而香散,不足则香气未透,炒起入瓷盆中,从旁以扇扇之,否则色黄香减矣。碧螺春有白毛,他茶无之。碧螺春较龙井等为香,然味薄,瀹之不过二次,饮之有清凉醒酒解睡之功。"③可知碧螺春茶的采摘时间为清明至谷雨,采摘标准为一芽一叶初展至一芽二叶,采摘后的鲜叶需先拣剔去不符合标准的芽叶之后再进行炒制。碧螺春茶的炒制方法较为特殊,需"两手入锅急急炒转",以"炒转"的手法使茶叶卷曲如螺、显露白毫,与当代碧螺春茶"手不离茶,茶不离锅,揉中带炒,炒中有揉,炒揉结合,连续操作,起锅即成"④的炒制诀窍极为接近。

碧螺春成茶条索纤细,卷曲成螺,白毫显露,香气浓郁,滋味鲜醇,自清代以后一直极负盛名。时至今日,碧螺春茶以其独特的制茶工艺

① (清)王应奎撰,王彬、严英俊点校:《柳南随笔》卷二《碧螺春》,中华书局1983年版,第157页。
② (清)顾禄撰,王迈校点:《清嘉录》卷三《三月·茶贡》,江苏古籍出版社1999年版,第78页。
③ 谢燮清、章无畏等编著:《洞庭碧螺春》,上海文化出版社2009年版,第54页。
④ 陈宗懋主编:《中国茶经》,上海文化出版社1992年版,第136页。

和"吓杀人"的香气,仍为传统名茶中的珍品。

图4-3 炒制碧螺春(顾濛 摄)

(六)本山茶

雪浪山,又名"横山",得名于宋代始建的雪浪庵,位于无锡市西部山区,南濒太湖,主峰海拔146米。据传,雪浪山在宋代即产茶,至明代已颇为繁盛。清康熙十九年(1680年),雪浪禅院住持觉海从灵隐寺携回数十株龙井茶苗植于庵前,此后,雪浪庵所产之茶渐闻于世。

乾隆年间(1736—1795年),刑部尚书秦惠田将雪浪山茶荐上,乾隆评价此茶"色青不浑浊,芳香不刺鼻,味浓不燥喉,形小不浮面",并将其列为贡茶。[1] 据清代《无锡金匮县志》记载,"茶:横山雪浪庵有数十株,山僧于谷雨前采之,曰本山茶,香味不减洞庭碧螺春。"[2] 此香味堪比洞庭山碧螺春茶的"本山茶",即是上文提到的雪浪

---

[1] 王思明、李明主编:《江苏农业文化遗产调查研究》,中国农业科学技术出版社2011年版,第96页。
[2] (清)裴大中等修,秦缃业等纂:《无锡金匮县志》卷三十一《物产》,清光绪七年刊本,成文出版社1970年版,第529页。

贡茶。

清末，由于社会动荡等因素影响，雪浪山上的茶园几遭绝境，直至中华人民共和国成立以后才得以恢复。20世纪80年代以后，雪浪山茶园得到大力发展，不仅植茶面积迅速扩大，而且名茶辈出，"太湖翠竹"即是在本山茶的基础上，通过引进其他茶树品种而创制的。雪浪山至今仍保留着148株始于清代的贡茶树，向人们展示着源远流长的雪浪山茶文化。

（七）云雾茶

云雾茶产于连云港市云台山风景区。连云港，古属海州，据《宋史·食货志》载，"宋榷茶之制，择要会之地，曰江陵府、曰真州、曰海州……海州、荆南茶善而易售，商人愿得之，故入钱之数厚于他州。"①说明早在宋代，连云港所产之茶即因品质优良而易于贩售，朝廷还特此向海州茶商发布征税诏书，而海州也成为当时重要的茶叶集散地，辐射范围至少达到今日长江以北、黄河以南、京广铁路以东的广大地区。元代，海州成为宋金交战的主战场，因而茶园荒芜，茶业遭受重创，直至明代才逐渐恢复。

据嘉庆年间方志记载，"茶，出宿城山，味似武夷小品，以悟正庵者为最。"悟正庵位于宿城山顶，"庵多茶树，东海茶以此地为最，风味不减武夷也，其名曰云雾茶"。② 道光年间修《云台新志》亦载："（悟正）庵有茶树，风味不减武夷小品，名曰'云雾茶'，岁可得一二斤，山僧秘之。"又载："山海之利，以盐茶为大端，考李心传《建炎以来朝野杂记》，天下茶分六榷，而海州居其一。海州产茶之山，度无过云台者，今惟宿城之悟正庵尚有茶树，岁得一二斤，山僧珍之如龙团凤饼焉。"③表明嘉庆、道光年间，云雾茶仍为海州所产茶中之精品。但至道光末年，许乔林在《海州文献录》中记述，"今惟宿城山有云雾茶，岁采不及一斤，山麓居民则

---

① （元）脱脱等撰：《宋史》卷一八三志一三六《食货下五》，中华书局1977年版，第4477页，第4484页。
② （清）唐仲冕等修，汪梅鼎等纂：《海州直隶州志》卷十《物产》，卷二十九《寺观》，清嘉庆十六年刊本，成文出版社1970年版，第187页，第506页。
③ （清）许乔林纂辑：《云台新志》卷十《寺观下》，卷十一《物华》，清道光十一年修，清光绪二十四年重刊本，成文出版社1974年版，第508页，第538页。

以山楂之叶代茗莽,别无茶树也……"①表明在鸦片战争之后,云雾茶品质优良、易于贩售的盛况已不复存在。直至清末民初,广东候补直隶知州宋治基联合海州士绅沈云霈等招商集股成立"树艺公司",并于云台山择68处向阳山地栽种茶树,其所出云雾茶获得南洋劝业会奖,云雾茶才又恢复往日辉煌。然而,云台山茶业的发展刚见起色,即因接二连三的战事而搁浅。中华人民共和国成立以后,政府大力发展茶产业,经过不懈努力,云台山云雾茶终于在1980年的江苏省品茶会上,与苏州碧螺春和南京雨花茶并列为江苏三大名茶。

第二节　品鉴艺术

明代饮茶方式随着制茶技术由饼茶到散茶的变革而发生相应改变,直接以开水冲泡茶芽的瀹饮法取代唐宋时期的煎茶法和点茶法成为主流。饮茶文化的发展也随之去繁就简,转为崇尚阳春白雪式的清雅意境。明代茶人对于"清境、清饮、清心"的追求,从品泉煮水、茶器选配、烹茶技巧,延伸至饮茶环境、文会雅集和茶人品格等各个方面,创造了传统茶文化的又一高峰。

一　瀹饮之法

宋代以后,芽茶和叶茶的制作和饮用在民间日渐兴起,特别是明太祖朱元璋"罢造(龙团),惟令采茶芽以进"②的制度施行后,芽茶,特别是炒青芽茶、叶茶逐渐进入全盛发展期,成为人们普遍饮用的茶叶种类。随着炒青茶类制作技术的发展和完善,烹茶方法也发生了相应的变化,从唐代"以末就茶镬"的煮茶方式,经宋元时期以瓶注汤入盏冲击茶末并环回击拂的点茶方式,最终转变为入明以后的瀹饮之法。

瀹饮,即"撮泡",是指直接以开水冲泡茶叶。与饼茶的煎煮和末茶

---

① 吴觉农编:《中国地方志茶叶历史资料选辑》,农业出版社1990年版,第24页。
② (清)张廷玉等撰:《明史》卷八十志五十六《食货四·茶法》,中华书局1974年版,第1955页。

的点泡相比,芽茶的瀹饮之法更为简单、快捷,极易推广和接受。因此在炒青芽茶、叶茶替代蒸青饼茶、末茶,占据我国茶类生产的主要位置时,用开水直接冲泡茶叶的方法也随之成为明代以后最为流行的烹茶形式。此法在元末王祯《农书》记载为"凡茗煎者择嫩芽,先以汤泡去熏气,以汤煎饮之。今南方多效此"①。明代许次纾《茶疏》、罗廪《茶解》、张源《茶录》、程用宾《茶录》、屠隆《茶笺》②等茶书中均有详细记载,主要步骤包括择水、备器、煮汤、洁器、投茶、冲泡、品饮等。

备器

相比唐宋时期饼茶或煎或点的繁复,芽茶、叶茶的冲泡程序更为简单,所用器具也更加简化,主要有茶铫、茶注(壶)、茶盏(瓯)等。

茶铫,即煮水器,材质以金或锡为宜,因"金乃水母,锡备刚柔,味不咸涩"。茶注(壶),用以泡茶。《茶疏》载,"茶注以不受他气者为良,故首银次锡……往时龚春茶壶,近日时彬所制,大为时人宝惜。盖皆以粗砂制之,正取砂无土气耳。"也就是说,早期冲泡芽茶的器皿以银、锡为主,后紫砂壶渐流行于世,遂取银锡制而代之。对于茶注(壶)的体积,《茶疏》中也有明确记述,"宜小不宜甚大,小则香气氤氲,大则易于散漫。大约及半升,是为适可。独自斟酌,愈小愈佳。容水半升者,量茶五分,其余以是增减。""一壶之茶,只堪再巡。初巡鲜美,再巡甘醇,三巡意欲尽矣。……所以茶注宜小,小则再巡已终,宁使余芬剩馥尚留叶中,犹堪饭后供啜嗽之用。"

茶盏,用以品茶。《茶疏》载,"古取建窑兔毛花者,亦斗碾茶用之宜耳。其在今日,纯白为佳,叶贵于小。定窑最贵,不易得矣。宣、成、嘉靖,俱有名窑。"《茶解》亦载,"以小为佳,不必求古,只宣、成、靖窑足矣。"

其他茶具在《遵生八笺》中有详细记载,共列茶具十六器,包括:"商象:古石鼎也,用以煎茶。归洁:竹筅帚也,用以涤壶。分盈:杓也,用以量水斤两。递火:铜火斗也,用以簇搬火。降红:铜火箸也,用以簇火。

---

① (元)王祯著,王毓瑚校注:《农书》百谷谱集十《茶》,农业出版社 1981 年版,第 163 页。
② 瀹饮之法内容参考(明)许次纾《茶疏》、(明)罗廪《茶解》、(明)张源《茶录》、(明)程用宾《茶录》、(明)屠隆《茶笺》,均引自朱自振、沈冬梅、增勤编著:《中国古代茶书集成》,上海文化出版社 2010 年版。

执权：准茶秤也，每杓水二升，用茶一两。团风：素竹扇也，用以发火。漉尘：茶洗也，用以洗茶。静沸：竹架，即《茶经》支腹也。注春：磁瓦壶也，用以注茶。运锋：劖果刀也，用以切果。甘钝：木碪墩也。啜香：磁瓦瓯也，用以啜茶。撩云：竹茶匙也，用以取果。纳敬：竹茶橐也，用以放盏。受污：拭抹布也，用以洁瓯。"另有总贮茶器七种，包括："苦节君：煮茶作炉也，用以煎茶，更有行者收藏。建城：以箬为笼，封茶以贮高阁。云屯：磁瓶，用以杓泉，以供煮也。乌府：以竹为篮，用以盛炭，为煎茶之资。水曹：即磁缸瓦缶，用以贮泉，以供火鼎。器局：竹编为方箱，用以收茶具者。外有品司：竹编圆橦提合，用以收贮各品茶叶，以待烹品者也。"①

煮汤

煮汤，即烧水，其关键在于燃料的选择和火候的掌控。在选择燃料方面，苏轼诗云"活水还须活火烹"，活火是指"炭火之焰者"②，也就是燃烧出火焰而无烟的炭火。活火温度较高，而且又可避免浓烟影响茶味，因此以炭火烧水最好。③ 正如屠隆在《考槃余事》"择薪"一条中所述："凡木可以煮汤，不独炭也；惟调茶在汤之淑慝。而汤最恶烟，非炭不可。若暴炭膏薪，浓烟蔽室，实为茶魔。或柴中之麸火，焚余之虚炭，风干之竹筱树梢，燃鼎附瓶，颇甚快意，然体性浮薄，无中和之气，亦非汤友。"钱椿年《茶谱》则称："炭之为物，貌玄性刚，过火则威灵气焰，赫然可畏。触之者腐，犯之者焦，殆犹宪司行部，而奸宄无状者，望风自靡。苦节君得此，甚利于用也，况其别号乌银，故特表章。其所藏之具，曰乌府，不亦宜哉。"如果不具备以炭生火的条件，则可用干枯的松枝和松子代替，这在冬日里反而更有雅趣，即田艺蘅《煮泉小品》所记："山中不常得炭，且死火耳，不若枯松枝为妙。若寒月，多拾松实，畜为煮茶之具，更雅。人但知汤候，而不知火候。火然则水干，是试火先于试水也。"

至于煮水的火候，更直接关系到茶汤的滋味，因此明代茶书中常有

---

① (明)高濂著，赵立勋校注：《遵生八笺校注》卷十《饮馔服食笺》上卷《茶泉类·茶具十六器》，人民卫生出版社1993年版，第393—394页。
② (宋)曾慥编纂，王汝涛等校注：《类说校注》卷十四《因话录·活火煎茶》，福建人民出版社1996年版，第435页。
③ 陈文华：《浅谈唐代茶艺和茶道》，《农业考古》2012年第5期，第84—94页。

专节论述。如许次纾在《茶疏》中称:"水一入铫,便须急煮。候有松声,即去盖,以消息其老嫩。蟹眼之后,水有微涛,是为当时。大涛鼎沸,旋至无声,是为过时。过则汤老而香散,决不堪用。"程用宾在《茶录》中也载:"汤之得失,火其枢机,宜用活火。彻鼎通红,洁瓶上水,挥扇轻疾,闻声加重,此火候之文武也。盖过文则水性柔,茶神不吐;过武则火性烈,水抑茶灵。候汤有三辨,辨形、辨声、辨气。辨形者,如蟹眼,如鱼目,如涌泉,如聚珠,此萌汤形也;至腾波鼓涛,是为形熟。辨声者,听噫声,听转声,听骤声,听乱声,此萌汤声也;至急流滩声,是为声熟。辨气者,若轻雾,若淡烟,若凝云,若布露,此萌汤气也;至氤氲贯盈,是为气熟。已上则老矣。"张源《茶录》亦载:"烹茶旨要,火候为先。炉火通红,茶瓢始上。扇起要轻疾,待有声,稍稍重疾,斯文武之候也。过于文,则水性柔;柔则水为茶降;过于武,则火性烈,烈则茶为水制。皆不足于中和,非茶家要旨也。"又载:"汤有三大辨、十五小辨:一曰形辨,二曰声辨,三曰气辨。形为内辨,声为外辨,气为捷辨。如虾眼、蟹眼、鱼眼连珠,皆为萌汤,直至涌沸如腾波鼓浪,水气全消,方是纯熟。如初声、转声、振声、骤声,皆为萌汤,直至无声,方是纯熟。如气浮一缕、二缕、三四缕及缕乱不分,氤氲乱绕,皆为萌汤,直至气直冲贯,方是纯熟。""蔡君谟汤用嫩而不用老,盖因古人制茶,造则必碾,碾则必磨,磨则必罗,则茶为飘尘飞粉矣。于是和剂,印作龙凤团,则见汤而茶神便浮,此用嫩而不用老也。今时制茶,不假罗磨,全具元体,此汤须纯熟,元神始发也。故曰汤须五沸,茶奏三奇。"这些记载都强调,可以通过听觉和视觉判断煮水的火候。如果壶中之水烧到响起松声,就要打开壶盖以肉眼观察,直到水面冒出蟹眼一般的水泡,并微微掀起波涛时,就是恰到好处,可以用之泡茶;如果继续烧水至没有声响,雾气弥漫,则说明水已过火,"汤老香散",不能用来泡茶了。①

洁器

在泡茶之前,需先用烧好的水涤器。如果用陶壶,则"伺汤纯熟,注杯许于壶中,命曰浴壶,以祛寒冷宿气也"。如果用金属茶器,为了避免

---

① 陈文华:《论中国历代的品茗艺术(续)》,《农业考古》2003年第2期,第83—113页。

金属生锈影响茶味,则"必须先时洗涤则美"(屠隆《茶笺》)。用开水冲洗茶具,既能起到清洁的作用,又可以温热茶具,以更好地激发茶香。

待品啜结束之后,也要及时弃去茶具中的茶渣,并清洗、擦拭、收藏,以备下次再用。如程用宾《茶录》所载:"倾去交茶,用拭具布乘热拂拭,则壶垢易遁,而磁质渐蜕。饮讫,以清水微荡,覆净再拭藏之,令常洁冽,不染风尘。""饮茶先后,皆以清泉涤盏,以拭具布拂净,不夺茶香,不损茶色,不失茶味,而元神自在。"擦拭茶器的"拭具布"以"细麻布"为佳,"其他易秽,不宜用"。

投茶

清洁并温热茶壶之后,即可投茶,如张源《茶录》所载,"探汤纯熟便取起,先注少许壶中,祛荡冷气,倾出,然后投茶。"投茶有上投、中投、下投三种方法,即"投茶有序,毋失其宜。先茶后汤,曰下投;汤半下茶,复以汤满,曰中投;先汤后茶,曰上投。春、秋中投,夏上投,冬下投。"上投是指先冲水,后投茶;中投是指先冲适量水,置茶后再冲适量水;下投是指先投茶,再冲水。此三种方法的使用需要配合茶叶品种和季节,如芽叶细嫩之茶选择上投,较粗老者选下投;春、秋二季用中投,夏季用上投,冬季则用下投。程用宾称投茶为"交茶",上投、中投、下投分别对应早交、中交、晚交,具体方法与投茶相同,"冬早夏晚,中交行于春秋"。

冲泡

冲泡时,需视投茶量的多寡来决定冲水量。如果水量过少,则茶汤滋味浓重苦涩;如果水量过多,则茶汤色泽滋味寡淡。即张源所说:"茶多寡宜酌,不可过中失正。茶重则味苦香沉,水胜则色清气寡。"又载,"稍俟茶水冲和,然后分酾布饮。"待茶水冲和之后,即可适时分茶品饮。

上述冲泡法适用于炒青绿茶,而冲泡明代特有的蒸青岕茶则另有他法。据许次纾《茶疏》记载:"岕茶摘自山麓,山多浮沙,随雨辄下,即着于叶中。烹时不洗去沙土,最能败茶。必先盥手令洁,次用半沸水扇扬稍和洗之。水不沸,则水气不尽,反能败茶,毋得过劳以损其力。沙土既去,急于手中挤令极干,另以深口瓷合贮之,抖散待用。"另据冯可宾《岕茶笺》载:"以热水涤茶叶,水不可太滚,滚则一涤无余味矣。以竹箸夹茶于涤器中,反复涤荡,去尘土、黄叶、老梗净,以手搦干置涤器内盖定。少刻开视,色青香烈,急取沸水泼之。夏则先贮水而后入茶,冬则先贮茶而后入水。"又如罗廪《茶解》所载:"岕茶用热汤洗过挤干,沸汤烹点。缘其气厚,不洗则味色过浓,香亦不发耳。自余名茶,俱不必洗。"通过上述史料可知,岕茶沙土较重,味道过浓,因此在投茶之后、冲泡之前增加"洗茶"程序,既能洗去茶叶的尘垢和冷气,又可调节茶味,使茶汤不至过浓过重。当然,洗茶程序也可用于其他茶品,如钱椿年《茶谱》所载:"凡烹茶,先以热汤洗茶叶,去其尘垢、冷气,烹之则美。"

啜茶

冲泡之后则需酾茶、啜茶,即分茶、品饮。程用宾《茶录》记载:"协交中和,分酾布饮,酾不当早,啜不宜迟,酾早元神未逞,啜迟妙馥先消。"说明分茶和品饮,均讲求适时,过早或过晚都会损茶味,分茶过早则茶之精髓未至,品饮过迟则茶之神韵已消。

啜茶时,品鉴的是茶的色、香、味,即屠本畯《茗笈》所述:"色味香品,衡鉴三妙"①。张源在《茶录》中对如何品鉴有细致描述。在香气方面,他认为"茶有真香,有兰香,有清香,有纯香"。茶之"真香"最为难得,只有精心焙制的雨前茶才具此神韵;"兰香"次之,说明炒制时"火候均停";再次则为"清香""纯香";至于"含香、漏香、浮香、问香",则皆为"不正之气"。在汤色方面,推崇蓝白、青翠,认为"雪涛为上,翠涛为中",其他如"黄黑红昏"等色,皆为下品。在滋味方面,则以甘润为上,苦涩为下。从这些品鉴标准中,已可见今天茶叶感官审评的雏形。

明代茶人注重茶的真味,认为就连茶叶本身"色重、味重、香重",都会损伤"真味",因此在啜茶时更要避免被其他杂味所伤。如张源《茶录》所载:"毋杂味,毋嗅香。腮颐连握,舌齿嗔嚼,既吞且喷,载玩载哦,方觉隽永。"《煎茶七类》亦载:尝茶之前需"先涤漱,既乃徐啜,甘津潮舌,孤清自憎,设杂以他果,香味俱夺"。也就是说,啜茶时应先漱口,且不杂以其他食物、香薰之味,这样才能更好地感受到茶汤之隽永。

二 茶事要素

明代文学家徐渭作"煎茶七类",内容包括人品、品泉、烹点、尝茶、

---

① (明)卢之颐撰:《本草乘雅半偈》,四库全书本。

茶候、茶侣、茶勋。江南名士华淑在此七类基础上增设"茶器"一则,视为"品茶八要"。"人品"是对烹茶之人的要求;"品泉"是对烹茶用水的要求;"烹点"指烹茶技术;"茶器"指烹茶器皿;"尝茶"重在强调啜茶、品茶;"茶候"指品茶环境;"茶侣"指可以一起品茶之人;"茶勋"指茶的功效。"八要"之中,品泉、烹点、茶器、尝茶在前文已有提及,故此处仅对品茶环境、茶人与茶效进行阐释。

(一)茶候

茶之为物,虽为草木,却钟山川之灵禀,独得天地之英华。其性精清,其味浩洁,其用涤烦,其功致和。自古以来,品茶就与焚香、插花、挂画一起,被视为清幽雅事。品茶活动中的一器一物、一花一画,以至一人一境,都要经过精心选择,力图构建完美的品茶环境,提升人们的审美体验。从唐代陆羽著《茶经》之始,品茶环境就如同赏茶、鉴水一样,一直是茶人追寻并崇尚的茶事要素。或于"野寺山园",或于"松间石上""畝泉临涧",与友人品茶论道,寄情于山水之中、天地之间;又或设茶于室内,则"以绢素或四幅或六幅,分布写之,陈诸座隅,则茶之源、之具、之造、之器、之煮、之饮、之事、之出、之略目击而存",人为渲染空间意境。① 徐渭在《煎茶七类》中将"茶候"释为:"凉台静室,明窗曲几,僧寮道院,松风竹月,宴坐行吟,清谈把卷。"②无论是自然之中的山水之乐,还是茶寮之内的清谈慢品,都是明代茶人所追求的意境优美、空灵静寂的理想品茶环境。

1. 山水之乐

明代文人热衷于在远离尘世的山林溪间雅集、文会,谈古论今、赋诗作画、赏泉鉴水、烹茶品茗。故称茶有四宜:宜其地,则竹林松涧,莲沼梅岭。宜其景,则朗月飞雪,晴昼疏雨。宜其事,则开卷手谈,操琴草圣。宜其人,则名僧骚客,文士淑姬。③ 这种场景频繁出现在沈周、唐寅、文徵明等吴门画派代表人物的绘画作品中。如文徵明《惠山茶会

---

① (唐)陆羽著,沈冬梅编著:《茶经》卷下《九之事》《十之图》,中华书局2010年版,第187页,第193页。
② (明)徐渭撰:《徐渭集》卷六《杂文·煎茶七类》,中华书局1983年版,第1147页。
③ 郑培凯、朱自振主编:《中古历代茶书汇编校注本》,香港商务印书馆2007年版,第372页。

图》就是作者与友人在惠山泉边饮茶赋诗的真实写照。正德十三年（1518年）清明时节，文徵明与蔡羽、汤珍、王守、王宠等一众好友同游惠山，"……日午，造泉所，乃举王氏鼎立二泉亭，七人者环亭坐，注泉于鼎，三沸而三啜之，识水品之高，评古人之趣，各陶陶然不能去矣！"①钱穀的《惠山煮泉图》也是一幅主题相似的茶画作品。此画绘于隆庆四年庚午（1570年），画中钱穀与四友人赏景谈天，汲泉煮茗，所呈现的场景正如乾隆皇帝诗中所述：腊月景和畅，同人试煮泉。有僧亦有道，汲方逊汲圆。此地诚远俗，无尘便是仙……另有唐寅《事茗图》，描绘的是文人雅士于夏日相邀在林中树下读书、品茶的情景。画卷上有唐寅用行书自题的一首五言诗："日长何所事，茗碗自赍持，料得南窗下，清风满鬓丝"，表达了作者作画时的心绪。仇英的《松亭试泉图》也描绘了远山近水处，隐士与童子在松亭中煮泉品茶的场景。李士达的《坐听松风图》则描绘了高耸直立的虬松下，一士人看着侍童们煽火烹茶的场景。吴门画派这一文人集团，将茶的元素融入山水画的创作之中，通过煮泉、烹茶、品茗、雅集、文会等场景，表达寄情于山水园林的隐逸情怀和避世的复杂心态②，同时也反映出文人雅士对于返璞归真的追求和对自然的崇尚。

当然，即使是在林间野地品茶，所携的茶器也必不能将就，炉、壶、杯、盏、炭、扇、罐等一应俱全，甚至烹茶之水都要自备携带，笔砚、香炉、书卷、画册、琴棋更是极为常见。如茶人许次纾在《茶疏》中记述了山水间品茶时的茶器清单："士人登山临水，必命壶觞。乃茗碗熏炉，置而不问，是徒游于豪举，未托素交也。余欲特制游装，备诸器具，精茗名香，同行异室。茶罂一，注二，铫一，小瓯四，洗一，瓷合一，铜炉一，小面洗一，巾副之，附以香奁、小炉、香囊、匕箸，此为半肩。薄瓮贮水三十斤，为半肩足矣。"甚至还考虑到诸多不便情况的应对策略："出游远地，茶不可少，恐地产不佳，而人鲜好事，不得不随身自将。瓦器重难，又不得

---

① 刘双：《明代茶艺中的饮茶环境》，《信阳师范学院学报（哲学社会科学版）》2011年第2期，第130—134页。
② 刘军丽：《明代吴中文人茶画创作与艺术境界探析》，《农业考古》2012年第5期，第170—174页；何鑫、杨杰：《明代茶画艺术研究》，《福建茶叶》2017年第3期，第292—293页。

不寄贮竹菩。茶甫出瓮,焙之。竹器晒干,以箬厚贴,实茶其中。所到之处,即先焙新好瓦瓶,出茶焙燥,贮之瓶中。虽风味不无少减,而气力味尚存。若舟航出入,及非车马修途,仍用瓦缶,毋得但利轻赍,致损灵质。"

茶画中描绘的品茶环境与场景也频繁出现在明代茶书的描述之中。如明太祖朱元璋第十七子朱权在《茶谱》中记载:"或会于泉石之间,或处于松竹之下,或对皓月清风,或坐明窗静牖,乃与客清谈欵话,探虚玄而参造化,清心神而出尘表。……话久情长,礼陈再三,遂出琴棋,陈笔研。或庚歌,或鼓琴,或弈棋,寄形物外,与世相忘,斯则知茶之为物,可谓神矣。"明代文学家陈继儒在《茶话》中的描述则是:"箕踞斑竹林中,徙倚青石几上,所有道笈、梵书,或校雠四五字,或参讽一两章。茶不甚精,壶亦不燥,香不甚良,灰亦不死。短琴无曲而有弦,长歌无腔而有音。激气发于林樾,好风送之水涯,若非羲皇以上,定亦嵇、阮兄弟之间。"可以说,明代文人绘画中频繁出现优雅清净的品茶场景,正是明代茶书中提倡注重品茶环境的具体表现。①

所谓琴棋书画诗酒茶,又或是焚香、点茶、挂画、插花,这些风雅之事不仅丰富了人们的嗅觉、味觉、视觉和触觉等真实感官体验,而且将这些原本属于日常生活的事项,提升至艺术和审美的范畴与境界。它们共同充实了明代文人的修养,也构成了明代文人品茶的精致意境。

2. 茶寮雅趣

出则翛然林涧之间,在自然山水中追寻避世与隐逸;入则自筑斗室茶寮,在繁华世间营造一处清幽雅致的品茶之所。茶寮原指僧寺品茗处②,即《南部新书》所记:"大中三年(849年),东都进一僧,年一百三十岁,宣宗问服何药饵致此,对曰:'臣少也贱,不知药,性惟嗜茶,凡履处,惟茶是求,至百碗不厌。'因赐名茶五十斤,令居保宁寺,名其饮茶处曰'茶寮'。"③后来,茶寮逐渐衍生至茶室、茶屋等饮茶场所。

---

① 廖宝秀文字撰述:《也可以清心:茶器、茶事、茶画》,台北"故宫博物院"2002年版,第80页。
② 刘双:《明代茶艺中的饮茶环境》,《信阳师范学院学报(哲学社会科学版)》2011年第2期,第130—134页。
③ (明)屠隆撰,秦跃宇点校:《考槃余事》卷四《山斋笺·人品》,凤凰出版社2017年版,第113页。

茶寮通常独设一室,专供品茶,即"构一斗室,相傍书斋",或"小斋之外,别置茶寮"。为了营造出世的氛围,茶寮的陈设布置极为重要。茶寮内首先要设置茶具,且要有侍茶童子,而最重要的则是环境清幽,即"内设茶具,教一童子专主茶役,以供长日清谈,寒宵兀坐。幽人首务,不可少废者"①。陆树声的茶寮"中设茶灶,凡瓢汲罂注、濯拂之具咸庀。择一人稍通茗事者主之,一人佐炊汲。客至,则茶烟隐隐起竹外。"许次纾《茶疏》的记载更为详尽:"高燥明爽,勿令闭塞。壁边列置两炉,炉以小雪洞覆之,止开一面,用省灰尘腾散。寮前置一几,以顿茶注、茶盂,为临时供具,别置一几,以顿他器。傍列一架,巾帨悬之,见用之时,即置房中。斟酌之后,旋加以盖,毋受尘污,使损水力。炭宜远置,勿令近炉,尤宜多办宿干易炽。炉少去壁,灰宜频扫。总之,以慎火防熱,此为最急。"不仅细数茶寮中的茶炉、茶注、茶盂等茶具,而且设置多个茶几放置不同茶器,甚至还提到了防火问题,毕竟烹茶宜用炭火,茶寮中会经常存放炭以备用,因此"慎火防熱"尤为重要。

当然,茶寮也可设于书斋之中,厅堂之内,或是林间亭榭、草庵之中。如万历甲戌(1574年)季冬,金陵名士周晖与盛时泰就在周氏的书斋"尚白斋"中取雪煮佳茗。② 又如文徵明《品茶图》描绘的则是作者与一友人在苍松环绕的茶舍中品茶的场景,二人在林中草堂内对坐清谈,茶童则在旁边茶寮准备茶事。而隐于山中的僧房道院、竹林深处的山房、树石环抱的小庵敞轩,也都是理想的茶寮之选。

(二) 茶人

品茶注重环境和烹茶技艺,更讲究时机与茶人品格。如张源《茶录》所列举:一无事,二佳客,三幽坐,四吟咏,五挥翰,六倘佯,七睡起,八宿醒,九清供,十精舍,十一会心,十二赏鉴,十三文僮。朱权《茶谱》则称:饮茶"可以助诗兴,而云山顿色,可以伏睡魔,而天地忘形,可以倍清谈,而万象惊寒"。故而无事、幽坐时可饮,睡起、宿醒时可饮,吟咏、挥翰时亦可饮,若有佳客来访,更要煮水烹茶,品鉴一番。当然,对于泡茶之人的德行以及佳客的人品与数量,自然也有细

---

① (明)屠隆撰,秦跃宇点校:《考槃余事》卷四《山斋笺·茶寮》,凤凰出版社2017年版,第100页。
② 吴智和:《明代茶人的茶寮意匠》,《史学集刊》1993年第3期,第15—23页。

致要求。

图 4-4　烹茶图(喻政《茶书》,万历四十一年喻政自序刊本)

茶是世间至清至美之物,饮茶象征着平淡和朴素的生活,故有"素业"之称。陆羽在《茶经》中写道,"茶性俭","最宜精行俭德之人";韦应物也称茶是"性洁不可污,为饮涤尘烦"。对于烹茶之人来说,"要须其人与茶品相得,故其法每传于高流大隐、云霞泉石之辈,鱼虾麋鹿之俦。"①正如《茶录》的作者张源,"隐于山谷间,无所事事,日习诵诸子百家言。每博览之暇,汲泉煮茗,以自愉快。无间寒暑,历三十年,疲精殚思,不究茶之指归不已,故所著《茶录》,得茶中三昧。"

至于茶侣佳客,则如徐渭《煎茶七类》所描述的"翰卿墨客,缁流羽士,逸老散人,或轩冕之徒,超轶世味"②;或朱权《茶谱》推崇的"凡鸾俦鹤侣,骚人羽客,皆能志绝尘境,栖神物外,不伍于世流,不污于时俗";又或是黄龙德《茶说》认为的"茶灶疏烟,松涛盈耳,独烹独啜,故自有一

① (明)徐渭撰:《徐渭集》卷六《杂文·煎茶七类》,中华书局 1983 年版,第 1146 页。
② (明)徐渭撰:《徐渭集》卷六《杂文·煎茶七类》,中华书局 1983 年版,第 1147 页。

种乐趣,又不若与高人论道、词客聊诗、黄冠谈玄、缁衣讲禅、知己论心、散人说鬼之为愈也。对此佳宾,躬为茗事,七碗下咽而两腋清风顿起矣。较之独啜,更觉神怡"。只有素心同调、彼此畅适的文人骚客、高僧隐逸等超凡脱俗之人,才能与茶品相配。

陆树声在《茶寮记》中还写道:"其禅客过从予者,每与余相对结跏趺坐,啜茗汁,举无生话。终南僧明亮者,近从天池来,饷余天池苦茶,授余烹点法甚细。余尝受其法于阳羡,士人大率先火候,其次候汤所谓蟹眼鱼目,糸沸沫沉浮以验生熟者,法皆同。而僧所烹点,绝味清,乳面不黟,是具入清净味中三昧者。"感叹自己与终南僧明亮以同样方法烹茶,而茶味却不及僧明亮烹出的清静之味。

总之,佳茗须配佳客,才能相得益彰,若非如此,则如屠隆的评价:"使佳茗而饮非其人,犹汲泉以灌蒿莱,罪莫大焉。有其人而未识其趣,一吸而尽,不暇辨味,俗莫甚焉。"①

此外,对茶侣人数也有一定要求,所谓客少为贵,客众则喧闹,而过于喧闹就不免会失掉雅趣。张源《茶录》记载:"毋贵客多,洵伤雅趣。独啜曰神,对啜曰胜,三四曰趣,五六曰泛,七八曰施。"许次纾《茶疏》也称:"酌水点汤,量客多少为役之烦简。三人以下,止蓺一炉;如五六人,便当两鼎炉用一童,汤方调适。若还兼作,恐有参差。客若众多,姑且罢火,不妨中茶投果,出自内局。"

虽然煎茶烧香,总是清事,不妨"躬自执劳",但毕竟主人与宾客之间还需互动交流,做不到设香案、携茶炉、置茶具、汲泉水、炊泉瓶、奉果品、洗茶器等事事躬亲。因此许次纾在《茶疏》中专列"童子"一项:"……宜教两童司之。器必晨涤,手令时盥,爪可净剔,火宜常宿,量宜饮之时,为举火之候。又当先白主人,然后修事。酌过数行,亦宜少辍。果饵间供,别进浓沥,不妨中品充之。盖食饮相须,不可偏废。甘酿杂陈,又谁能鉴赏也。举酒命觞,理宜停罢,或鼻中出火,耳后生风,亦宜以甘露浇之,各取大盂,撮点雨前细玉,正自不俗。"可见侍茶童子通常在茶席间起到不可或缺的作用。

---

① (明)屠隆撰,秦跃宇点校:《考槃余事》卷四《山斋笺·人品》,凤凰出版社2017年版,第112页。

(三）茶效

传说神农尝百草，最初发现茶具有解毒和治病的功效。虽然这样的传说缺乏确凿证据，但是茶的药用价值与保健功效被历代典籍广泛记录却是不争的事实。北魏张揖《广雅》记载："其饮醒酒，令人不眠。"南朝梁任昉《述异记》也载："巴东有真香茗，其花白色如蔷薇，煎服令人不眠，能诵无忘。"南朝道教理论家陶弘景在《杂录》中则称："苦荼轻身换骨。"这些史料说的都是茶叶有提神醒脑、涤清尘凡的功效，因此才有"品茶八要"中的"茶勋"，释为"除烦雪滞，涤醒破睡，谭渴书倦，是时茗椀策勋，不减凌烟"。

饮茶还具有清火解毒的功效。如朱权《茶谱》记载：饮茶能"……去积热，化痰下气……"明代医学家李时珍认为，很多病症都由上火引起，而茶最能降火，因此可治百病，即《本草纲目》所载"茶苦而寒，阴中之阴，沉也降也，最能降火。火为百病，火降则上清矣"①。因此有"诸药为各病之药，茶为万病之药"之说。

除了在精神上使人"涤醒、雪滞"，茶还在生理上助人"消食、去腻"。如《考槃余事》记载："人饮真茶，能止渴消食，除痰少睡，利水道，明目益思，除烦去腻。"②关于茶的解腻功能，有记载称游牧民族"以其腥肉之食，非茶不消，青稞之热，非茶不解"③。《秋灯丛语》中还记录了一则趣闻：一个经常到南方做生意的北方商人特别喜欢吃猪头肉，一人能吃几个人的分量，且每顿如此，持续十数年。于是就有精通医术的人断言这位商人很快会生病，而且无药可治。医者为了验证自己的诊断结论，还特意跟着商人回到北方，结果等了很久，商人毫无生病迹象。于是医者找到商人的仆人细细询问，仆人回答说，主人每顿饭后，都要喝好几杯松萝茶。医者恍然大悟，原来肉食油腻之毒可以用松萝茶解除。④《考

---

① （明）李时珍撰：《本草纲目》卷三十二《果之四》，四库全书本。
② （明）屠隆撰，秦跃宇点校：《考槃余事》卷四《山斋笺·茶效》，凤凰出版社 2017 年版，第 111—112 页。
③ （明）王廷相著，王孝鱼点校：《王廷相集》王氏家藏集卷二十六《杂文·事七首·议一首》，中华书局 1989 年版，第 466 页。
④ 俞为洁：《古人对饭后茶的认识——从苏轼的饭后茶经验谈起》，《农业考古》1993 年第 2 期，第 23—24 页。

槃余事》中还记："人固不可一日无茶,然或有忌而不饮,每食已,辄以浓茶漱口,烦腻既去,而脾胃自清。凡肉之在齿间者,得茶涤之,乃尽消缩,不觉脱去,不烦刺挑也。而齿性便苦,缘此渐坚密,蠹毒自去矣。然率用中下茶。"是说苏东坡利用茶叶去除油腻的功能,饭后以茶水浸漱,使牙缝里的肉逐渐消缩并脱去,由此发明了饭后以浓茶漱口的口腔清洁方法。

喝茶还能延缓衰老,使人青春永驻。关于这一功效,诗仙李白在《答族侄僧中孚赠玉泉仙人掌茶》一诗中有生动描写。当时李白与侄儿中孚禅师在金陵(今江苏南京)相遇,中孚禅师以湖北仙人掌茶相赠,并要李白以诗作答,于是李白诗曰:"常闻玉泉山,山洞多乳窟。仙鼠如白鸦,倒悬清溪月。茗生此中石,玉泉流不歇。根柯洒芳津,采服润肌骨。丛老卷绿叶,枝枝相接连。曝成仙人掌,似拍洪崖肩。举世未见之,其名定谁传?宗英乃禅伯,投赠有佳篇。清镜烛无盐,顾惭西子妍。朝坐有余兴,长吟播诸天。"①诗中表明李白对仙人掌茶素有耳闻,知采服此茶可以润肌强骨,延年益寿。玉泉真公经常采饮,所以八十余岁仍面若桃李,足见其"还童振枯"之功效。

历代医书中对于茶叶功效的记载可以概括为提神醒脑、清热降火、消食化积、开胃健脾,表明茶不仅在精神层面助人洗涤尘凡、破除孤闷,而且还在生理层面助人消解油腻、肌骨轻爽,使身心与自然融为一体,共同达到"两腋习习清风生"的逍遥境界。

总体来看,明代文人在追求"清幽雅致"的品茶环境、"精行俭德"的饮茶之人以及"除烦益思"的饮茶功效等方面可谓不遗余力。他们将茶事诸要素在空间中和谐、自然地呈现,营造天人合一的品茶环境。茶文化如此发展的原因,一方面是由于制茶工艺的变革、瀹饮法的盛行以及对茶之真味的追求,促使饮茶从繁琐的煎茶和点茶,回归简约之道。正如明末清初时苏州文人顾苓的描述:"夫去熟碾而剔取,去剔取而烘焙,其为工也,渐近自然;由细芽而旗枪,由旗枪而片叶,其取候也,渐壮渐老。既老而近自然,则茶之为事也几乎道矣。"②另一方面也反映了明代

---

① (唐)李白撰,安旗等笺注:《李白全集编年笺注》卷八《编年诗第八》,中华书局2015年版,第764页。
② (清)顾苓撰:《塔影园集》卷四《曾庭闻诗第三集序》,华东师范大学出版社2014年版,第103页。

茶文化所崇尚的"清",即"清境、清饮、清心",合乎自然的境界。①

第三节　阳羡茗壶文化②

《阳羡茗壶系》载,名手所制宜兴紫砂壶,"一壶重不数两,价重每一二十金,能使土与黄金争价。"宜兴紫砂壶之所以能够具有"倾金注玉惊人眼"的极高价值,除了紫砂泥为其提供了物质基础以外,更为重要的原因有二:一是紫砂壶与中国传统茶文化及饮茶方式相契合,能够"发真茶之色香味",成为茶文化的重要组成部分;二是宜兴紫砂壶不仅制作工艺精湛,而且有着深厚的文化艺术背景,融合了书法、绘画、文学、雕塑等艺术形式,具有实用和艺术鉴赏双重特色。

一　紫砂壶溯源

宜兴属崧泽文化和良渚文化分布区,有"陶都"之称,其制陶历史可追溯至新石器时代,至今已有5000多年。据考古发掘证明,当时宜兴地区主要生产红陶、夹砂红陶和少量灰陶。三国至南北朝时期,江南社会经济环境良好,宜兴的陶瓷业,特别是青瓷制造业迅速发展起来。宋代,作为宜兴重要陶器门类之一的紫砂陶逐渐崭露头角。从史料记载来看,北宋梅尧臣《依韵和杜相公谢蔡君谟寄茶》一诗中有"小石冷泉留早味,紫泥新品泛春华"③之句;欧阳修在《和梅公仪尝茶》一诗中也称,"喜共紫瓯吟且酌,羡君潇洒有余清"④;南宋赵希鹄在《调燮类编》中记

---

① 葛娟:《论明代文人茶饮审美取向的转变》,《连云港师范高等专科学校学报》2007年第3期,第37—40页;韦志钢、韦灵子:《中国明代茶文化空间特性研究——以中国江南地区为例》,《中国民族博览》2018年第9期,第85—87、101页。
② 紫砂文化内容参考(明)周高起《阳羡茗壶系》、(清)吴骞《阳羡名陶录》、(清)翁同龢《阳羡名陶录摘抄》,均引自朱自振、沈冬梅、增勤编著:《中国古代茶书集成》,上海文化出版社2010年版;郑培凯、朱自振主编:《中古历代茶书汇编校注本》,香港商务印书馆2007年版。
③ (宋)梅尧臣撰:《宛陵集》卷十五,四库全书本。
④ (宋)欧阳修著,李逸安点校:《欧阳修全集》卷十二《居士集卷十二·和梅公仪尝茶》,中华书局2001年版,第210页。

述,"茗性宜于砂壶,其嘴务直,一曲便多阻塞"①,这些史料中出现的"紫泥新品""紫瓯"应指茶盏,而"砂壶"则为紫砂茶壶。另据宜兴蠡墅村羊角山古龙窑遗址的考古发掘证明,宜兴手工紫砂陶艺始于北宋初年,最初以制作缸、坛、罐及煮水用的大体量砂壶等生活器具为主,胎质较粗,制作工艺也不够精细。由此看来,虽然宋时砂壶与茶已渐结盟,但紫砂壶仍未作泡茶之用,这种情况直至明代前期仍未见变化。例如,现存最早的紫砂壶实物,是南京中华门外马家山油坊桥明嘉靖十二年(1533年)司礼太监吴经墓中出土的紫砂提梁壶,此壶通高 17.7 厘米,宽 19.0 厘米,仍属用于煮水的大体量砂壶。②

明代周高起在《阳羡茗壶系》中记述,"故茶至明代,不复碾屑、和香药、制团饼,此已远过古人。近百年中,壶黜银锡及闽豫瓷而尚宜兴陶,又近人远过前人处也。"《阳羡茗壶系》约成书于崇祯十三年(1640 年)前后,按照周高起所说"近百年中"推测,大约从嘉靖后期开始,随着紫砂陶器与传统茶文化的结盟,以及芽茶

图 4-5　明代紫砂提梁壶(南京博物院藏)

的普及和冲泡法的流行,生活用大体量紫砂陶器开始向备受文人雅士推崇的小型紫砂茶器方向发展,并逐渐融合诗词、书法、书画、雕刻等其他艺术形式,形成了独具特色的紫砂茶器文化。

紫砂茶器形式多样,茶瓯、茶盏、茶杯、茶碗、茶罐、茶壶等品类俱全,其中又以茶壶最受青睐,为紫砂茶器的代表之作。其原因有三:"茗

---

① (宋)赵希鹄著:《调燮类编》卷二《器用》,人民卫生出版社 1990 年版,第 58 页。
② 沙志明著:《紫砂收藏与鉴赏》,上海辞书出版社 2009 年版,第 22—23 页。

壶为日用必需之品,阳羡砂制,端宜瀹茗,无铜锡之败味,无金银之奢靡,而善蕴茗香,适于实用,一也。名工代出,探古索奇,或仿商周,或摹汉魏,旁及花果,偶肖动物,或匠心独运,韵致怡人,几案陈之,令人意远,二也。历代文人或撰壶铭,或书款识,或镌以花卉,或镂以印章,托物寓意,每见巧思,书法不群,别饶韵格,虽景德名瓷价逾巨万,然每出匠工之手,响鲜文翰可观,乏斯雅趣,三也。"①也即是说,紫砂壶之所以风靡于世,一是由于紫砂壶为日用必需品,以紫砂土制成,既不似金银般奢靡,又与明代饮茶方式相契合,能够"发真茶之色香味";二是紫砂壶制作工艺精良,器形多样,韵致怡人,除用于饮茶之外,还适宜玩味观赏,放置几案之上,令人意远;三是宜兴紫砂壶制作大师与历代文人墨客一起,将壶艺与书法、绘画、篆刻、造型等艺术形式完美结合,使紫砂壶不仅具有实用价值,而且达到极高的艺术审美层次。

关于紫砂壶制作技法的最早书面记载,见于明代周高起的《阳羡茗壶系》。其载,"创始金沙寺僧,久而逸其名矣。闻之陶家云,僧闲静有致,习与陶缸瓮者处,抟其细土,加以澄练;捏筑为胎,规而圆之,刳使中空,踵傅口、柄、盖、的,附陶穴烧成,人遂传用。"金沙寺位于宜兴市湖㳇西街村寺山南麓,原为唐昭宗时宰相陆希声避战乱所建,后改禅院,宋熙宁三年(1070年)赐额"寺圣金沙"。在距离金沙寺遗址一公里处有大型古代龙窑群遗址,并有少量紫砂残器碎片出土,表明这里曾拥有较为发达的制陶业。紫砂壶制作技法的开创者,即是在金沙寺修行的僧人。金沙寺僧的真实姓名已无从考证,但其制壶技艺却流传后世。

继金沙寺僧创始紫砂壶制作技法之后,供春作为"正始"之人,将此技艺传承、改进并发扬。供春,生卒年不详,原是宜兴进士吴颐山的家童,颐山在金沙寺读书时,供春随其入寺服役。闲暇之时,供春偷学金沙寺僧独特的制壶技艺并加以改进,"以无指罗纹为标识","茶匙穴中,指掠内外,指螺文隐起可按。胎必累按,故腹半尚现节腠,视以辨真"。供春的创作盛期大致在明正德年间(1506—1521年),其传世之壶"栗色暗暗如古金铁,敦庞周正,允称神明垂则矣",不仅蕴藏了佛家禅定、

---

① 李景康、宾虹:《阳羡砂壶图考・序》,转引自朱自振编著:《茶史初探》,中国农业出版社1996年版,第201—202页。

质朴的内涵与境界,而且融入了文人墨客的古雅气质,深受世人推崇。吴骞在《阳羡名陶录》中称赞,"供春制茶壶,款式不一。虽属瓷器,海内珍之,用以盛茶,不失元味,故名公巨卿、高人墨士,恒不惜重价购之。"

继供春将紫砂壶艺发扬之后,万历年间(1573—1620年)的制壶巨匠时大彬又将紫砂壶艺推向了一个新的高度,使之成为文人雅士无不珍视的案头珍玩。时大彬,号少山,是万历前期茗壶"四大家"之一时朋的儿子,他制壶讲究泥料和款式,并确立了至今仍为紫砂业沿袭的打身筒成型法和泥片镶接成型法。如《阳羡名陶录》所载,时大彬"或陶土,或杂砂碙土,诸款具足,诸土色亦具足,不务妍媚而朴雅坚栗,妙不可思",并对其壶艺有"前后诸名家并不能及,遂于陶人标大雅之遗,擅空群之目矣"的高度评价。万历二十五年许次纾在《茶疏》中写道,壶,"近日饶州所造,极不堪用。往时龚春茶壶,近日时(大)彬所制,大为时人宝惜。盖皆以粗砂制之,正取砂无土气耳。随手造作,颇极精工……其余细砂及造自他匠手者,质恶制劣,尤有土气,绝能败味,勿用勿用。"①这是有关宜兴紫砂和紫砂茶壶在古代茶书中的最早具体记录。万历后期,罗廪在《茶解》中提出,"以时大彬手制粗沙烧缸色者为妙,其次锡",第一次明确把紫砂注子提到第一位,结束了长期流传的壶注以"金首银次"或"银首锡次"的传统看法。② 清顺治年间(1644—1661年),陈贞慧在《秋园杂佩》中评价时大彬所制之壶,样式古朴风雅,独具幽野之趣,其他人所仿,如陈壶、徐壶等,皆不能仿佛大彬万一,因此时壶声名远播,即使荒远偏僻的地方也知大彬其名。阮葵生《茶余客话》亦载:"龚(供)春壶式茗具中逸品。其后复有四家:董翰、赵良、袁锡,其一则时鹏,大彬父也。大彬益擅长。其后有彭君实、龚春、陈用卿、徐氏壶,皆不及大彬。……陈其年诗云:'宜兴作者推龚春,同时高手时大彬。碧山银槎濮谦竹,世间一艺皆通神。'"③可见时大彬在紫砂壶制作技艺上所取得的卓越成就。

---

① 郑培凯、朱自振主编:《中古历代茶书汇编校注本》,香港商务印书馆2007年版,第272页。
② 朱自振编著:《茶史初探》,中国农业出版社1996年版,第199—200页。
③ 钱仲联主编:《清诗纪事》影印本第一册《康熙朝卷·陈维崧·赠高侍读澹人以宜壶二器并系以诗》,凤凰出版社2004年版,第716页。

明清之际的政权更迭使紫砂壶制造业的发展受到一定影响,因此清初顺治和康熙前期是壶艺发展的低谷,直至康熙后期才重新进入空前发展阶段。这一时期,紫砂壶制作技术在艺术性和装饰性上获得较大发展,在此方面最具影响和贡献的代表人物首推陈鸣远。陈鸣远,号鹤峰、石霞山人、壶隐,宜兴人,生卒年不详,主要创作期集中在康熙年间。其主要成就是开创了壶体镌刻诗铭之风,把中国传统绘画书法的装饰艺术和书款方式引入紫砂壶的制作工艺,并大大发展了自然形砂壶的种类,使自然形与几何形和筋纹形一起跻身紫砂茶壶的三种基本造型之列。

此外,清代在紫砂壶的装饰手法上还出现了珐琅、釉彩、镂空、堆花和描金等技术,使得陶艺与书画艺术更为紧密地融合,而陈鸿寿等书画大家的参与最终使得紫砂壶艺真正发展成为一种集制壶技术与诗、书、画、篆刻、造型于一身的独特艺术形式。陈鸿寿(1768—1822年),字子恭,号曼生,浙江钱塘人,是清代著名书法家、篆刻家、诗人和画家。钱泳在《履园丛话·画学》中记载:"陈曼生以选拔得县令,官至海防司马,引疾归。花卉宗王酉室,山水近李檀园。尝官宜兴,用时大彬法,自制砂壶百枚,各题铭款,人称之曰'曼壶',于是竞相效法,几遍海内。"[1]曼生自镌"纱帽笼头自煎吃"小印,称"自来荆溪,爱阳羡之泥宜于饮器,复创意造形,范为茶具"[2]。陈曼生以其卓越的书画艺术造诣设计了几十种紫砂壶款式,并由当时的制壶名匠杨彭年、杨宝年、杨凤年、吴月亭、邵二泉等人制成造型艺术与书画艺术完美结合的"曼生壶"。"曼生壶"在造型、用料、落款及铭刻上对后世的紫砂壶艺发展产生了巨大影响,时至今日,这些艺术元素仍被大量采用。

总的来说,紫砂壶艺的发展大致经历了明正德至嘉靖年间供春时代的创始期,万历至明末时大彬时代的成熟期,清康熙至乾隆年间陈鸣远时代的发展期和嘉庆至道光年间陈鸿寿时代的繁荣期。[3] 清末至民

---

[1] 叶德辉撰,王杰成校点:《郋园读书志》,引自《湖南近现代藏书家题跋选》,岳麓书社2011年版,第700页。

[2] 谢永芳校点:《粟香随笔》粟香三笔卷四《茗壶》,凤凰出版社2017年版,第550页。

[3] 徐秀棠、山谷著:《宜兴紫砂五百年》,南京出版社2009年版,第90—157页。

国初年,宜兴紫砂曾因多次获得国际大奖而一度获得空前发展,但紫砂壶制作技术的发展却随即遭遇瓶颈,甚至连整个行业都处于衰退局面。直至新中国成立以后,由于政府的重视和紫砂收藏热的刺激,才使得紫砂壶艺从工艺流程至艺术境界都有了更高层次的升华,再度进入一个新的繁荣发展期。

在非物质文化遗产的挖掘整理和保护工作被大力提倡的今天,宜兴紫砂壶制作技艺因其珍贵的文化传承和经济价值而越来越受到重视。2004年,江苏省文化厅和财政厅将宜兴手工紫砂陶艺列入江苏省首批民族民间文化保护工程项目;2006年,宜兴紫砂陶艺被收录于首批国家级非物质文化遗产名录,并于2007年被收录于江苏省首批非物质文化遗产名录;2007年,我国首部为保护传统制作技艺、矿产资源及紫砂制品而制订的地方性法规——《无锡市宜兴紫砂保护条例》正式实施。此外,与紫砂陶艺相关的堆花和彩陶装饰等紫砂装饰技艺以及宜兴均陶制作技艺均被江苏省级非物质文化遗产名录收录,陶瓷烧造祭拜仪式和滚缸等生产活动也结合陶瓷生产进行保护、研究和传承,并以创意文化产业和特色旅游产品的形式进行适度开发。

二 制壶工艺

宜兴紫砂壶制作技艺是以出产于宜兴市丁蜀镇黄龙山及附近地区的一种具有特殊团粒结构和双重气孔结构的紫砂泥为原料,经过打泥片、拍打身筒(圆器)、镶接身筒(方器)或镶接与雕塑结合(花器)、表面修光、陶刻装饰、高温烧成等步骤,制成具有一定气孔率和吸水率的陶制品,其工艺流程可分为原料加工、器物成型、装饰和烧成四个部分。

(一)原料及加工工艺

用于制作紫砂壶的原料紫砂矿泥产于宜兴市丁蜀镇黄龙山、蜀山一带。据《阳羡茗壶系》载,"陶穴环蜀山,山原名独,东坡先生乞居阳羡时,以似蜀中风景,改名此山也。"紫砂矿泥深藏于黄龙山岩石层下,分布于粗陶用泥和夹泥之间,因此有"岩中泥""泥中泥"之称。紫砂矿泥主要由石英粉砂、黏土矿物、水云母、赤铁矿及多种微量元素组成,是黏土—石英—云母系共生矿物原料,具有可塑性好、干燥收缩率小的物理性能，以及无需其他原料即可单独成陶、成品陶具有双重气孔结构、成型后无需施釉等特点。其中，双重气孔结构是紫砂器皿得以兼具透气性与保温性的关键所在。双重气孔是指烧制后的紫砂陶具有开口和闭口两种气孔，开口气孔是包裹在团聚体周围的气孔群，闭口气孔是团聚体内部的气孔。因这两种气孔的存在，使茶在紫砂壶中可以长时间保持原味，即使夏季也不易变质。正如周高起所云，"茶壶以砂者为上，盖既不夺香，又无熟汤气，故用以泡茶不失原味，色香味皆蕴。"

紫砂矿泥包括紫泥、本山绿泥和红泥。紫泥是夹泥矿层中的一个夹层，是制作紫砂壶所用的最主要泥料，烧成后外观呈紫色、紫棕色和深紫色；红泥古称"石黄泥"，位于嫩泥矿层底部，因支撑强度较低，因此常用作化妆土以及小件紫砂产品，烧成后呈暗红色；本山绿泥是紫砂泥矿中的夹脂，因色泽略带青灰色、绿色而得名，烧成后呈米黄色。此三种基泥各有多种色彩差异，而泥料互相调配又可呈现不同颜色，因此紫砂矿泥又有"五色土"之称。如《阳羡茗壶系》所载，"嫩泥，出赵庄山，以和一切色上乃黏脂可筑，盖陶壶之丞弼也。石黄泥，出赵庄山，即未触风日之石骨也。陶之乃变朱砂色。天青泥，出蠡墅，陶之变黯肝色。又其夹支，有梨皮烟，陶现梨冻色；淡红泥，陶现松花色；浅黄泥，陶现豆碧色。蜜口泥，陶现轻赭色；梨皮和白砂，陶现淡墨色。山灵腠络，陶冶变化，尚露种种光怪云。老泥，出团山，陶则白砂星星，宛若珠琲。以天青、石黄和之，成浅深古色。白泥，出大潮山，陶瓶盎缸缶用之。此山未经发用，载自吾乡白石山（江阴秦望山之东北支峰）。"《清稗类钞》亦载，"宜兴陶器，色红润如古铜，坚韧亦仅逊之。蜀山以茶壶名，丁山以缸盆之属名，种类形式，粗细均有之。其泥亦分多种，红泥价最昂，紫沙泥次之。嫩泥富有黏力，无论制作何器，必用少许，以收凝合之效。夹泥最劣，仅可制粗器。白泥以制罐钵之属。天青泥亦称绿泥，产量亦少。豆沙泥则常品也。"①

紫砂泥料的加工主要包括开采和炼制等工序。矿泥深藏于岩石层下，需经开采方可获得。据明代史料记载，矿土"皆深入数十丈乃得"，

---

① （清）徐珂编撰：《清稗类钞》第五册《工艺类·制陶器》，中华书局1984年版，第2388页。

而现今矿深已达2—3公里以上。开采出的紫砂矿泥体积较大,且质坚如石,需置于露天摊放,经日晒风吹雨淋数月使其松散,然后敲成小块粒并用石磨研细,将泥粉按产品要求用筛网筛选后放在圆底缸中加水拌匀并捏成湿泥块,俗称"生泥"。明代《阳羡茗壶系》将这一过程描述为,"取色土筛捣,部署讫,拿窖其为,名曰养土,取用配合,各有心法,秘不相授。"清代《清稗类钞》亦载,"泥初出山时大如煤块,舂以杵,必数次,始取其较细者浸之于池,经数月则粗分子下沈,其最上层皆有黏性,乃取以制器。"[①]生泥经堆放陈腐处理和手工锤炼之后,即可成为大小颗粒分布均匀、质感滋润,并具有一定气孔率和吸水率的可供制坯用的熟泥。

图4-6 紫砂泥料

图4-7 石磨研磨

(二)成型工艺

紫砂壶成型工艺最初采用内模、两截成型的方法,即金沙寺僧和供春时期所使用的"捏筑为胎,规而圆之,刳使中空,踵傅口、柄、盖、的","茶匙穴中,指掠内外,指螺文隐起可按。胎必累按,故腹半尚现节腠……"是指用建造之法筑成基本器形,使用木质虚坨,后捏接两半圆,再用茶匙修理壶身内壁,使内壁腹部呈现节腠特征。

---

① (清)徐珂编撰:《清稗类钞》第五册《工艺类·制陶器》,中华书局1984年版,第2388页。

至时大彬时期,成型工艺发展为:"审其燥湿展之,名曰土毡。割而登诸月,有序,先腹,两端相见,廉用媒土,土湿曰媒;次面与足,足面先后以制之丰约定,足约则先面,足丰则先足。初浑然虚含,为壶先天,次开颈、次冒、次耳、次嘴,嘴后著戒也。体成,于是侵者薙之,骄者抑之,顺者抚之,限者趁之,避者剔之,暗者推之,肥者割之,内外等。"即将泥料碾成毡状的泥片;切割泥片使其成型;将泥片首尾两端相接,用湿土粘连成壶身;配制、粘接壶颈、壶嘴等其他附件;最后将成型坯体进行精加工,使之达到浑然一体的效果。这种方法一直沿用至今,即现代紫砂工艺中泥条镶接拍打成型的"打身筒"和泥片镶接成型的"镶身筒"。

"打身筒"适用于圆形紫砂壶,其工艺流程为:先将炼好的熟泥开成一定宽度、厚度和长度的"泥路丝";再将"泥路丝"打成符合所制器皿尺寸要求的泥条和泥片;划出泥条的阔度,旋出器形的口、底和围片;将围片粘贴在转盘正中,泥条沿围片圈接成泥筒,并修正两段重合的部分;匀速转动装盘,一手衬在泥筒内,一手握薄木拍子拍打圆筒,待成型后将身筒翻过来以同样方式拍打,并逐步收口制成空心壶身;用泥料搓成壶嘴、壶把,并在壶身上加接壶颈、壶盖、底足等。

"镶身筒"适用于方形制品,其工艺流程为:先将炼好的熟泥打成泥片;按制品要求的尺寸配制样板,并依照样板在泥片上裁切;将裁切好的泥片用脂泥粘贴镶接成身筒;最后配制和粘接其他附件。

除上述手工成型的传统工艺以外,还有20世纪中叶以后出现的石膏模挡坯、注浆法和辘轳车拉坯等成型方法,这些方法虽然丰富了紫砂壶的造型,且有利于批量生产,但因不属于手工艺范畴,故不做详细说明。

(三)装饰工艺

紫砂装饰是指使用一定材料,利用紫砂泥料固有的肌理质感、造型、泥色,采用绘画、雕刻等技巧和手段,对紫砂壶进行艺术处理,以达到装饰效果。装饰种类主要有自体装饰,陶刻装饰,绞泥和调砂、铺砂装饰,泥绘、堆塑、贴花装饰,炉均釉装饰,镶嵌和包银、包锡装饰以及印板装饰等。

1. 自体装饰

自体装饰是指器物造型自身即能够提供美化装饰,或者说装饰既是器物自身必不可少的组成部分,又能起到美化器物的功能。如"花货"(指具有仿生象形的茶壶)以具有艺术效果的壶身、壶嘴、壶把等部分作自体装饰,"筋囊器"(指壶身被自然界中的等形体分为若干等分的茶壶)和"光货"(指具有几何体造型的茶壶)则以灯草线、子母线、云水纹等20余种立体线条作为装饰手段。

2. 陶刻装饰

陶刻是紫砂装饰工艺中最具代表性的装饰技法,它将文学、绘画、篆刻等艺术形式融入紫砂制作技艺。具体方法是在紫砂泥坯上雕刻文字书画等图案,然后再装套进窑烧成,分为"刻底子"和"空刻"两种技法。刻底子是预先用毛笔在坯体上书画,然后再用陶刻刀依墨迹镌刻;空刻则无需预先书画,而直接镌刻于坯体上。

3. 绞泥和调砂、铺砂装饰

绞泥工艺始于明代,是借鉴唐代瓷器绞胎技术发展而来,是指将不同种类和色彩的紫砂泥调配在一起,使紫砂壶的纹理呈现和谐的色彩效果。

调砂是指在熟泥中调入或在打好的泥片上铺撒适量的生泥小颗粒砂,使烧成的紫砂壶表面呈现不同色泽和强烈的颗粒感。即《阳羡茗壶系》所载,"壶之土色,自供春而下,及时大初年,皆细土淡墨色,上有银沙闪点,迨礵砂和制,谷绉周身,珠粒隐隐,更自夺目。"

4. 泥绘、堆塑、贴花装饰

泥绘、堆塑是指在已完工但尚有一定湿度的泥坯上,用其他色泥浆或本色泥浆堆绘山水、人物等纹样,因泥绘和堆塑有一定厚度,因此具有浮雕效果[1]。

贴花起源于明末清初,是指将事先用模具或手工制作好的薄泥图案粘贴到有湿度的泥坯上成型,可使紫砂器表面具有立体感和浮雕效果。

---

[1] 徐秀棠、山谷著:《宜兴紫砂五百年》,上海辞书出版社2009年版,第52—53页。

5. 炉均釉、珐琅彩装饰

炉均釉，又称画彩釉、上满釉，始创于清初雍正或乾隆年间，是指在已烧成的紫砂壶上用釉彩作画或将整个器身挂敷，再以 800℃—850℃ 低温进行第二次烧成的一种装饰方法。如《清稗类钞》所载，"器既成，必加以釉，分青、黄、赤、白、黑五种。上釉之手术，视其器之精粗美恶量为注意。所用器具不甚精密，矩车、规车，以别大小方圆，箅子、明针，以事剔括范律，绝无模型。故器之形状大小欲求一律，全恃手势之适当也。各种坯坯烧于蜀山窑中，别于制作场设一烧釉炉，用土击筑成圆形，四周有孔，俾可通气。皿置其中，小者可数百件，大者亦数十件，积炭于上，凡烧四小时而器成矣。炉之中心有孔，自顶直贯炉底，善别火候者，立而俯视之，即知器之成否，非老于此者不能。且用模型者，转不如手制之精美。"①

珐琅彩源于清康熙年间，是借鉴法国装饰技法，用珐琅材料在烧制好的紫砂胎体上作画，再进行第二次烧成的装饰工艺。

6. 镶嵌和包银、包锡装饰

镶嵌装饰是指将金、银、玉、釉珠等材料，采用堆、雕、刻、镂、嵌等方法镶嵌于紫砂壶上，从而达到一定的艺术装饰效果。

包银、包锡是将紫砂胎体用银、锡等材料包裹的装饰工艺，分为全包和半包两种类型。由于此种装饰方法不仅技术较为复杂，而且实用性不高，因此流传时间较短。

7. 印板装饰

印板装饰，亦称印纹装饰，是指先在模板上刻好纹样图案，然后用泥片压印于模板，使泥片带有凸出的印纹。如曼生壶"半月瓦当壶"就是此种技艺的代表作。

（四）烧成工艺

紫砂坯体需晾干后才能装入匣钵并入窑烧制。匣钵是装紫砂坯体的盒子，由耐火材料制成，将匣钵套入大小不一的紫砂壶（套坯），套满坯的匣钵可以垒积并可避免明火射到紫砂器皿表面产生"火疵"，即"壶

---

① （清）徐珂编撰：《清稗类钞》第五册《工艺类·制陶器》，中华书局1984年版，第2388页。

成幽之,以候极燥,乃以陶瓷庋五六器,封闭不隙,始鲜欠裂射油之患";将装套完毕的匣钵垒到窑内,匣钵间隙以黄沙、白土封住。

烧制紫砂壶的窑炉称为"龙窑",最早出现于商代的江南地区,因依山势倾斜砌筑于坡地之上,形状酷似一条巨龙而得名。窑室通常分为窑头、窑床和窑尾三部分,窑头横断面较小,便于烧窑开始时的热量集中,中部横断面最大,至窑尾又缩小。龙窑长约20—80米,宽约1.5—2.5米,高约1.5—2.0米。龙窑以茅草、松柴、竹枝等为燃料,利用窑身与地面形成的角度,进行自下而上的升温,具有火焰抽力大、升温快、节约燃料、装烧面积大等特点。明代宜兴龙窑数量可观,诗人王叔承对其曾有"蜀山山下火开窑,青竹生烟翠石销。笑问山娃烧酒杓,砂坯可得似椰瓢"①的描述。另据统计,中华人民共和国成立以前,宜兴地区尚保留龙窑70余座②,其紫砂业的繁荣景象仍依稀可见。1958年宜兴最后一座紫砂龙窑退出历史舞台,龙窑逐渐被更为方便、节能的方窑、隧道窑以及现在的液化气窑和电炉等取代。

在现存的明代陶瓷古窑中,迄今为止仍在使用的有两座,一处是广东佛山石湾的南风古灶,另一处即是位于宜兴市丁蜀镇前墅村的前墅龙窑。宜兴前墅龙窑创烧于明代,至今仍以传统方法烧制陶瓷,因此有"活龙窑"之称。古窑窑身与地面呈32°夹角,头北尾南,通长43.4米,窑身内壁底部宽约2.3米,外壁宽约3.0米,高约1.55米。窑身内壁以砖砌成,外壁由石块和白土构成,两侧共设有42对投柴孔(鳞眼洞),用于投放燃料,观测火焰温度,西侧有5个装窑用的壶口(窑门)。前墅龙窑虽然也烧制紫砂器,但因紫砂壶更宜用小窑烧制,因此前墅龙窑并非专门烧制茶器的紫砂龙窑。尽管如此,前墅龙窑仍然弥补了宜兴紫砂龙窑失传的缺憾,为研究传统紫砂工艺以及传承紫砂文化提供了实物依据。1970年,前墅龙窑被列为省级文物保护单位,2006年被国务院列为全国重点文物保护单位。除前墅龙窑以外,宜兴地区的古龙窑遗址还有晋代青瓷窑址群、涧众窑址、归径古窑址群、前进龙窑等。如今,这些古窑址均以落山观光为主,不做展示型烧造。

---

① (清)朱彝尊选编:《明诗综》卷五十《王叔承·荆溪杂曲》,中华书局2007年版,第2543页。
② 沙志明著:《紫砂收藏与鉴赏》,上海辞书出版社2009年版,第4页。

紫砂烧成步骤为：先在窑头设燃烧炉，以燃烧松段去除窑的湿度；再打开鳞眼，于鳞眼洞内烧茅草，鳞眼需一对一对依次烧，并严格控制火温；烧至窑梢结束，烧成周期约在10—20天，具体时间则与气候等多种因素相关。

紫砂龙窑以茅草为燃料，烧成温度视泥料而定，一般在1150℃—1180℃的范围内，因而有"千度成陶"之说。烧制时需严格控制窑内温度，否则"过火则老，老不美观；欠火则稚，稚沙土气"。烧制时会产生窑变，即由紫砂泥所含化学成分以及烧窑时的季节、温度等多种因素影响，而使紫砂陶的发色效果在窑火的变化中出现意想不到的情况。窑变效果不可控制，成功的窑变更加难得，即《阳羡名陶录》所载，"若窑有变相，匪夷所思，倾汤贮茶，云霞绮闪，直是神之所为，亿千或一见耳。"在紫砂壶的烧制中，一旦发生窑变产生射火变色情况，均被视为次品。

宜兴紫砂制作技艺以其原料的稀有性、工艺技法的独特性以及造型装饰的艺术性而发展成为一种民间手工技艺遗产，历经千年传承，紫砂壶艺将艺术性和实用性完美结合，充分展现了中华民族的智慧和传统工艺的魅力。

三　茗壶珍品①

水为茶之母，器为茶之父，茶器是江苏茶文化遗产的重要组成部分。茶器历史悠久、种类繁多、材质各异，其中宜兴紫砂茶壶因更能表现茶的品质而深受青睐。正如周高起在《阳羡茗壶系》中所述，"近百年中，壶黜银锡及闽豫瓷，而尚宜兴陶，此又远过前人处也。陶曷取诸，取其制，以本山土砂能发真茶之色香味。"吴骞《阳羡名陶录》亦载，"今吴中较茶者，壶必言宜兴瓷。"

紫砂壶的发展在万历以后进入高峰期，仅明代周高起在《阳羡茗壶系》中就记录制壶名家30余人，即金沙寺僧②、供春、董翰、赵梁、元畅、

---

① 本小节内容主要参考王健华主编：《你应该知道的200件宜兴紫砂》，紫禁城出版社2010年版；香港艺术馆编制：《宜兴陶艺——茶具文物馆罗桂祥珍藏》，香港市政局1990年版；徐秀堂、山谷著：《宜兴紫砂五百年》，南京出版社2009版；沙志明著：《紫砂收藏与鉴赏》，南京出版社2009年版；相关博物院(馆)。

② 金沙寺僧：佚其名，明代正德间人。

时朋、李茂林、时大彬、李仲芳、徐友泉、欧正春、邵文金、邵文银、蒋伯䒰、陈用卿、陈信卿、闵鲁生、陈仲美、陈光甫、陈仲美、沈君用、邵盖、周后溪、邵二孙、陈俊卿、周季山、陈和之、陈挺生、承云从、沈君盛、沈子澈、陈辰,以及徐令音、陈正明、周季山、梁小玉、邵旭茂、项圣思、闵贤、项子京、陈煌图、惠孟臣等。这一时期紫砂壶泥料更为纯正,且注重色泽调配,造型丰富多样,主要是仿青铜器、瓷器造型和筋纹造型,崇尚"不务妍媚,而朴雅坚栗,妙不可思",并流行刻款,具有较强的艺术性。

供春款树瘿壶[①]、六瓣圆囊壶

供春,又作龚春,正德、嘉靖间人,四川参政吴颐山家童。作品特点为"栗色暗暗如古金铁,敦庞周正"。树瘿壶通高10.2厘米,宽19.5厘米,壶体扁圆,壶身遍布皱褶裂纹,极似树皮,壶柄下部分叉,题有"供春"二字。原壶盖已失,后由黄玉麟误配瓜蒂状壶盖,民国时裴石民重新配置灵芝状壶盖,并刻字于盖上,"做壶者供春,误为瓜者黄玉麟,五百年后黄宾虹识为瘿,英人以二万金易之而未能,重为制盖者石民,题记者稚君"。现藏于中国历史博物馆。除树瘿壶以外,另有"供春"刻款,"大明正德八年"铭的六瓣圆囊壶(高9.9厘米,宽11.8厘米)存世。

图4-8 供春款六瓣圆囊壶(香港茶具文物馆藏)

时鹏款水仙花瓣方壶

时鹏,又作时朋,万历时人,时大彬之父,"四名家"之一,作品以古拙见长。水仙花瓣方壶通高9.0厘米,宽10.5厘米,泥为冷金黄梨皮色,壶嘴仰略弯,壶身腹下为六方造型,腹上渐收敛而成六瓣筋纹圆口,

---

[①] 此壶是否出自供春之手,尚存争议。

壶盖亦为水仙花六瓣圆条形纹饰,与壶身筋纹相吻合,盖钮为六瓣圆条形花蕾,流与把也以圆的线条作成,与壶身浑然一体,形制不侈不丽,典雅拙朴,壶底刻款"时鹏"。

董翰款赵梁壶

董翰,号后溪,万历时人,始创菱花式壶,作品以文巧著称,"四名家"之一。赵梁壶通高20.0厘米,宽18.0厘米,壶身似蛋形、高脚、高颈、平盖,桃形钮,三弯流,扁浑提梁。提梁内刻有"董翰后奚谷",间钤"董翰"篆文方章。

李茂林款菊花八瓣壶

李茂林,名养心,万历时人,擅制小圆式壶,妍丽而质朴,世称"名玩",因排行第四,故又以"小圆壶李四老官"得名。主要作品有菊花八瓣壶、僧帽壶等。菊花八瓣壶通高9.6厘米,宽11.5厘米,壶身呈菊花状,造型古朴高雅,底刻款"李茂林造"四字楷书款。

时大彬款提梁壶、玉兰花瓣壶

时大彬,号少山,万历时人,时朋之子,他确立的用泥片和镶接凭空成型的高难度技术体系至今仍为紫砂业沿袭,"三妙手"之一。主要作品有提梁壶、六方壶、玉兰花瓣壶、僧帽壶、印包方壶、橄榄壶等。

提梁壶通高20.5厘米,壶高12.0厘米,口径9.4厘米,紫泥调砂,造型敦朴稳健,款署于器盖子口外侧,为阴刻楷书"大彬"二字,另钤藏壶者篆书阴文"天香阁"小方印。

玉兰花瓣壶高8.0厘米,宽12.1厘米,壶呈紫褐色,砂质隐现,造型成六瓣形,壶底有"万历丁酉春时大彬制"楷书款。

图4-9 时大彬款提梁壶
(南京博物院藏)

李仲芳款觚棱壶

李仲芳,万历时人,李茂林之子,时大彬第一高足,作品制法精绝,偏重文巧。主要作品有觚棱壶、圆扁壶、仲芳小壶等。觚棱壶高7.2厘米,宽9.2厘米,材质为紫泥掺细砂,壶呈覆斗状,直口,矮颈,硕底,四角边足,直流,圆环飞把手。盖为坡式桥顶。壶底刻有"仲芳"二字楷书款。

徐友泉款平肩橄榄壶、仿古虎錞壶

徐友泉,名士衡,万历时人,幼年即师从时大彬,他对紫砂工艺在壶式和泥色方面有杰出贡献,另擅于制作仿古铜器壶,极具古拙韵味。主要作品有平肩橄榄壶、仿古虎錞壶、仿古盉形壶、龙凤壶等。

平肩橄榄壶通高16.5厘米,宽19.2厘米,胎泥色细润,制作光洁。壶身为橄榄式,嵌盖凸起,似瓷器将军罐盖,三弯嘴,大圈把,造型奇崛,有明显源于瓷器之造型。此壶器型硕大,为明代早期作品特征。底部用竹刀刻"行吟月下山水主人士衡"十字楷书款,盖内有"士衡"篆书长方章。

仿古虎錞壶高7.7厘米,宽8.4厘米,器身呈棕色,表面如"梨皮",造型似青铜虎錞,壶底刻有"万历丙辰七月友泉"楷书款。

蒋时英海棠树干壶

蒋伯䓤,名时英,初名伯敷,万历时人,时大彬弟子,他的作品雅而不俗,坚致严谨,后人誉称他的作品为"天籁阁壶"。海棠树干壶的壶身呈海棠树干状,并点缀海棠茎、叶于其上,壶嘴和壶柄为树枝状,壶钮似一根弯曲的短枝。此外,在壶身的树枝上有一只鹰,树下为一只熊,即隐喻"英雄",而海棠旧时有"美人"之说,因此此壶又称"英雄美人壶"。壶底刻有"万历癸丑"四字年款。

惠孟臣款朱泥折腹壶

惠孟臣,明天启至清康熙间宜兴人,时人评惠氏制壶"大者浑朴,小者精妙",以竹刀划款,盖内有"永林"篆书小印者最精,后世称为"孟臣壶"。主要作品有朱泥折腹壶、朱泥壶、梨形壶、扁腹壶等。朱泥折腹壶通高6.6厘米,宽18.2厘米,口径4.9厘米,壶身轻而平滑,其上刻有卢仝的《走笔谢孟谏议寄新茶》,"一碗喉吻润,二碗破孤闷,三碗搜枯肠,惟有文字五千卷,四碗发轻汗,平生不平事,尽向毛孔散,五碗肌骨轻,六碗通仙灵,七碗吃不得也,唯觉两腋习习清风生"。壶底落款"平生一片心孟臣"。壶盖以钮为圆心,环形刻就"卢仝七碗香"五字。

第四节 文学艺术

承接宋元时期茶文化的繁荣态势,明代江苏的茶诗、茶画和茶学著作等文学艺术形式均有不同程度发展,并且在茶画与茶书方面表现得尤为突出。茶画发展以苏州吴门画派的创立为标志,将茶与文人画完美结合,形成了"文人茶画"新形式;茶书发展则体现在,围绕江苏先进的制茶工艺水平和茶业知识,形成了数量众多且内容丰富的茶学著作,将中国传统茶学的发展推向了巅峰。

一 茶诗

与前朝相比,明代的茶诗作者和茶诗数量更多,但从内容上来看,则难以超越唐宋茶诗的巅峰地位。一方面是由于明代以后诗歌发展的整体态势比较平缓,既没有唐宋诗坛那样争创求新的上升气势,也没有唐宋出现过的诗歌发展的"黄金时期",明代诗歌的总体发展和艺术成就不如唐宋。另一方面,茶诗是由诗人撰写的以茶为题材或诗中涉及茶的诗,因此茶诗作者的知名度及其对社会的影响力,与其在诗坛的地位有直接关系。而在明代以后诗人中,很少有能与唐代李白、杜甫或宋代苏轼、黄庭坚、陆游等大家相提并论者,因此明代茶诗的名家、名诗、名句远不如唐宋。

这一时期,江苏茶诗仍以咏泉为主,惠山泉仍为文人墨客青睐的主题。此外,大明寺水、虎丘泉和中泠泉等亦有相关诗作问世。在以茶为主要内容的茶诗中,阳羡茶依然是文人名士关注的焦点,而创制于明代的蒸青绿茶芥茶则成为茶诗领域的新宠。值得一提的是,苏州吴门画派的核心人物沈周、文徵明、唐寅等,也是明代江苏茶诗创作的主要作者。

沈周《月夕汲虎丘第三泉煮茶坐松下清啜》[①]:夜扣僧房觅涧腴,山童道我吝村沽。未传卢氏煎茶法,先执苏公调水符。石鼎沸风怜碧绉,

---

[①] (明)沈周撰:《石田诗选》卷二《山川》,文渊阁四库全书本。

磁瓯盛月看金铺。细吟满啜长松下,若使无诗味亦枯。

文徵明《秋日将至金陵泊舟慧山同诸友汲泉煮茗喜而有作》①:少时阅茶经,水品谓能记。如何百里间,慧泉曾未试。空余裹茗兴,十载劳梦寐。秋风吹扁舟,晓及山前寺。始寻琴筑声,旋见珠颗泌。龙唇雪渍薄,月沼玉淳泗。乳腹信坡言,圆方亦随地。不论味如何,清彻亦云异。俯窥鉴须眉,下掬走童稚。高情殊未已,纷然各携器。昔闻李卫公,千里曾驿致。好奇虽自笃,那可辨真伪。吾来良已晚,手致不烦使。袖中有先春,活火还手炽。吾生不饮酒,亦自得茗醉。虽非古易牙,其理可寻譬。向来所曾尝,虎阜出其次。行当酌中泠,一验逼翁智。

又《煮茶》②:绢封阳羡月,瓦缶惠山泉。至味心难忘,闲情手自煎。地炉残雪后,禅榻晚风前。为问贫陶谷,何如病玉川。

又《是夜酌泉试宜兴吴大本所寄茶》③:醉思雪乳不能眠,活火沙瓶夜自煎。白绢旋开阳羡月,竹符新调慧山泉。地炉残雪贫陶谷,破屋清风病玉川。莫道年来尘满腹,小窗寒梦已醒然。

又《雪夜郑太吉送慧山泉》④:有客遥分第二泉,分明身在慧山前。两年不把松风面,百里初回雪夜船。青箬小壶冰共裹,寒灯新茗月同煎。洛阳空说曾驰传,未必缄来味尚全。

又《再游虎丘》⑤:短簿祠前树郁蟠,生公台下石屃颜。千年精气池中剑,一壑风烟寺里山。井洌羽泉茶可试,草荒支涧鹤空还。不知清远诗何处?翠蚀苔花细雨斑。

又《七宝泉》:何处冷清结静缘,幽栖遥在太湖边。扫苔坐话三生石,破茗亲尝七宝泉。翠竹传声云袅袅,碧天流影玉涓涓。高人去后谁真赏,一漱寒流一慨然。

又《邵二泉司徒以惠山泉饷白岩先生适吴宗伯宁庵寄阳羡茶亦至

---

① (明)文洪撰:《文氏五家集》卷三《太史诗集·五言古诗》,文渊阁四库全书本。
② (明)文徵明撰:《甫田集》卷十二《诗二十七首·煮茶》,文渊阁四库全书本。
③ (清)钱谦益编:《列朝诗集》丙集第十《文待诏徵明·是夜酌泉试宜兴吴大本所寄茶》,中华书局2007年版,第3395页。
④ (清)钱谦益编:《列朝诗集》丙集第十《文待诏徵明·雪夜郑太吉送慧山泉》,中华书局2007年版,第3395页。
⑤ (明)文洪撰:《文氏五家集》卷六《太史诗集·七言律诗》,文渊阁四库全书本。

白岩烹以饮客命余赋诗》①：谏议印封阳羡茗，卫公驿送惠山泉。百年佳话人兼胜，一笑风檐手自煎。闲兴未夸禅榻畔，月明还到酒樽前。品尝只合王公贵，惭愧清风被玉川。

唐寅《七言律诗》②：千金良夜万金花，占尽东风有几家。门里主人能好事，手中杯酒不须赊。碧纱笼罩层层翠，紫竹支持叠叠霞。新乐调成蝴蝶曲，低檐将散蜜蜂衙。清明争插西河柳，谷雨初来阳羡茶。二美四难俱备足，晨鸡欢笑到昏鸦。

吴宽（1435—1504）《谢冯副郎送惠山泉》③：何处泉满腹，惠山横翠屏。山远不能移，谁移此泓渟。客从山下来，遗我泉两瓶。磊磊石子在，中涵数峰青。宛如清晓汲，尚带鱼龙腥。煎茶水有记，陆羽著茶经。舌端辨清浊，岂但如渭泾。兹泉列第二，不甘让中泠。幸蒙苏子咏，将诗作泉铭。至今山游者，争仰漪澜亭。远饷踰千里，瓴甋载吴舲。后人不好事，此事久已停。大瓮封泥头，所重惟醯醢。一朝俄得此，高屋惊建瓴。阳羡茶适至，新品攒寸茳。虽非龙凤团，胜出蔡与丁。二物偶相值，活火仍荧荧。蟹眼泡渐起，羊阳车可听。煎烹既如法，倾泻散兰馨。连饮渴顿解，更使尘目醒。瓶底有余沥，照见发星星。嗟此一段奇，何意当衰龄。不须茶始饮，饮水心常惺。未足酬雅意，聊用报山灵。

又《饮阳羡茶》④：今年阳羡山中品，此日倾来始满瓯。谷雨向前知苦雨，麦秋以后欲迎秋。莫夸酒醴清还浊，试看旗枪沉浮载。自得山人传妙诀，一时风味压南州。

徐渭（1521—1593）《某伯子惠虎丘茗谢之》⑤：虎丘春茗妙烘蒸，七碗何愁不上升。青箬旧封题谷雨，紫沙新罐买宜兴。却从梅月横三弄，细搅松风炧一灯。合向吴侬彤管说，好将书上玉壶冰。

又《渔鼓词》之三：虎丘茶叶昆山歌，专诸骨董刻丝梭。明月大家消一看，焉能人娶一嫦娥？⑥

---

① （明）文徵明撰：《甫田集》卷六《诗三十九首》，文渊阁四库全书本。
② 廖宝秀文字撰述：《也可以清心：茶器、茶事、茶画》，台北"故宫博物院"2002年版，第77页。
③ （明）吴宽撰：《家藏集》卷二十九《诗三十七首》，文渊阁四库全书本。
④ （明）吴宽撰：《家藏集》卷二十四《诗六十六首》，文渊阁四库全书本。
⑤ （明）徐渭撰：《徐渭集》卷七《七言律诗》，中华书局1983年版，第289页。
⑥ （明）徐渭撰：《徐渭集》卷十一《七言绝句》，中华书局1983年版，第375页。

王世贞(1526—1590)《陆羽泉》①：康王谷瀑中泠水,何似山僧屋后泉。客至试探禅悦味,玉团初辗浪花圆。

袁宏道(1568—1610)《白乳泉》②：一片青石棱,方长六大字。何人妄刻画,减却飞扬势。泉久淤泥多,叶老枪旗坠。纵有陆龟蒙,亦无茶可试。

王夫之(1619—1692)《南岳摘茶词十首》③：深山三月雪花飞,折笋禁桃乳雀饥。昨日刚传过谷雨,紫茸的的赛春肥。湿云不起万峰连,云里闻他笑语喧。一似洞庭烟月夜,南湖北浦钓鱼船。晴云不采意如何,带雨掠云摘倍多。一色石姜叶笠子,不须绿箬衬青蓑。一枪才展二旗斜,万簇绿沈间五花。莫道风尘飞不到,鞠尖队队满州靴。琼尘新炕凤毛毸,玉版兼蒸龙子胎。新化客迟六峒远,明朝相趁出城来。小筑团瓢乞食频,邻僧劝典半畦春。偿他监寺帮官买,剩取筛余几两尘。丁字床平一足雄,踏云稳坐似凌空。商羊能舞晴天雨,底用劳劳百脚虫。清梵木鱼暂放松,园园锯齿绿阴浓。揉香按翠三更后,刚打乌啼半夜钟。山下秧争韭叶长,山中茶赛马兰香。逐队上山收晚茗,奈他布谷为人忙。沙弥新学唱皈依,板眼初清错字稀。贪听姨姨采茶曲,家鸡又逐野凫飞。

二 茶画

明代以后,随着中国茶画艺术进入繁荣发展期,江苏茶画的发展也达到鼎盛。特别是嘉靖前后,由文人画家沈周引领的吴门画派崛起于苏州府,而后在文徵明时期达到极盛。吴门画派兴起的原因,一方面得益于吴中地区自古以来的文化底蕴与繁荣的商业发展,另一方面则是因为这些画家"大部分出身世家,受过严格的儒家教育,浸融了洋溢于明代中期社会里的安全感和优越感"④。如吴门画派的领军人物沈周即出身于苏州望族,得益于家学渊源,良师益友众多。他也因家境优渥而

---

① (明)王世贞撰：《弇州四部稿》卷五十二《七言绝句一百二十五首》,文渊阁四库全书本。
② 陈彬藩主编：《中国茶文化经典》,光明日报出版社1999年版,第419页。
③ (清)王夫之著：《王船山诗文集》诗集《七言绝句》,中华书局1962年版,第179页。
④ (美)高居翰著,李渝译：《图说中国绘画史》,生活·读书·新知三联书店2014年版,第145页。

选择不入仕途,年轻时曾被郡守汪公浒"以贤良举之",但他"卒辞不应";七十六岁时,苏州巡抚彭礼意欲举荐他,但其以母亲老迈为由推辞。① 沈周自少至老皆隐居而不愿入仕途,"所居有水竹亭馆之胜,图书鼎彝充牣错列,四方名士过从无虚日,风流文彩照映一时"②。另有一些文人画家则是因仕途失意,从而产生避居山林的隐逸思想。③ 如沈周的挚友文徵明,"受画法于沈","嘉靖初,以贡入京,用尚书李充嗣荐,授翰林院待诏,修国史三载",后弃官还乡,专心从事书画创作。"四方求请日至,惟绝不与王府通。宸濠以厚聘招之,辞勿往。……筑玉磬山房,树两桐于庭,日徘徊啸咏其中。"④文徵明比沈周小四十多岁,是沈周的学生,曾去北京做过翰林院待诏,修《元史》,但不久就辞官回苏州,专注于文学和书画创作。文徵明的好友唐寅也因仕途不顺而选择回乡。唐寅虽是弘治十一年(1498年)乡试解元,却因牵涉科场舞弊案而被贬斥。《明史》载其"性颖利,与里狂生张灵纵酒,不事诸生业。……举弘治十一年乡试第一,座主梁储奇其文,还朝示学士程敏政,敏政亦奇之。未几,敏政总裁会试,江阴富人徐经贿其家僮,得试题。事露,言者劾敏政,语连寅,下诏狱,谪为吏。寅耻不就,归家益放浪。……筑室桃花坞,与客日般饮其中。"⑤

明朝对文人的严苛规范让文人感到压抑,而仕途不顺又增避世之感,故而选择远离官场,避居山林。⑥ 或许他们深知,"有出世的精神,才可做入世的事业"⑦。于是隐居起来,一起写诗作画,互相往来,逐渐形成文人集团。也正是因为避居山林,远离纷扰,才能让他们得以全身心投入到艺术创作中。与此同时,明代芽茶的盛行使茶叶在制作工艺上更加便捷,在饮茶方式上更是"简便异常,天趣悉备,可谓尽茶之真味矣",制饮方式的转变更加契合文人雅士对于返璞归真的追求和对自然

---

① 吴刚毅:《沈周山水绘画的风格与题材之研究》,中央美术学院博士学位论文,2002年,第301页。
② (清)张廷玉等撰:《明史》卷二九八《列传一八六·隐逸》,中华书局2003年版,第7630页。
③ 张淑娴:《明代文人园林画与明代市隐心态》,《中原文物》2006年第1期,第58—64页。
④ 赵景深、张增元编:《方志著录元明清曲家传略》,中华书局1987年版,第461页。
⑤ (清)张廷玉等撰:《明史》卷二八六《列传一七四·文苑二》,中华书局2003年版,第7352—7353页。
⑥ 王进:《明代吴门园林雅集题材绘画与文人雅集的新变》,《美术观察》2015年第7期,第105—109页。
⑦ 朱光潜著:《谈美》,中华书局2010年版,第2页。

的崇尚。吴门画派这一文人集团,将茶的元素融入山水画的创作之中,通过煮泉、烹茶、品茗、雅集、文会等场景,表达寄情于山水园林的隐逸情怀和避世的复杂心态。① 这一时期,沈周、唐寅、文徵明、仇英等人创作了大量茶画珍品,这些作品也代表了江苏茶画的发展巅峰。

沈周《品泉图》《汲泉煮茗图》

沈周(1427—1509年),字启南,号石田、白石翁、玉田生等,长洲(今江苏苏州)人,出身文人世家,沈贞之侄。工诗善画,为明四大家之一,《明史·隐逸传》评价其"文摹左氏,诗拟白居易、苏轼、陆游,字仿黄庭坚,并为世所爱重。尤工于画,评者谓为明世第一"②。

《品泉图》原画未见,《文氏五家集》卷九有文嘉《题石田品泉图》一诗:"江水山泉偶并尝,新茶初试得清忙。已欣陆子能题品,更喜吴君为较量。扬子江心真活泼,惠山岩下有清香。不须调水将符递,千古清风自不忘。"诗后注"唐子(宋人唐庚)云:水无恶美,以活为上,故中泠第一,惠泉次之。茶乡乃欲抑江扶惠,宜其不能服石田诸公也。幼于以此卷索题,因次韵以复。"③

图4-10 沈周《汲泉煮茗图》(台北"故宫博物院"藏)

---

① 刘军丽:《明代吴中文人茶画创作与艺术境界探析》,《农业考古》2012年第5期,第170—174页;何鑫、杨杰:《明代茶画艺术研究》,《福建茶叶》2017年第3期,第292—293页。
② (清)张廷玉等撰:《明史》卷二九八《列传一八六·隐逸》,中华书局2003年版,第7630页。
③ 陈宗懋主编:《中国茶叶大辞典》,中国轻工业出版社2000年版,第636页。

《汲泉煮茗图》,纵153.7厘米,横36.2厘米。图绘疏林小径,一僮挈壶执杖,循径汲泉,准备烹茶。构图简逸,用笔不繁,画与题诗相互呼应,画上的煮茗诗与图同占重要分量。图上自题:"夜扣僧房觅涧胦,山僮道我吝村沽。未传卢氏煎茶法,先执苏公调水符。石鼎沸风怜碧绉,瓷瓯盛月看金铺。细吟满啜长松下,若使无诗味亦枯。"下跋文:"去岁夜泊虎邱,汲三泉煮茗,因有是诗。为惟德作图,录一过,惟德有暇,能与重游,以实故事何如。沈周"①。

唐寅《事茗图》《品茶图轴》《款鹤图卷》

唐寅(1470—1523年),字伯虎、子畏,号六如居士、桃花庵主、鲁国唐生、逃禅仙吏等,吴县(今江苏苏州)人,吴门画派主要人物之一,与沈周、文徵明、仇英同被誉为明四大家。

《事茗图》,纸本设色,纵31.1厘米,横105.8厘米,是唐寅最享盛誉的茶画作品。画中描绘了文人雅士于夏日相邀在林中树下读书、品茶的情景。此画引首有文徵明题"事茗"二字,款署"徵明",钤"文徵明印"。画卷上有唐寅用行书自题的一首五言诗,表达了作者作画时的心绪:"日长何所事,茗碗自赍持,料得南窗下,清风满鬓丝。吴趋唐寅。"钤"唐居士"。另有清仁宗御题诗,以及诸藏家印记。

图4-11 唐寅《事茗图》局部(北京故宫博物院藏)

《品茶图轴》,纸本,纵93.2厘米,横29.8厘米,是唐寅31岁(1501年)所绘。画中描绘冬日文人读书品茶场景:寒林中草屋三楹,居中屋内主人坐于案前读书,一童子蹲于屋角,煽火煮泉;侧屋内几上置茶器有茶壶与茶瓯等,侍童二人正忙于备茶。图上唐寅自题:"买得青山只

---

① 廖宝秀文字撰述:《也可以清心:茶器、茶事、茶画》,台北"故宫博物院"2002年版,第75页。

种茶,峰前峰后摘春芽。烹煎已得前人法,蟹眼松风候自嘉。吴郡唐寅。"①

《款鹤图卷》,纸本墨笔,纵29.6厘米,横145厘米。画面描绘了连绵的巨石,左侧山根树下有一文人读书,童子在近处烧水泡茶,一只鹤从水边款款而来,既透露出人与鹤的平静感,又凸显了群山巨石相互挤压的压抑感。

除以上三幅茶画作品外,唐寅还有多幅茶画作品见于著录或传世,如《煎茶图》,纸本设色,纵111厘米,横50厘米,《内务部古物陈列所书画目录》卷六著录,左上行书三行,款云"吴门唐寅",画上有"乾隆御览之宝""石渠宝笈"等玺。《煮茶图》,素笺画,设色,《石渠宝笈》卷三十四著录,款云"吴郡唐寅写",

图4-12 唐寅《品茶图轴》局部(台北"故宫博物院"藏)

图4-13 唐寅《款鹤图卷》局部(上海博物馆藏)

引首有文徵明篆书"六如妙墨"四字,尾有祝允明书《茶歌》,并陈淳记语一条。《烹茶图》,原画未见,明代王稚登有《题唐伯虎烹茶图为喻正之太守三首》:"太守风流嗜酩奴,行春常带煮茶图。图中傲吏依稀似,纱帽笼头对竹炉。灵源洞口采旗枪,五马来乘谷雨尝。从此端明茶谱上,又添新品绿云香。伏龙十里尽香风,正近吾家别墅东。他日干旄能见访,休将水厄笑王濛。"《卢仝煎茶图》原画未见,有唐寅《题自画卢仝煎茶图》诗一首:"千载经纶一秃翁,王公谁不仰高风?缘何坐所添丁惨,不住山中住洛中?"《惠山竹炉和竹茶炉诗草书合璧卷》,纵24厘米,横

---

① 廖宝秀文字撰述:《也可以清心:茶器、茶事、茶画》,台北"故宫博物院"2002年版,第76页。

118厘米,清代庞元济《虚斋名画录》卷四著录。画中两人在梧桐下对坐饮茶,竹炉置于石凳,一僮煽火,一僮汲水;诗为明代祝允明所作七律四首,以草书写在点金笺上。①

文徵明《惠山茶会图》《品茶图》

文徵明(1470—1559年),原名壁,字徵明,后以字为名,更字徵仲,号衡山居士、停云生等,长洲(今江苏苏州)人。"徵明幼不慧,稍长,颖异挺发。学文于吴宽,学书于李应祯,学画于沈周,皆父友也。又与祝允明、唐寅、徐祯卿辈相切劘,名日益着。"②明代画家、书法家、文学家,"明四家""吴中四才子"之一,"吴门画派"主要人物之一。

《惠山茶会图》,纸本设色,纵21.9厘米,横67.0厘米。此画创作于正德十三年(1518年)清明,是文徵明最为著名的茶画作品。画面描绘的情景是作者与友人同游惠山,并在惠山泉边饮茶赋诗。画前引首处有蔡羽书的"惠山茶会序",后纸有蔡明、汤珍、王宠各书记游诗。

图4-14 文徵明《惠山茶会图》(北京故宫博物院藏)

《品茶图》,纸本浅设色,纵25.2厘米,横88.3厘米。此画作于嘉靖辛卯年(1531年),描绘的是作者与友人于林中茶舍品啜雨前茶的场景。图内草堂环境优雅,小桥流水,苍松高耸,堂舍轩敞,几榻明净;堂内二人对坐品茗清谈,几上置茶壶、茗碗;堂外一人正过桥向草堂行来;茶寮内炉火正炽,一僮扇火煮茶,准备茶事,茶僮身后几上摆有茶叶罐及茗碗。画上作者题诗:"碧山深处绝纤埃,面面轩窗对水开。谷雨乍

---

① 陈宗懋主编:《中国茶叶大辞典》,中国轻工业出版社2000年版,第636—637页。
② (清)张廷玉等撰:《明史》卷二八七《列传一七五·文苑三》,中华书局2003年版,第7362页。

过茶事好,鼎汤初沸有朋来。"诗后跋文:"嘉靖辛卯,山中茶事方盛,陆子传过访,遂汲泉煮而品之,真一段佳话也。"①

图4-15 文徵明《品茶图》局部(台北"故宫博物院"藏)

除《惠山茶会图》《品茶图》外,文徵明还有《茶事图》《乔林煮茗图》《煮茶图》《松下品茶图》《绿阴草堂图》《林榭煎茶图》等作品。《茶事图》所绘场景与《品茶图》颇为相似,是嘉靖甲午(1534年)三月,文徵明因病不能前往支硎虎丘品茶,友人归来携茶二三种相赠,文徵明于病中品尝虎丘雨前茶,遂作此画,并书《茶具十咏》。《乔林煮茗图》纵87厘米,横27厘米,画款题:"不见鹤翁今几年,如闻仙骨瘦于前。只应陆羽高情在,坐阴乔林煮石泉。"又识云:"久别罪罪,前承雅意,未有以报。小诗拙画,聊见鄙情。征明奉寄如鹤先生,丙戌年。"《煮茶图》原画未见,清代马日璐《南斋集》著录,并有《题文待诏自写煮茶图》六言诗两首。《松下品茶图》原画未见,清代方浚颐《梦园书画录》和李佳《左庵一得初录》著录,画上题有《老去卢仝兴味长》诗。《林榭煎茶图》浅设色,素笺本,纵27厘米,横119厘米,清《石渠宝笈续编·宁寿宫藏》著录。图中画溪山林屋,一人凭窗煮茗,有客策杖过桥,后幅书《同江阴李令登

---

① 廖宝秀文字撰述:《也可以清心:茶器、茶事、茶画》,台北"故宫博物院"2002年版,第79页。

君山》七律二首。①

仇英《松亭试泉图》《松溪论画图》

仇英(1494—1552年),字实父,号十洲,江苏太仓人,长居吴县(今江苏苏州),"吴门画派"主要人物之一,明四大家之一。他原为民间漆工,兼作彩绘画工,曾随院体派画师周臣学画,且长期临摹宋画,因此其画风颇为风雅。②明代书画家董其昌高度评价仇英,称其是可以和宋代山水名家赵伯驹、赵伯骕相提并论的画家。即《画禅室随笔》所载:"李昭道一派,为赵伯驹、伯骕,精工之极,又有士气。后人仿之者得其工,不能得其雅,若元之丁野夫、钱舜举是已。盖五百年而有仇实父,在昔文太史亟相推服。太史于此一家画,不能不逊仇氏,故非以赏誉增价也。"③

《松亭试泉图》,绢本设色,纵128.1厘米,横61.0厘米。此画描绘了隐士与童子在松林溪间的亭中煮泉品茶的幽闲情景:画中远山近水、山泉飞瀑,草亭筑于松溪石畔,亭内士人依栏凭溪侧坐,注视前面正要备茶、携罐汲泉的童子;厅内捆解书画的童子正回望汲泉童子;亭前树下布置的茶具有茶炉、茶壶一组,一旁石上亦置茶壶、茶叶罐和茶杯等。④

图4-16 仇英《松亭试泉图》
(台北"故宫博物院"藏)

---

① 陈宗懋主编:《中国茶叶大辞典》,中国轻工业出版社2000年版,第637页。
② 程明震、曹正伟:《俗化与雅化:唐寅与仇英绘画艺术比较》,《东南文化》2003年第9期,第87—90页。
③ (明)董其昌著:《画禅室随笔》卷二《画源》,华东师范大学出版社2012年版,第82页。
④ 廖宝秀文字撰述:《也可以清心:茶器、茶事、茶画》,台北"故宫博物院"2002年版,第80页。

《松溪论画图》,或名《煮茶论画图》,绢本设色,纵59.3厘米,横105厘米。此画描绘了两位画家在山谷林下席地而坐,身旁有一石桌,上置书画,两人正在论画。图中设有茶灶一副,炉、壶、炭、扇等一应俱全,二童子专司茶事,一人执扇煮泉,一人提壶汲泉。画左题跋:"吴郡仇英为溪隐先生制。"原画藏于吉林省博物馆。

除《松亭试泉图》《松溪论画图》以外,仇英还有《换茶图文徵明书心经合璧》《移竹图》《煮茶图》扇页等茶画作品。《换茶图文徵明书心经合璧》是画和书法的合璧之作,《换茶图》绢本设色,纵22厘米,横110厘米,画松林竹篱,赵孟頫据石几作书,恭上人对坐,后设茶具炉案,侍童三人;《心经》为文徵明所书,末题:"嘉靖二十一年,岁在壬寅,九月廿又一日,书于昆山舟中。"后幅有文彭的题跋和文嘉的识语。文彭题跋云:"逸少(王羲之)书换鹅,东坡书易肉,皆有千载奇谈。松雪以茶戏恭上人,而一时名公盛播歌咏。其风流雅韵,岂出昔贤下哉。然有其诗而失是经,于舜请家君为补之,遂成完物。癸卯仲夏,文彭谨题。"①

王绂《竹炉煮茶图》《茅斋煮茶图》

王绂(1362—1416年),一作芾,又作黻,字孟端,后以字行,号友石,别号鳌里,又号九龙山人、青城山人,无锡人。"博学,工歌诗,能书,写山木竹石,妙绝一时。洪武中,坐累戍朔州。永乐初,用荐,以善书供事文渊阁。"②王绂画风幽淡简远,传世作品有《溪山渔隐图卷》《山亭文会图》等。

《竹炉煮茶图》为明代无锡惠山寺僧人性海请正在寺内养病的王绂所绘,并由无锡县学教谕王达为之作序题诗,此画于清代毁于火灾。《竹炉煮茶图》遭毁后,清代书画家董诰奉乾隆皇帝之命,于乾隆庚子(1780年)仲春复绘一幅,故名《复竹炉煮茶图》。画上有乾隆题诗,"竹炉是处有山房,茗碗偏欣滋味长。梅韵松蕤重清晤,春风数典哪能忘。"乾隆在惠山十分倾心性海的竹茶炉,请人精心仿制两具带回京师,今尚存于故宫博物院,"竹炉煮茶"遂成为茶事典故。③

---

① 陈宗懋主编:《中国茶叶大辞典》,中国轻工业出版社2000年版,第637—638页。
② (清)张廷玉等撰:《明史》卷二八六《列传一七四·文苑二》,中华书局2003年版,第7337—7338页。
③ 陈宗懋主编:《中国茶叶大辞典》,中国轻工业出版社2000年版,第635页。

除《竹炉煮茶图》以外，王绂另有《茅斋煮茶图》，惜原画已不存，仅见于《历代藏画》卷十存目，并有作者自题诗："小结茅斋四五椽，萧萧竹树带秋雨。呼童扫取空阶叶，好向山厨煮二泉。"

沈贞《竹炉山房图》

图 4-17　沈贞《竹炉山房图》局部（辽宁省博物馆藏）

沈贞（1400—1482年以后），字贞吉，号南斋，因慕陶渊明，故隐居东林，取斋名为"陶庵"，故又号陶庵、陶然道人。苏州人，工诗词，善绘画，尤善山水。《竹炉山房图》，纸本设色，纵 115.5 厘米，横 35.0 厘米。在竹林围绕的山房之中，二人隔桌对坐，桌上置茶器，屋外一人正在煽火煮水，远处一人似正在上山取水。画面右上作者自识："成化辛卯初夏，余游毗陵，过竹炉山房，得普照师□酌竹林深处，谈话间出素纸索画，余时薄醉，挑灯戏作此图以供清赏。南斋沈贞。"左上有清乾隆帝题诗："阶下回回淙惠泉，竹炉小叩赵州禅。个中我亦曾清憩，为缅流风三百年。"

杜堇《古贤诗意图》

杜堇，生卒年不详，丹徒（今江苏镇江）人，原姓陆，字惧男，号柽居、古狂、青霞亭长，明代画家。《古贤诗意图》，纸本，墨色，纵 28.0 厘米，横 1079.5 厘米，是作者按照古诗所表达的意境创作而成。全画共分九段，分别为李白《右军笼鹅》、韩愈《桃源图》、李白《把酒问月》、韩愈《听颖师弹琴》、卢仝《茶歌》、杜甫《饮中八仙歌》、杜甫《东山宴饮》、黄庭坚《咏水仙》、杜甫《舟中夜雪》三首。其中，卢仝《茶歌》描绘的是诗人高卧，孟谏议的使者敲门送茶的场景。

图 4-18　金琮书,杜堇画《古贤诗意图卷》局部(北京故宫博物院藏)

杜堇另有《梅下横琴图》,纵 207.9 厘米,横 109.9 厘米,藏于上海博物馆。

图 4-19　杜堇《梅下横琴图》局部(上海博物馆藏)

陆治《茗外幽赏录》《烹茶图》《事茗写寿图》

陆治(1496—1576 年),吴县(今江苏苏州)人,字叔平,自号包山,明代书画家,擅行、楷,尤精绘事。他是祝允明、文徵明的弟子,山水受吴门画派影响。此三幅茶画为陆治所绘,惜原画均已失传。《茗外幽赏录》著录于清代卞永誉《式古堂画考》卷二十九。绢本,小挂幅,构图为青绿云山,涧泉奔泻,林间逸士,瀹茗高论。其上有陆治的题画诗五律、七绝各一首。五律云:"茗外寄幽赏,琴中饶濮音。一音洒毛骨,万象开灵襟。蚓穷战水火,月团破璆琳。余音与遗味,优矣澹哀心。"七绝云:

"草绿江南兴已催,月团今复试新裁,知君再著春山屐,虎阜冈头带雨来。"后有识云:"嘉靖壬子(1552年),友人携琴过访,试雨前茶,作此。后二十三年早春,复与同试陆羽泉,重题,乃万历乙亥(1575年)三月三日也,而余已八丙七辰矣。书此以纪年月。陆治识。"《烹茶图》著录于明代汪砢玉《珊瑚网书画跋》卷十七,清代卞永誉《式古堂画考》卷二十九有陆治《题烹茶图》诗:"茗碗月团新破,竹炉活火初燃。门外全无酒债,山中惟有茶烟。"《事茗写寿图》著录于卞永誉《式古堂画考》卷二十九,张丑在《清河书画舫》中评:"叔平曾为《事茗写寿图》,布景尤异,落笔精微,以较生平漫兴之作,真天渊矣。"①

王问《煮茶图》

王问(1497—1576年),字子裕,号仲山,江苏无锡人,明代文人画家。《煮茶图》,纵29.5厘米,横383.1厘米,绘于嘉靖三十七年(1558年)。此画以竹炉煮茶为题材,描绘文人煮茶阅卷的情景。画面左边主人,席叶坐于竹炉前,正聚精会神夹炭烹茶,垆上提梁茶壶一把,右旁二罐,一上置水勺,罐内或贮山泉,以便试茶。主人面前,一仆收卷侍侧,

图4-20 王问《煮茶图》局部(台北"故宫博物院"藏)

---

① 陈宗懋主编:《中国茶叶大辞典》,中国轻工业出版社2000年版,第638页。

一文士展卷挥毫作书。席上有笔、砚、香炉、盖罐、书卷、画册等。画卷后书有王文的草书题跋《茶歌》:"华山前,玉川子。先春芽,龙窦水。石鼎竹炉松火红,鱼眼汤成味初美。君不见真阳动时气满盈,万簇旗枪海云里。纤手摘来清露溥,黄金台畔香尘起。宜州阳阮何足奇,中冷雪鸣无乃是。琉璃窗下三啜饲,顿觉清寒渗人齿。数片中涵万斛□,焦吻枯肠一时洗。雅州老僧将未已,指点一翁柱下李。品尝未竟一夜仙,走入青城暮山紫。衹问留题石公水,雾锁云封几千祀。仲山王问书于宝界冷抱一庐"①。

钱穀《惠山煮泉图》

钱穀(1508—1578年),字叔宝,自号罄室,吴县(今江苏苏州)人,明代书画家。《惠山煮泉图》,纸本,浅设色,纵66.6厘米,横33.1厘米,绘于隆庆四年庚午(1570年),记录作者与友人在惠山汲泉煮茗的雅事。画中钱穀与四友人品茶赏景谈天,一仆人汲惠泉,另有二人在松下煽火备茶。清乾隆皇帝有《题钱穀惠山煮泉图》诗:"腊月景和畅,同人试煮泉。有僧亦有道,汲方逊汲圆。此地诚远俗,无尘便是仙。当前一印证,似与共周旋。甲辰暮春御题。"②

陆师道《林亭品茗图》《临文徵明吉祥庵图》

陆师道(1517—?),字子传,号元洲,后更号五湖,长洲(今江

图4-21 钱穀《惠山煮泉图》(台北"故宫博物院"藏)

---

① 廖宝秀文字撰述:《也可以清心:茶器、茶事、茶画》,台北"故宫博物院"2002年版,第82页。
② 廖宝秀文字撰述:《也可以清心:茶器、茶事、茶画》,台北"故宫博物院"2002年版,第81页。

苏苏州)人,明代画家。《林亭品茗图》,纸本设色,以山水人物为题材,著录于清代庞元济《虚斋名画录》卷八。陆氏题记:"待诏公(文徵明)有此图,为士林楷模,今拟其意。陆师道。"《临文徵明吉祥庵图》,纸本设色,纵90.7厘米,横40.9厘米,绘于万历九年(1581年)。此图临文徵明《吉祥庵图》,二人对坐于被树石环抱的小庵敞轩中,旁有童子烹茶。

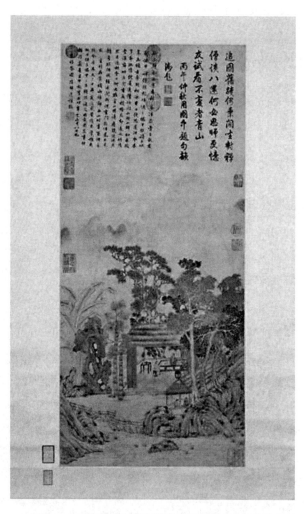

图4-22 陆师道《临文徵明吉祥庵图》(台北"故宫博物院"藏)

居节《品茶图》

居节(约1524—约1585年),字士贞,一作贞士,号商谷、西昌逸士,苏州人,明代书画家。《品茶图》,纸本设色,纵107.1厘米,横28.9厘米,绘于嘉靖十三年(1534年)。画面描绘了二人于草堂中对坐品茶,旁屋一童子正在烹茶,另有一人过桥而来。画上书文徵明《茶具十咏》诗,诗末跋:"嘉靖十三年,岁在甲午,谷雨前二日,天池、虎丘茶事最盛,与好事者为筒汲泉,以火烹啜之,品题茶之高下。时衡山先生追次皮、陆制《茶具十咏》,随绘图,成一时佳话。命予和韵,窃愧不文,临摹一过,已觉不自量,又何敢漫和为貂尾之续?仍写衡山先生原唱十首于上,以志其事。居节识。"居节另有隆庆二年(1568年)绘《品泉诗意图》,著录于郑振铎编《中国历代名画集》。

丁云鹏《玉川煮茶图》

丁云鹏(1547—1628年),字南羽,号圣华居士,安徽休宁人,明代画家。《玉川煮茶图》,纵137.3厘米,横64.4厘米,是丁云鹏于万历四十年(1612年)在虎丘为陈眉公所绘。此画意取卢仝茶诗《走笔谢孟谏议寄新茶》,形仿钱选茶画《卢仝烹茶图》[①],描绘了卢仝在蕉林修篁下煮泉品茗的真实情景。按照所绘内容将其归为"江苏茶画"类别。丁云鹏另有无锡博物院藏与此画相同题材的《煮茶图》存世。

图4-23 居节《品茶图》(台北"故宫博物院"藏)

[①]《卢仝烹茶图》,纵128.7厘米,横37.3厘米,现藏于台北"故宫博物院"。据该院研究,此画疑为丁云鹏所作。参见《传钱选画〈卢仝烹茶图〉应是丁云鹏所作——故宫藏画鉴别研究之一》,《故宫文物月刊》,第311期(2009年2月),第46—57页。

李士达《坐听松风图》

李士达,生卒年不详,号仰怀,苏州人,万历二年(1574年)进士,画家,擅山水人物。《坐听松风图》,纵167.2厘米,横99.8厘米,绘于万历四十四年(1616年)。画面描绘了四棵高耸虬松之下,一士人双手抱膝靠石而坐;二童子于茶炉前煽火烹茶,一蹲坐开解书卷,另一则于坡边采芝的情景。坡石上置有风炉、黄泥茶壶、朱漆茶托、白瓷茶盏以及水瓮等茶器。

图4-24 李士达《坐听松风图》(台北"故宫博物院"藏)

尤求《西园雅集图》

尤求，生卒年不详，约活跃于嘉靖至万历年间，字子求，号凤丘（一作凤山），长洲（今江苏苏州）人，后移居太仓。工写山水，兼人物，精仕女画，尤擅白描。

《西园雅集图》最初由北宋画家李公麟所绘，描绘的是苏轼、王诜、米芾、黄庭坚、秦观、李公麟等著名诗人、文学家、书法家、画家共16人，在驸马都尉王诜府中西园聚会的情景。"西园者，宋驸马都尉王诜晋卿延东坡诸名胜燕游之所也。"聚会之后，李公麟绘《西园雅集图》，米芾作《西园雅集图记》。"西园雅集"逐渐成为后代文人向往的情境和绘画题材，因此南宋及元明清时代出现了大量摹作，马远、刘松年、赵孟頫、钱选、唐寅、尤求、仇英、李士达、石涛、丁观鹏等都曾用不同技法画过《西园雅集图》，可谓"后之临写者，或着色，或用水墨，不一法"[①]。尤求的《西园雅集图》为纸本水墨画，纵106.7厘米，横31.8厘米，绘于隆庆五年（1571年）。《中国茶叶大辞典》描述此画"图取立轴高远之景，竹篱之内，一间方亭，圆通大师正襟危坐于蒲团之上，对坐听禅者是刘泾。亭外，米芾挥毫题诗于石上，白发老者王钦臣在后扶肩仰观。苏轼在石案前正执笔欲书，黄庭坚坐其右侧持扇观看，左侧是雅集组织者王

图4-25　尤求《西园雅集图》
（台北"故宫博物院"藏）

[①] 徐培均著：《秦少游年谱长编》卷四《元祐元年至元祐四年》，中华书局2002年版，第326页。

诰。李公麟在已铺好画纸的石案旁执笔未落,侧首向张耒征询对其腹稿的高见。道士陈碧虚在静心拨阮,秦观早已沉浸在悠扬的乐曲声中。另有小童在下服侍,执扇、捧砚、烹茶。"①画面集合书、画、琴、诗、茶等元素,描绘了一个文人名士寄托情怀的精神家园。

三 茶书

(一) 空前繁荣的传统茶学

在近代茶叶科学出现之前,中国古代茶书即代表了"传统茶学"。自陆羽撰《茶经》开创茶学为始,中国古代茶书或传统茶学经唐宋的发展,至明代后期和清初达到了一个巅峰。从数量上看,万国鼎先生在《茶书总目提要》中共收录茶书98种,其中唐和五代7种,宋代25种,明代55种(绝大多数为万历以后茶书),清代11种。明代茶书较唐、五代、宋和清四代茶书的总和还多。这一点与朱自振对茶书的研究结论也颇为接近。朱先生在《明清茶书综述》中收录茶书和茶书书目共187种。其中唐和五代有16种,宋元47种,明83种(有4种疑似清初,未作定论),清41种。明代茶书占中国古代茶书总数的44.4%,且大多成书于嘉靖晚期至明朝覆亡(1552—1644年)的九十余年中。也就是说,明后期93年撰刊的茶书,占到由陆羽《茶经》至清末所撰茶书总数的近40%。从而可以清楚看出,明代后期中国古代茶书或者说传统茶学经历了一个突出的发展高潮。

明代学者许次纾(1549—1604)所著的《茶疏》即是这一时期的代表茶书。《茶疏》又名《徐然明茶疏》或《然明茶疏》,成书于万历二十五年(1597年),前有姚绍宪、许世奇二序,后有作者自跋。正文约4700字,分为产茶、今古制法、采摘、炒茶、岕中制法、收藏、置顿、取用、包裹、日用置顿、择水、贮水、舀水、煮水器、火候、烹点、秤量、汤候、瓯注、荡涤、饮啜、论客、茶所、洗茶、童子、饮时、宜辍、不宜用、不宜近、良友、出游、权宜、虎林水、宜节、辩讹、考本等三十六则,对茶树生长环境、茶叶炒制和贮藏方法、烹茶用具和技巧、品茶方法及相关事项等做了详尽论述。

---

① 陈宗懋主编:《中国茶叶大辞典》,中国轻工业出版社2000年版,第638页。

明代后期,辑集类茶书盛行,而《茶疏》则以总结整理茶事经验为宗旨,集明代茶学之大成,此外还吸收了当时江浙一带特别是姚绍宪等一批精于茶事者的宝贵经验,具有珍贵的史料价值和文化价值,是一部杰出的综合性茶史著作,被青木正儿称赞为"明代茶书中最为完备的著作",并以日文出版。

《茶解》也是一部综合性茶史著作。作者罗廪,字高君,明嘉、万时慈溪(今浙江慈溪)人。《茶解》是罗廪在山居十年之中,亲自实践并潜心验证、总结丰富经验之后,约于万历三十七年(1609年)前后撰写而成。全书共3000余字,前为总论,下分原、品、艺、采、制、藏、烹、水、禁、器等10目,较为全面地阐述了茶的产地与色香味、茶树栽培、茶叶采摘、制茶方法、贮藏与烹饮方法、煎茶用水、禁忌事项以及采制和品饮器具等多方面内容。《茶解》是研究明代及以前茶史的重要著作,《中国历代茶书汇编校注本》评价其为明代后期乃至整个明清时期,中国古代茶书或传统茶学有关茶叶生产和烹饮技艺最为"论审而确""词简而核",且较为全面反映和代表当时实际水平的一部茶书。

这些茶书的成书时间集中在明代后期至清代前期,地点集中在江南浙北,与这一地区的市镇经济繁荣、文化发达等背景密切相关。江南本就是商品经济发达之地,明代商品市场进一步打破了"墟""集""场"的时空限制,形成各市镇平均距离约十多里路的水乡市场网络体系。① 市镇、墟市与苏州、杭州、上海等周边中心城市紧密相连,进而连接全国各地以及国际市场。② 空间结构上,江南市镇大多"夹河为市",即居于河流两岸,占据在河流交汇点上,成为商贾云集的水陆码头。同时,江南市镇通常分布在农业、手工业比较发达和经济作物广泛种植的地区,有些市镇带有行业性特点。如在江南市场网络中,丝业、绸业、棉业和布业市镇数量最多,规模最大,其他专业市场还包括粮食、运输、盐业、水产等类。各类专业市场把个体生产者、手工业作坊、行庄与各地

---

① 张海英:《明清时期江南地区商品市场功能与社会效果分析》,《学术界》1990年第3期,第44—50页,31页。
② 郭松义:《清代地区经济发展的综合分类考察》,《中国社会科学院研究生院学报》1994年第2期,第30—37页。

客商、各地市场等相对分散的经济实体联系起来，一方面作为将初级市场中各类农产品原料输入高级市场的中转站，一方面将高级市场中各类工业品及信息反馈到初级市场，对乡村资源进行重新配置。① 以繁荣的商品经济、发达的市场网络和极高的专业性为基础，江南的茶叶生产技术也获得了较大发展。

在茶树选种技术方面，唐代陆羽只是初步提出了一些良种标准，比如"笋者上，芽者次；叶卷上，叶舒次"。明代已经开始注重茶树品种与产地的关系，而且在选择茶树种子和保存种实方面，已经摸索出一套科学实用的处理方法。如种子水选法，用水洗除去种子上附带的虫卵和病菌，淘汰发育不全而漂浮水面的瘪种，保留饱满充实的优质种子，再用晒种的方式控制种子的水分含量，使其更利于保存，同时提高发芽率。随着选育技术的进步，茶树优良品种逐渐增多，仅武夷茶名丛奇种就有先春、次春、探春、紫笋、雨前、松萝、白露、白鸡冠等众多品目。

在茶树栽培方面，唐宋时期主要依靠种子直播方式繁殖茶树，即古书中记载的"二月中于树下或北阴之地开坎，圆三尺，深一尺，熟斸，著粪和土。每坑种六七十颗子，盖土厚一寸强"②。明代以后，茶树栽培技术从"茶不可移，移必不活"的丛直播方式，发展到"种以多子，稍长即移"的育苗移栽阶段。这一记载，今天仍可从清初方以智的《物理小识》中找到。其载，"种以多子，稍长即移，大即难移"。表明至迟到明末清初，茶树栽培便已进入运用无性繁殖技术的阶段。如《建瓯县志》中记载，该县一农民樵柴山区时发现一株茶苗，于是移回家中栽植，因墙壁倒塌，茶树枝条被压入土中，后来发根成活，由此发现了茶树压条无性繁殖的方法。茶树苗圃育苗不仅易于选择和培育壮苗，利于优良品种繁殖，而且便于集中管理，节省种子和劳动力，确保新茶园的迅速建成。

茶园管理技术也进入了精细化发展阶段。宋代即使是在茶树生长茂盛的私园，中耕除草也只是夏半秋初各一次，而明代认识到茶园土壤板结，草木杂生则茶树生长不可能茂盛，因此除了春天除草外，夏天和秋天还要除草、松土三四次。加大了劳动投入，使茶园土壤始终保持良

---

① 单强:《近代江南乡镇市场研究》，《近代史研究》1998年第6期，第118—132页。
② (唐)韩鄂原编，缪启愉校释:《四时纂要校释》，农业出版社1981年版，第69—70页。

好的通透性，第二年春季茶芽萌发数量增多，产量提高。关于茶园中耕施肥，则有"觉地力薄，当培以焦土"的记载。焦土是将土覆在乱草上焚烧，培焦土时在每棵茶树根旁挖一小坑，每坑放一升左右焦土，并记住方位，以便第二年培壅时错开。晴天锄过以后，可以用米泔水浇地，表明水肥管理已常态化。程用宾对此更概括为"肥园沃土，锄溉以时，萌蘖丰腴"三句，对茶园耕作、除草、施肥、灌溉等一套生产环节进行了高度概括，将一般的实践经验上升到了一定的理论高度。

茶树的种植区域，不仅要求"崖必阳，圃必阴"，而且注重茶场生态，将茶树与梅、桂、玉兰、松、竹、菊等清芳植物间作，形成先进的复合生态系统。茶树与林果一同栽培，彼此根脉相通，既能使茶吸林果之芬芳，又有利于改善茶园小气候环境以及茶树的遮阴避阳，从而有效提高茶叶产量和品质。据研究表明，荫蔽度达到30%—40%时，茶树体内蛋白质、氨基酸、咖啡因等含氮化合物的含量显著增加，并可有效提高鲜叶中茶氨酸、谷氨酸、天门冬氨酸等氨基酸的含量，从而使成茶滋味更为鲜醇。茶园土壤则用干草覆盖，起到有效防止水土流失、抑制杂草生长、减少土壤水分蒸发和调节地温、增加土壤有机质和根际微生物含量的作用。茶园的生态条件得到改善，土壤肥力得以增加，促进了茶树生长，从而提高茶叶产量、改善茶叶品质。这种方法至今仍被茶园广泛使用。

在茶叶采摘方面，现代茶学以采摘季节为标准，将茶叶分为春茶、夏茶、秋茶和冬茶四类。其中，春茶是大宗茶，其采摘时限也最为精确和重要。春茶贵早的观念早在唐代以前就已经被人们认识到，陆羽在《茶经》中提出，"凡采茶，在二月、三月、四月之间"，相当于公历的三月至五月，也就是现在长江流域一带的春茶生产季节。而且唐代就已经形成崇尚"明前茶"的风气，当时阳羡贡茶之所以被称为"急程茶"，就是因为必须赶上朝廷每年举行的"清明宴"。而当历史气候由温暖期转为寒冷期，产于江浙的紫笋贡茶发芽开采日期随着物候的推迟而延后，无法赶在清明前送至京城以供皇帝的大祭"清明宴"之用时，贡焙就由江浙南移到了福建。甚至有记载称，福建在立春后十日就开始采造茶叶了。明代以后，人们对茶叶生物学特性的认识加强，在春茶采摘的时间上不再刻意求早，而是区别对待各地不同的环境条件与茶叶品质的不同要求,提出"采茶之候,贵及其时"的理论总结。虽然明代茶人仍然看好明前茶,但是也认可了谷雨前后为春茶采摘适宜期,认为"太早则味不全,迟则神散",并以"谷雨前五日为上,后五日次之,再五日又次之"为春茶品质进行排序,同时强调"立夏太迟,谷雨前后,其时适中。若肯再迟一二日期,待其气力完足,香洌尤倍"。说明已经将采摘季节与茶叶的色香味联系起来,认识到只有采之以时,鲜叶内含物质充分积累,才能获得优质春茶。

除春茶以外,明代已经推行夏、秋茶的采摘。如"世竞珍之"的罗岕茶就因"雨前则精神未足,夏后则梗叶太粗"而在立夏前后才进行采收。秋茶的采收在明代中期以后已经较为普遍。正如程用宾在《茶录》中所记,"白露之采,鉴其新香;长夏之采,适足供厨;麦熟之采,无所用之",认为秋天也是适宜的采茶季节,而且秋茶质量比夏茶更好。采茶标准与鲜叶采后处理等方面也达到了与今天基本一致的水平。如以一芽一叶、一芽二叶为采摘嫩度标准;采茶用具要求能够有效保持鲜叶的品质;鲜叶采下后必须经过拣择、清洗、摊放,剔除不符合标准的芽叶,同时散发部分水分和青草气,从而更有利于后续的茶叶加工。这些要求如今已经成为现代茶叶生产的基本工序。

从茶树栽培、茶园管理的完善,到茶叶加工技术、理论的发展和茶叶产品的多样化,这些传统茶学内容都完整记录在明代数量丰富的茶叶著作中,代表了传统茶学的空前繁荣,也为中国近代茶学的建立奠定了坚实基础。

(二)江苏茶书简况[①]

1. 专著江苏茶文化的茶书

《茶录》一卷　张源撰

张源,生卒年不详,字伯渊,号樵海山人,苏州吴县包山(即洞庭西山,今震泽县)人,是长期隐居于吴中西山的白丁布衣。《茶录》为张源隐居家乡洞庭西山时所著。万国鼎《茶书总目提要》考订,《茶录》约成书于万历中,即1595年前后。书中全面扼要地记述了明代炒青绿茶的

[①] 此部分内容参考郑培凯、朱自振主编:《中古历代茶书汇编校注本》,香港商务印书馆2007年版。

采制、品饮等相关内容,包括"采茶、造茶、辨茶、藏茶、火候、汤辨、汤用老嫩、泡法、投茶、饮茶、香、色、味、点染失真、茶变不可用、品泉、井水不宜茶、贮水、茶具、茶盏、拭盏布、分茶盒、茶道"。全书虽不足两千字,但所记内容颇具作者的心得体会,而非抄袭或辑录,因此极具价值。此书虽未提及是否专著江苏茶业,但据全书内容及作者居住地分析,实为记述明代江苏洞庭山一带炒青绿茶的专著,故收录于"江苏茶业专著"类。现存《茶书全集》本(第七册),南京图书馆藏。

《罗岕茶记》 熊明遇撰

熊明遇(1580—1650年),字良儒,号坛石,江西南昌进贤人,明万历二十九年(1601年)进士,曾任长兴知县、兵科给事中、兵部尚书等职。《罗岕茶记》约为万历三十三年至三十四年,熊明遇任长兴知县时所著,是现存最早的岕茶专著。岕茶是宜兴、长兴一带产制的蒸青绿茶,明代开始闻名全国,因此明末清初先后出现了《罗岕茶记》《岕茶笺》《洞山岕茶系》《岕茶别论》《岕茶疏》《岕茶汇钞》等多种专述岕茶的著作。《罗岕茶记》详细介绍了产于宜兴和长兴交界处的岕茶,内容包括其产地、采摘时间、贮藏方法、烹点用水以及色香味的品评等,是有关宜兴、长兴岕茶的第一本茶书。现存《说郛续》《古今图书集成》等版本。

《岕茶笺》一卷 冯可宾撰

冯可宾,生卒年不详,字正卿,山东益都人,明天启壬戌(1622年)进士,曾任职湖州司理、给事中,入清后隐居不仕。《岕茶笺》是冯可宾编刊的《广百川学海》丛书中的一部,写于其任湖州司理之时,约崇祯十五年(1642年)前后。虽然在本书开篇即写明"环长兴境,产茶者曰罗岕",将岕茶产地限于浙江长兴,但因长兴紧邻宜兴,且岕茶确为两地所产,故将此书收录于本节。该书内容包括"序岕名、论采茶、论蒸茶、论焙茶、论藏茶、辨真赝、论烹茶、品泉水、论茶具、茶宜、茶忌"等十一则。现存《广百川学海》本(癸集),国家图书馆、南京图书馆藏;《水边林下》本(第四册),国家图书馆藏;《锦囊小史》本,国家图书馆藏;清顺治四年(1647年)宛委山堂刻本(《说郛续》卷三十七),华南农业大学农史研究室、云南省图书馆、广东省中山图书馆藏;道光十三年(1833年)吴江世楷堂刻印本(《昭代丛书·辛集》卷四十三),中国农业大学农史研究室、国家图书馆、南京图书馆等藏；光绪二年（1876年）重刊《昭代丛书》本，中国农业大学农史研究室、西北农林科技大学农业历史研究所藏。

《洞山岕茶系》一卷　周高起撰

周高起（1596？—1654年），字伯高，号兰馨，江苏江阴人。他聪颖敏慧，早岁补诸生，列名第一；工古文辞，精于校勘，尤其喜好积书，以"玉柱山房"为书室名。崇祯十一年（1638年），应江阴知县冯志仁之请，与徐遵汤合修《江阴县志》。另撰《读书志》十三卷，《洞山岕茶系》《阳羡茗壶系》各一卷。据万国鼎先生推断，《洞山岕茶系》约成书于明崇祯十三年前后，是一部关于岕茶的专著。该书着重介绍了岕茶在宜兴境内的产地、修贡历史、采制加工和贮藏方法，并将岕茶按产地不同，分为"第一品、第二品、第三品、第四品、不入品、贡茶"六个品级，对每个品级岕茶的品质亦作了细腻切实的介绍。现存清康熙三十六年（1697年）新安张氏霞举堂刻印《檀几丛书》本（二集卷四十七），国家图书馆、南京图书馆等藏；《翠琅玕馆丛书》本，国家图书馆、南京图书馆等藏；《粟香室丛书》本，国家图书馆、南京图书馆藏；《常州先哲遗书》本，国家图书馆、浙江省图书馆等藏；《江阴丛书》本（粟香室版），国家图书馆、四川省图书馆藏。

《岕茶别论》（辑佚）　周庆叔撰

周庆叔，生卒年不详，约为明代前期人，长居浙江长兴。他精于茶事，如沈周在《书岕茶别论后》中所记：庆叔"所至载茶具，邀余素鸥黄叶间共相欣赏。恨鸿渐、君谟不见庆叔耳，为之覆茶三叹"。《岕茶别论》原书正文已佚，现存内容辑录自清代陆廷灿所著《续茶经·一之源》。

《岕茶疏》（辑佚）　佚名

该书辑录自明代黄履道《茶苑》一书，作者不详，成书年代约为万历年间（1573—1620年），内容包括岕茶的产地、采制、烹煮以及相关逸事等。

《岕茶汇钞》一卷　冒襄辑

冒襄（1611—1693年），字辟疆，号巢民、朴庵、朴巢等，江苏如皋人，明末四公子之一，著名文学家、书法家，有《水绘园诗文集》《朴巢诗文集》《影梅庵忆语》等传世。《岕茶汇钞》约撰写于康熙二十二年（1683

年)前后,内容大多取材于冯可宾《岕茶笺》,记述了岕茶的产地、名称、采制、鉴别、烹煮以及相关逸事等内容。现存《如皋冒氏丛书》本,国家图书馆、南京图书馆、广东省中山图书馆藏;清康熙三十六年刻本,线装(《昭代丛书》甲集第五帙),华南农业大学农史研究室藏;道光十三年(1833年)吴江世楷堂刻本(《昭代丛书·甲集》),国家图书馆、南京图书馆等藏;光绪二年(1876年)《昭代丛书》本,西北农林科技大学农业历史研究所藏。

《阳羡茗壶系》 周高起撰

《阳羡茗壶系》约成书于明末崇祯十三年(1640年)前后,是考证宜兴紫砂发展脉络的系统专著。该书内容包括宜兴紫砂的"创始、正始、大家、名家、雅流、神品、别派",并附杂论及诗文数篇,叙述颇为简洁,介绍了自金沙寺僧以后的制壶名家和壶艺发展史,是研究宜兴紫砂茶具的重要著作。阳羡本就出产佳茗,作者自序中也提到,"以本山土砂能发真茶之色香味也",因此"撰洞山岕茶系,以记其所出之茶"。① 现存《檀几丛书》本,南京图书馆藏乾隆卢抱经精钞本,道光时管庭芬编《一瓻笔存》本,光绪及民国增刻《江阴丛书》本等。

2. 江苏籍作者(含长居江苏者)所著茶书

《茶谱》一卷 顾元庆删校,钱椿年原辑

钱椿年,生卒年不详,主要活动年代为嘉靖前后,字宾桂,人称"友兰翁",苏州常熟人,好古博雅,精于茶事。顾元庆(1487—1565年),字大有,号大石山人,人称"大石先生",长洲(今江苏苏州)人,明代藏书家、茶学家、文学家,著有《明朝四十家小说》十册、《文房小说四十二种》《云林遗事》《山房清事》等。《茶谱》是顾元庆在钱椿年所著《茶谱》的基础上进行删校后的版本,如作者于嘉靖二十年(1541)的自序中称:"顷见友兰翁所集茶谱,收采古今篇什太繁,甚失谱意。余暇日删校……"②该书内容包括"茶略、茶品、艺茶、采茶、藏茶、制茶诸法、煎茶

---

① (清)周中孚撰,黄曙辉、印晓峰标校:《郑堂读书记》补逸卷二十四《子部·谱录类》,上海书店出版社2009年版,第1657页。
② (清)周中孚撰,黄曙辉、印晓峰标校:《郑堂读书记》补逸卷二十四《子部·谱录类》,上海书店出版社2009年版,第1658页。

四要、点茶三要、茶效"等九则,后附"竹炉并分封六事"等,计图八幅,说明及铭赞1200余字。现存《顾氏文房丛刻》本(明嘉靖大石山房刻),国家图书馆藏;《欣赏续编》本(明万历茅一相刻),国家图书馆藏;《山居杂志》本(附"外集",不题撰人姓名),国家图书馆、辽宁省图书馆藏;《格致丛书》本,国家图书馆、首都图书馆、山东省图书馆藏;《茶书全集》本(第四册),南京图书馆藏;清顺治四年(1647年)宛委山堂刻本,线装(《说郛续》卷三十七),国家图书馆、南京图书馆等藏;吴兴沈氏旧藏抄本,华南农业大学农史研究室藏;《顾氏明朝四十家小说》本(宣统三年国学扶轮社铅印),国家图书馆、浙江省图书馆藏;日本刻本(附《茶经》后),国家图书馆藏。

《茶寮记》 陆树声撰

陆树声(1502—1605年),字与吉,号平泉,华亭(今上海松江)人。嘉靖二十年(1541年)进士第一,选庶吉士,授编修,后为太常卿,掌南京国子监祭酒事,万历初官拜礼部尚书。著有《汲古丛语》《长水日抄》《陆文定公集》等。《茶寮记》约写于隆庆四年(1570年)前后,是陆树声与终南山僧明亮同试虎丘天池茶而作,内容为"煎茶七类",包括"一人品、二品泉、三烹点、四尝茶、五茶候、六茶侣、七茶勋"。主要有《夷门广牍》本、陈继儒《亦政堂陈眉公普秘》本、程百二《程氏丛刻》本、明末《枕中秘》本等。

《茶经》一卷 张谦德撰

张谦德(1577—1643年),字叔益,后改名"丑",字青甫(青父),号米庵、篷觉生,苏州府嘉定(一说昆山)人,徙居苏州长洲县,明代著名学者、藏书家、收藏家,纂有《名山藏》二百卷、《清河书画舫》十二卷表一卷、《真迹日录》等书。《茶经》约撰于万历二十四年(1596年),是张谦德对陆羽《茶经》、蔡襄《茶录》等前人所著茶书进行辑录和梳理,并加入自己的体会和看法而成。全书共分三篇,包括"上篇论茶、中篇烹煮、下篇论器",全面系统地梳理了茶叶产地、采制、烹煮等内容。现存民国九年(1920年)铅印本,四川省博物馆;《美术丛书》本(二集第十辑),国家图书馆、南京图书馆等藏。

《茶董》二卷　夏树芳撰

夏树芳，生卒年不详，字茂卿，号冰莲道人，常州府江阴人，万历乙酉（1585年）举人，后隐而未再进取入仕，自撰和刊印有《法喜志》四卷、《续法喜志》四卷、《词林海错》十六卷、《酒颠》二卷、《消暍集》等著作。《茶董》约成书于万历三十八年（1610年）前后，分上、下两卷，约3000字，主要是对南北朝至宋金时期茶事及诗句的辑录，以人名为经，共九十余则。该书收于《四库全书存目丛书》，《四库全书总目提要》对其评价不高，称其未收录茶叶采造、饮用之法，只是杂录历代茶事、诗词，且"间有舛误，而阙漏尤不少"[①]，因此陈继儒曾对此书进行编补。现存清宣统二年至民国二年（1910—1913年）上海国学扶轮社排印本，华南农业大学农史研究室藏。

《蒙史》二卷　龙膺撰

龙膺，湖广武陵人，字君善，一字君御，万历八年（1580）进士，授徽州府推官，转理新安，治兵湟中，官至南京太常卿。《蒙史》文前有朱之蕃题辞。之蕃为金陵人，万历二十三年状元，官至吏部尚书，曾出使朝鲜，回国后请调南京锦衣卫。他为《蒙史》题辞是在万历四十年，可能是龙膺晚年，为南京太常卿时。《蒙史》分上、下两卷，上卷"泉品述"，述各地明泉；下卷"茶品述"，述各处名茶。该书仅有喻政《茶书》本。

《茶略》　顾起元辑

顾起元（1565—1628年），字太初、璘初、瞒初，号遁园居士，应天府江宁（今江苏南京）人，明代官员，为官清正，多有政绩，且学识渊博，精于金石之学，工书法，喜好藏书。著有《金陵古金石考》《客座赘语》《说略》等。《茶略》引自《说略》，记载了各地名茶，并对前人所著茶书进行记录、罗列。主要有新安吴德聚万历癸丑刻本、《四库全书》本等。

《茶说》　黄龙德撰

黄龙德，字骧溟，号大城山樵，生活于晚明江南，与盛时泰等隐居南

[①]（清）周中孚撰，黄曙辉、印晓峰标校：《郑堂读书记》补逸卷二十四《子部·谱录类》，上海书店出版社2009年版，第1659页。

京城东大城山的一批士子来往。此书序文即是胡之衍于栖霞山试茶亭所题。《茶说》约撰于万历四十三年（1615年），主要记述晚明茶叶种植、制造及品尝等实际情况，分为"总论、一之产、二之造、三之色、四之香、五之味、六之汤、七之具、八之侣、九之饮、十之藏"，极具史料价值。现存有程百二《程氏丛刻》本。

《品茶八要》 华淑撰，张玮订

华淑（1589—1643年），字闻修，无锡人，万历、天启和崇祯时江南名士，撰有《吟安草》《惠山名胜志》等。张玮，生卒年不详，字席之，常州武进人，万历四十七年（1619年）进士。《品茶八要》是华淑以陆树声《茶寮记·煎茶七类》为蓝本进行改编，后由张玮校订而成，见于华淑刻印的十闲堂《闲情小品》和《锡山华氏丛书》。全书包括"人品、品泉、烹点、茶器、试茶、茶候、茶侣、茶勋"，共8则，内容与陆树声《茶寮记》几乎相同。

《茶酒争奇》二卷 邓志谟辑

邓志谟，字景南，自号百拙生，又号竹溪散人，明饶州饶安人，寓居金陵，活跃于万历南京文士之中，能文善曲，撰著刊刻书籍二十余种。《茶酒争奇》出自其撰写的《七种争奇》，共两卷，卷一叙述茶酒争奇，卷二表古风赋歌调诗，以拟人手法描写茶酒各自情态。现存有清代春语堂刻本。

《茶薮》（辑佚） 朱日藩、盛时泰撰

朱日藩，生卒年不详，字子价，号射陂，扬州宝应人，嘉靖二十三年（1544年）进士，曾任乌程令，南京刑部主事、礼部郎中，九江知府。诗文家，有《山带阁集》。盛时泰（1529—1578年），字仲交，号云浦，晚号大城山樵，应天府上元（今江苏南京）人，明代诗文家、史学家、画家，有《城山堂集》《牛首山志》《苍润轩碑跋》等。《茶薮》约成书于万历六年（1578年）或稍早，主要是对前人诗文的摘录，包括"茶所、茶鼎、茶铛、茶罂、茶瓢、茶函、茶洗、茶瓶、茶杯、茶宾"等内容。原稿三卷或四卷，已佚，现内容从《茶水诗词文薮》中辑出。

《茶苑》 黄履道辑，佚名增补

黄履道，生卒年不详，约生活于成化、弘治年间（1465—1505年），

号坦齐,毗陵(今江苏常州)人。《茶苑》最初约成书于弘治二年(1489年)或稍早,当时黄履道已"年逾中境",后由后人增补,于清初完成。全书分为二十卷,涉及茶的名称、产地、采制、品饮、水、器以及茶事、艺文等,内容完备,学术价值较高。现存清抄本(明弘治二年自序),国家图书馆藏。

第五章　清代的江苏茶文化

清代茶业发展颇为复杂：一方面，入清以后，以茶书为代表的传统茶学延续了明代后期的突出发展态势，虽然至18世纪后开始呈现衰落之势，但饮茶早已深深融入人们的日常生活，成为"柴米油盐酱醋茶"这开门七件事之一；另一方面，18世纪茶叶作为中国特有的神秘饮料，成为西方与中国贸易的一种主要商品，从而触发了华茶出口贸易的迅猛发展，然而却又在19世纪末迅速衰落，中国茶业由此走向转型与振兴之路。这两个方面，前者突出的是日常生活中的茶文化，后者则强调茶叶贸易盛衰以及茶业近代化。本章仅涉及第一个方面，即日常生活中的茶文化，包括茶叶礼俗、茶食文化以及茶的故事与传说等，而茶叶贸易盛衰以及传统茶业向近代转变的内容则在下一章进行讨论。

第一节　茶礼茶俗

茶礼茶俗是人们在生产生活中将茶融入礼仪和习俗而形成的一种民间风俗，是非物质文化遗产的重要组成部分。各地茶叶礼俗的内容和表现形式各具特色。就江苏地区而言，其茶礼茶俗既因饱含深厚的文化底蕴和浓郁的水乡韵味而具有细腻、灵秀的气质，又因地域与人文环境的影响而更显质朴与温馨。

一 婚俗茶礼

"茶不移本,植必子生"①;"茶不可移,移必不活"②;"洁性不可污"③。这些形容茶性的史料表明,茶有纯洁专一、铁定不移、多子多福的美好寓意。因此古人结婚,必以茶为礼,取其不移植子之意,即《品茶录》所述,"种茶树下必生子,若移植则不复生子,故俗聘妇,必以茶为礼,义固可取。"④

千百年来,茶礼一直流传于我国民间传统婚嫁习俗中,而在有着深厚茶文化历史积淀的江苏地区,婚俗茶礼则更为悠久,其程序也甚为讲究。在婚俗茶礼中,从纳采、问名、纳吉、纳征、请期直到亲迎,"六礼"中均要用到茶。其具体程序为:男方向女家提亲时(即纳采),若女家同意,就会将年庚辈字用梅红单帖写好,装入红封套内,并于封套内放茶叶、红米、枣子等,交媒人带给男方;男方请算命先生"合字",如八字相合,则互赠信物,定下婚约(即纳吉)。定亲以后,男方需向女家下聘礼(即纳征),俗称"前茶""下茶""定茶"或"小定";女家接受聘礼,即代表正式允诺,俗称"受茶"或"吃茶",此时置办的订婚酒宴称为"接茶酒"。在聘礼中,茶叶是最为重要的礼品之一。如苏州地区的传统婚俗中,聘礼须包括四大锡罐和数十小锡罐茶叶,女家受茶礼后,将四大锡罐茶叶留下自用,将小锡罐茶叶分送给亲友邻里,以示女儿已有人家。⑤ 男家选定婚期后,请媒人送给女家征求意见,并馈赠女方礼金、首饰、衣物、糕点等,称"后茶"或"二茶"。⑥ 婚礼时,要举行"三道茶"的仪式:第一道为"白果茶",寓意新婚夫妇白头偕老;第二道为"莲子茶"或"枣子茶",寓意新人连生或早生贵子;第三道为"清茶"。此外,在苏南地区还有新郎去女家迎亲时饮"开门茶",女方以茶点待客的习俗,以及婚礼之后酬

---

① 陈公水主编,陈公水、徐文明、张英基编著:《齐鲁古典戏曲全集》明清传奇中卷《孔尚任·小忽雷》注释,中华书局2011年版,第1583页。
② (清)郝懿行著,安作璋主编:《郝懿行集》卷七《药草》,齐鲁书社2010年版,第4430页。
③ (唐)韦应物撰,孙望校笺:《韦应物诗集系年校笺》卷七《喜园中茶生》,中华书局2002年版,第350页。
④ 赵荣光著:《中国饮食文化史》,上海人民出版社2006年版,第368页。
⑤ 朱年著:《太湖茶俗》,苏州大学出版社2006年版,第56—61页。
⑥ 汪小洋、周欣主编:《江苏地域文化导论》,东南大学出版社2008年版,第158页。

谢媒人的"谢媒茶"等。①

江苏地区独特的婚俗茶礼源于本土的水乡文化、稻作文化和茶文化,并通过口耳相传的原生态形式延续至今,它不仅展现了江苏茶俗文化的特色,而且反映了当地民众的生活习俗、生存环境、地域特征等,极具研究价值。

二　客来敬茶

《世说新语》载,任育长"自过江,便失志。王丞相请先度时贤共至石头(今江苏南京)迎之,犹作畴日相待,一见便觉有异。坐席竟,下饮,便问人云:'此为茶为茗?'"②其中"坐席竟,下饮"即指坐定之后上茶,有学者称其为"客来敬茶"的雏形,表明六朝时期,江苏地区世俗社会的饮茶已带有礼仪性质。此后,经过漫长历史时期的沉淀与发展,客来敬茶逐渐形成形式多样且带有浓郁地方特色的礼仪形式。

（一）周庄阿婆茶

俗话说,"未吃阿婆茶,不算到周庄"。阿婆茶是苏州郊县的特色茶俗,即阿婆们聚在一起,一边吃茶,一边聊天和做女红,藉以消闲遣兴、联络感情,以古镇周庄最具代表性。阿婆茶的习俗源于旧时男子外出劳作,而女子则留在家中做家务,为消磨时日,阿婆们常常在忙完家务以后,聚在一个阿婆家里聊天,同时会配以茶水和小吃,时间久了,这种休闲方式就逐渐成为一种习俗并沿袭下来。相传,南社成员陈去病的祖先于元代从浙江迁居周庄,制作熏炉和铜锡茶壶,因此促进了阿婆茶的盛行。③

吃阿婆茶的方式颇为讲究:首先,主人需确定时间,提前发出邀请,并准备腌菜、酱瓜、萝卜干、酥豆、菊红糕之类的佐茶小吃;宾客通常会带些针线活来主人家;烧煮阿婆茶需要从河里提起活水,放入大缸并用明矾沉淀杂质;煮水要用风炉,燃料用竹片树枝,炉火要

---

① 朱年著:《太湖茶俗》,苏州大学出版社2006年版,第62—66页。
② (南朝宋)刘义庆撰,徐震堮著:《世说新语校笺》卷下《纰漏第三十四》,中华书局1984年版,第487页。
③ 王思明、李明主编:《江苏农业文化遗产调查研究》,中国农业科学技术出版社2011年版,第357页。

烧得极旺;客人吃阿婆茶时至少要待茶冲过三次开水,即"三开"之后方可离席,以示礼貌。此外,大家会轮流做东,邀街坊到自家吃阿婆茶,以你邀我请、互为主宾的方式来表现礼尚往来和亲密无隙的邻里情谊。

阿婆茶作为江苏水乡的传统茶俗一直延续至今,很多年轻人也加入到吃阿婆茶的行列中来,将其作为社交公关、文化娱乐的一种渠道和方式。近年来,阿婆茶更因有利于当地的旅游开发而备受关注,其所蕴含的浓厚而古朴的乡情不仅是周庄人自己珍视的传统,更成为人们认识周庄、了解江苏茶俗的重要途径。

(二)苏州元宝茶

元宝茶实为橄榄茶。橄榄,"一名青果,江浙七八月有,次年三月止。橄榄味长,胜含鸡舌香。饮汁解酒毒、河豚。"[1]橄榄茶在宋时已见记载,如陆游《初湖村杂题》"寒泉自换菖蒲水,活火闲煎橄榄茶"[2],以及《午坐戏咏》"贮药葫芦二寸黄,煎茶橄榄一瓯香"[3]均有提及。橄榄茶的制作方法为,"橄榄数枚,木锤敲碎(铁敲黑锈并刀腥)同茶入小砂壶,注滚水,盖好,少可(衍)停可饮。"[4]

橄榄茶在江南地区极为盛行,且因橄榄状似元宝,有吉祥之意,遂常在新春佳节之时饮用。如旧时茶馆的堂倌会用新鲜的青橄榄为老茶客冲泡一杯元宝茶,寓意招财进宝。也有奉茶时直接送上一小包青橄榄,或在翻转的茶壶盖上加放两枚青橄榄,表示"敬元宝""送元宝",同样有恭喜发财之意。[5]如今,新年饮元宝茶在民间广为传播,如苏州地区多有用元宝茶招待访客的习俗。新春佳节饮元宝茶,不但象征主人好客,而且因橄榄有止渴生津、去腻消食、解毒等功效,因此深受人们喜爱。

(三)痄夏七家茶

痄夏,又作"蛀夏",吴地方言有云:"谓所厌恶之人曰注,则痄夏之

---

[1] (清)童岳荐:《调鼎集》卷十《果品部·橄榄》,中国纺织出版社2006年版,第349页。
[2] (宋)陆游撰:《剑南诗稿》卷五十一,四库全书本。
[3] (宋)陆游撰:《剑南诗稿》卷四十四,四库全书本。
[4] (清)童岳荐:《调鼎集》卷八《茶酒部·茶》,中国纺织出版社2006年版,第239页。
[5] 朱年著:《太湖茶俗》,苏州大学出版社2006年版,第76—77页。

说,犹厌恶之意也。"①疰夏是指"入夏眠食不安",即入夏以后由于天气炎热而出现失眠、食欲不振的症状,旧时被当成患有疾病。旧时人们认为此病症的解决方法是饮七家茶。《清嘉录》载,"凡以魇注夏之疾者,则于立夏日,取隔岁撑门炭烹茶以饮,茶叶则索诸左右邻舍,谓之七家茶。"②钱思元在《吴门补乘》中也说,"立夏饮七家茶,免疰夏。"③这是苏州的饮法,无锡人则会像邻里索要米粒与茶叶同煮,以为夏日可防暑热,谓之"合七家茶米食之,云不病暑"。④ 可见七家茶在吴地既被当作治疗"魇疰夏之疾"的良方,又表达了邻里互助的和谐关系。因此,七家茶的制作过程亦可以说是一种邻里之间增进感情、协调关系的过程。

饮七家茶不仅限于江苏地区,与江苏比邻的浙江,甚至整个太湖地区都有此风俗。田汝成在《西湖游览志》中即有记载,"立夏之日,人家各烹新茶,配以诸色细果,馈送亲戚比邻,谓之七家茶。富室竞侈,果皆雕刻,饰以金箔,而香汤名目,若茉莉、林禽、蔷薇、桂蕊、丁檀、苏杏,盛以哥、汝、瓷瓯,仅供一啜而已。"⑤

三 茶馆生活

陆羽《茶经》中辑录了一则晋代茶事史料,"晋元帝时,有老姥每旦独提一器茗,往市鬻之,市人竞买。自旦至夕,其器不减,所得钱散路傍孤贫乞人。人或异之,州法曹絷之狱中。至夜,老姥执所鬻茗器,从狱牖中飞出。"⑥广陵即今之扬州,说明早在晋代,零售茶汤在江苏即已出现。虽然只是流动贩售,还没有固定场所,但已初具茶肆雏形。随着茶业与茶文化的发展,茶馆逐渐在全国范围内涌现,又因各地饮食习惯与文化的不同,形成了人文特色各异的茶肆文化。如京师茶馆的布置通常列长案,购买茶叶与水需要分开付钱,所以可以自备茶叶,仅出钱买

---

① (清)袁景澜撰,甘兰经、吴琴校点:《吴郡岁华纪丽》卷四《四月·疰夏饮七家茶》,江苏古籍出版社1998年版,第143页。
② (清)顾禄撰,王迈校点:《清嘉录》卷四《四月·注夏》,江苏古籍出版社1999年版,第86页。
③ (清)钱思元:《吴门补乘》卷四《风俗补》,参见:苏州图书馆古籍之窗·史部·地理类。
④ 朱年著:《太湖茶俗》,苏州大学出版社2006年版,第88—89页。
⑤ (明)田汝成辑撰:《西湖游览志余》,上海古籍出版社1980年版,第359页。
⑥ (唐)陆羽著,沈冬梅编著:《茶经》卷下《七之事》,中华书局2010年版,第137页。

水,往来茶客则以八旗人士居多,少汉人。上海茶馆有的沿河开设,屋前临洋泾浜,楼宇轩敞;有的兼售烟酒;有的兼卖茶食糖果,甚至粥粉面和各色点心、夜宵。在广东,有杂物店兼售茶饮,不设座位,过客站立饮用,茶饮品类大多为凉茶,如王大吉凉茶、正气茅根水、罗浮山云雾茶、八宝清润凉茶以及由多种药材调制而成的菊花八宝清润凉茶等。长沙茶肆有茶博士以小碟置盐姜、莱菔各一二片招待茶客,客人除支付茶资之外,还要另付钱给茶博士。江苏茶馆则藉以其丰厚的茶业积淀和饮食文化传统,形成了具有区域特色的苏式茶馆文化。

(一)苏州"孵茶馆"

"苏州好,茶社最清幽,阳羡时壶烹绿雪,松江眉饼炙鸡油,花草满街头。"①这是清代沈朝初的《忆江南》,词中生动描绘了苏州人"孵茶馆"的清幽情景。"孵茶馆"是指像母鸡孵蛋一样坐在茶馆不动,一个"孵"字生动体现了苏州人的生活情趣。茶客们如果觉得饥饿,可在附近的菜馆、点心店解决饭食,因此苏州的茶馆周围常伴有菜馆、酒楼、点心店等。

《茶烟歇》载,"苏州人喜茗饮,茶寮相望,座客常满,有终日作息于其间不事一事者。"②苏州人热衷于"孵茶馆",且无论男女尊卑都喜终日消磨于茶寮之中。对此,《清稗类钞》辑录了这样一则史料:"苏州妇女好入茶肆饮茶。同、光间,谭叙初中丞为苏藩司时,禁民家婢及女仆饮茶肆。然相沿已久,不能禁。谭一日出门,有女郎娉婷而前,将入茶肆。问为谁,以实对。谭怒曰:'我已禁矣,何得复犯!'令去履归。曰:'汝履行如此速,去履必更速也。'自是无敢犯禁者。"③即使有明文规定禁止妇女入茶肆饮茶,却仍然阻止不了苏州人"孵茶馆"的热情,可见茶肆之于苏州人生活的重要性。

夏日炎热之时,茶肆又成了苏州人消暑纳凉的场所,"圆妙观广场……两旁复多茶肆,茗香泉洁,饴饧饼饵蜜饯诸果为添案物,名曰小吃,零星取尝,价值千钱。场中多支布为幔,分列星货地摊,食物、用物、

---

① 阮浩耕著:《茶馆风景》,浙江摄影出版社2003年版,第44页。
② 朱年著:《太湖茶俗》,苏州大学出版社2006年版,第130页。
③ (清)徐珂编撰:《清稗类钞》第十三册《饮食类·茶肆品茶》,中华书局1986年版,第6319页。

小儿玩物、远方药物,靡不闉萃。更有医卜星相之流,胡虫奇姐之观,踘弋流枪之戏。若西洋镜、西洋画,皆足以娱目也。若摊簧曲、隔壁象声、弹唱盲词、演说因果,皆足以娱耳也。于是机局织工、梨园脚色,避炎停业,来集最多。而小家男妇老稚,每苦陋巷湫隘,日斜辍业,亦必于此追凉,都集茶篷歇坐,谓之吃风凉茶。"①吃茶听曲、游逛谈说,实为夏日苏州城的独特景观。正如《苏州快览》所述,"苏人尚清谈,多以茶室为促膝谈心之所,故居茶馆之多,甲于他埠。"②时至今日,仍有许多老茶馆隐匿于苏州街巷之中,见证着"孵茶馆"习俗的历史与未来。

(二)扬州"皮包水"和"水包皮"

扬州风俗,素喜饮茶,"茶业岁销银币约五十万"③,饮茶在家庭日用消费中算是不小的开销。除饮茶外,扬州还有句俗语,即"早上皮包水,晚上水包皮"。"皮包水"是指在茶肆吃茶,"水包皮"则是泡浴池的意思。《扬州画舫录》中专门介绍了清代扬州城的茶肆和浴池。

茶肆,"吾乡茶肆,甲于天下",兼卖茶点的著名荤茶肆有"辕门桥有二梅轩、蕙芳轩、集芳轩,教场有腕腋生香、文兰天香,埂子上有丰乐园,小东门有品陆轩,广储门有雨莲,琼花观巷有文杏园,万家园有四宜轩,花园巷有小方壶",单卖茶水的素茶肆有"天宁门之天福居、西门之绿天居",以及坐落于城外风景秀美之处的"双虹楼"等。④

浴池有"开明桥之小蓬莱、太平桥之白玉池、缺口门之螺丝结顶、徐宁门之陶堂、广储门之白沙泉、埂子上之小山园、北河下之清缨泉、东关之广陵涛",以及城外"坛巷之顾堂、北门街之新丰泉"等。⑤

在茶肆"茶香酒碧之余",至浴池休闲享乐,并有"侍者折枝按摩"。这种悠闲的生活方式不仅体现了扬州人的习俗和情趣,而且也从侧面反映了清代扬州繁荣的经济情况。

---

① (清)袁景澜撰,甘兰经、吴琴校点:《吴郡岁华纪丽》卷六《六月·观场风凉茶》,江苏古籍出版社1998年版,第232页。
② 朱年著:《太湖茶俗》,苏州大学出版社2006年版,第129—130页。
③ (民国)钱祥保等修,桂邦杰纂:《续修江都县志》卷六《实业考》,民国十五年刊本,成文出版社1975年版,第473页。
④ (清)李斗著,王军评注:《扬州画舫录》,中华书局2007年版,第17页。
⑤ (清)李斗著,王军评注:《扬州画舫录》,中华书局2007年版,第15页。

(三)金陵茶坊

《二续金陵琐事》载,"万历癸丑年,新都人开一茶坊于钞库街,此从来未有之事。今开者数处。"①表明南京最早的茶馆大约是在万历四十一年(1613年)开设的。清代以后,茶馆数量逐渐增多,所提供的饮食种类也日趋多样。据《清稗类钞》记载,"鸿福园、春和园皆在文星阁东首,各据一河之胜,日色亭午,座客常满。或凭阑而观水,或促膝以品泉。皋兰之水烟,霞漳之旱烟,以次而至。茶叶则自云雾、龙井,下逮珠兰、梅片、毛尖,随客所欲,亦间佐以酱干生瓜子、小果碟、酥烧饼、春卷、水晶糕、花猪肉、烧卖、饺儿、糖油馒首,叟叟浮浮,咄嗟立办。但得囊中能有,直亦莫漫愁酤也。"②可见南京茶馆为茶客们提供诸多选择:烟有水、旱之分;茶叶以云雾、龙井等清淡绿茶为主;茶食品种则最为丰富,坚果、面点、特色小吃一应俱全。在茶馆中饮茶品泉、促膝谈心已成为南京人的主要休闲方式之一。

江苏茶馆不仅折射出江苏茶业与茶文化的发展水平,而且反映了当时的社会形态和经济情况,更为重要的是,茶馆生动展现了江苏人的市井生活面貌,并且表达了江苏民众休闲的生活态度。

四 传统茶舞

茶舞是将茶与舞蹈相互融合而产生的一种茶文化现象。江苏茶舞以茶花担舞和千灯跳板茶最具地域文化代表性,已被收录于江苏省级非物质文化遗产名录。

(一)茶花担舞

茶花担舞是江苏传统茶舞,源于苏南庙会仪仗队伍中表演的挑茶担、花担民间舞蹈,以江阴地区的表演最具代表性。茶花担舞旧时通常出现在庙会中,表演者一般为2—4人。演出时,舞者各挑一副茶花担,担上放置茶壶、茶碗,跟在庙神后面边走边唱。茶花担舞的舞步并不固定,舞蹈运作以小碎步、晃身、肩担为主,一般由表演者自由发挥。伴奏

---

① (明)周晖撰,张增泰点校:《金陵琐事;续金陵琐事;二续金陵琐事》《二续金陵琐事》卷上《茶坊》,南京出版社2007年版,第316页。
② (清)徐珂编撰:《清稗类钞》第十三册《饮食类·茶肆品茶》,中华书局1986年版,第6318页。

音乐通常选用以丝竹演奏的"打方牌""江南山歌""十杯酒""三月红娘"等民歌曲调。茶花担舞极具生活气息,唱词与舞步意在表达青年男女的劳动热情和纯洁爱情,以及幸福生活的情景。1957年,茶花担舞曾代表江苏参加在北京举办的全国民间音乐舞蹈会演,受到广泛好评。

(二)千灯跳板茶

千灯跳板茶是流行于昆山市千灯镇的一种以茶盘为道具的独特民间舞蹈。跳板茶,又名"茶盘舞",常见于旧时婚庆中,是向新人、亲戚敬茶的礼仪,也是水乡婚礼中鲜为人见的习俗。

跳板茶的表演内容为:新女婿和舅爷进女方家门后,稍坐片刻,女家即拆掉台凳,并在左右两边靠墙的地方各摆两把太师椅,头位、二位由女婿和舅爷坐,三位、四位由同辈的至亲坐。然后由专门负责烧水泡茶的人员,即"茶担"表演跳板茶,以向客人献茶致敬。①"茶担"为一位青年男子,通常头戴礼帽,身着长衫,双手分别托起一个直径约20厘米的红漆木质茶盘,盘中各放一只高10厘米左右的五彩盖碗,以"如意步",即转、举、托、扭等一系列高难度的舞蹈动作和步伐将茶碗送至宾客面前,并说"请用茶";客人喝完茶后,"茶担"再以"如意步"至客人面前收走茶碗。②③"如意步"有正反两种,寓意"四合如意"。

跳板茶舞蹈轻盈、柔美,同时又带有刚性的矫健和惊险,要求"茶担"在翩翩起舞时仍能保持茶碗纹丝不动,茶水点滴不泼,因此表演者需具备柔韧协调、刚柔相济的腰功和翻弯自如的手功,再加上笑容可掬的亲和力才能取悦嘉宾、赢得喝彩,渲染出喜庆吉祥的婚礼氛围。

由于跳板茶舞蹈的技巧性较高,所以擅长者极少,传承压力较大,但在多方支持和努力下,跳板茶的恢复工作已经取得了一些进展。如千灯镇在20世纪50年代初期曾排练了折子戏《秋香送茶》,其中运用了传统茶盘舞的舞蹈语汇,节目赴苏州汇演获得好评;80年代末,在一

---

① 陈宗懋主编:《中国茶叶大辞典》,中国轻工业出版社2000年版,第568页。
② 陈文华著:《长江流域茶文化》,湖北教育出版社2004年版,第339页。
③ 苏州非物质文化遗产网:《千灯跳板茶》词条。

次全市民间舞蹈汇演活动中,一个运用了传统茶盘舞语汇的群舞节目脱颖而出,并获得苏州市民间舞蹈汇演一等奖。

第二节 茶食文化

据《晋书》记载,晋代吴兴太守陆纳招待卫将军谢安,"所设唯茶果而已"①。东晋权臣桓温"每宴惟下七奠柈茶果而已"②。这两则史料表明,我国早在晋代即已出现茶宴的形式,而茶宴上用来招待宾客的馔品则被称为茶果。③ 在中国饮食史上,茶果亦被称为茶食、茶菜或茶点。古时茶点大致包含三个类别:包括植物的果实及其加工品,如《遵生八笺》所记,"若饮用之所宜,核桃、榛子、瓜仁、杏仁、橄仁、栗子、鸡头(芡实)、银杏之类"④;以及果菜类的菜肴和谷物的加工品,且此三大类中又可分出若干小类。⑤ 这些食品及其加工技术随着历史发展而积淀下来,成为中国饮食文化的组成部分和茶文化遗产的重要资源。

简而言之,茶点主要由果实、蔬菜、糕点等构成。由于地域、政治、经济、民俗、物产以及茶饮种类、饮食习惯等因素的影响,各地饮茶所搭配的茶点存在地域上的差别,或清淡,或浓重,或精简,或复杂,代表了不同"饮食文化圈"⑥的饮食风貌。如旧时四川人和北京人饮茶多以清饮花茶为主,茶点不多;而广东人素喜青茶(乌龙茶)、普洱,且习惯"茶中有饭,饭中有茶",因此茶点以精美多样著称,大体可分为荤蒸、甜点、小蒸笼、大蒸笼、粥类、煎炸六大类,多达上百品种。⑦ 与京韵的清简和粤式的浓重丰富相比,江苏的茶饮以绿茶为主,茶饮虽然类似北京的清简,但茶点则更趋粤式的种类繁多,做工精致,且茶中亦有饭。如镇江

---

① (唐)房玄龄等撰:《晋书》卷七十七列传四十七《陆纳》,中华书局1974年版,第2027页。
② (唐)房玄龄等撰:《晋书》卷九十八列传六十八《桓温》,中华书局1974年版,第2576页。
③ 关剑平著:《文化传播视野下的茶文化研究》,中国农业出版社2009年版,第39页。
④ (明)高濂著,赵立勋校注:《遵生八笺校注》卷十《饮馔服食笺》上卷《茶泉类·试茶三要》,人民卫生出版社1993年版,第392页。
⑤ 关剑平著:《茶与中国文化》,人民出版社2001年版,第299—300页。
⑥ 赵荣光著:《中国饮食文化史》,上海人民出版社2006年版,第33页。
⑦ 阮浩耕著:《茶馆风景》,浙江摄影出版社2003年版,第48—62页。

人饮茶时,必佐以"肴",就是以猪豚为原料,盐渍数日制成味道略咸、色白如水晶的肉块,茗饮时切块佐茶,独具"清饮精食"的文化特质。

一 扬州茶点

扬州旧时茶肆甲于天下,其中又以兼卖茶点的荤茶肆最负盛名。如《扬州画舫录》所载,"双虹楼烧饼,开风气之先,有糖馅、肉馅、干菜馅、苋菜馅之分。宜兴丁四官开蕙芳、集芳,以糟窖馒头得名,二梅轩以灌汤包子得名,雨莲以春饼得名,文杏园以稍麦得名,谓之鬼蓬头,品陆轩以淮饺得名,小方壶以菜饺得名,各极其盛。而城内外小茶肆或为油镟饼,或为甑儿糕,或为松毛包子,茆檐荜门,每旦络绎不绝。"①《清稗类钞》载扬州人饮茶时会吃干丝:"扬州人好品茶,清晨即赴茶室,枵腹而往,日将午,始归就午餐。偶有一二进点心者,则茶癖犹未深也。盖扬州啜茶,例有干丝以佐饮,亦可充饥。干丝者,缕切豆腐干以为丝,煮之,加虾米于中,调以酱油、麻油也。食时,蒸以热水,得不冷。"②种类丰富的茶点占据了扬州人家庭开销中不小的比例,"茶食业初仅售糕点及糖食,近年增售蜜饯、饼干、腌腊及罐头食物等,岁销银币约三十余万。"③

扬州茶点有较高的质量要求,讲究工巧、精细,现今以富春茶社所制最为著名。富春茶社位于扬州市古城中心的得胜桥,由扬州邑人陈霭亭创办于清光绪十一年(1885年),是淮扬菜系著名传统名店之一,有"淮扬第一楼"之称。富春茶社旧时为栽培花木、制作盆景的"花局",后于民国元年(1912年)由陈霭亭之子陈步云改设为茶社,且增设点心、供应菜肴。经过百年的传承和发展,富春茶社逐渐形成了花、茶、点、菜相结合的特色,其茶点更被认为是维扬茶点的正宗代表。富春茶点花色繁多、选料讲究、做工精致、口味绝佳。其中,三丁包子因更能突出维扬茶点的精妙之处而被誉为"中国名点"。据传,乾隆皇帝认为做

---

① (清)李斗著,王军评注:《扬州画舫录》,中华书局2007年版,第17页。
② (清)徐珂编撰:《清稗类钞》第十三册《饮食类·茗饮时食干丝》,中华书局1986年版,第6319页。
③ (民国)钱祥保等修,桂邦杰纂:《续修江都县志》卷六《实业考》,民国十五年刊本,成文出版社1975年版,第474页。

包子需"滋养而不过补,美味而不过鲜,油香而不过腻,松脆而不过硬,细嫩而不过软",扬州师傅遂遵照此谕,以海参、鸡肉、猪肉、笋、虾仁为馅料,制成五丁包子,三丁包子即由此发展而来。①

据记载,三丁包子由富春茶社的领班名师尹长山首创,以面粉发酵和馅心精细著称。以发酵面制成的包子皮食不粘牙,软而带韧,按下之后可重新隆起,即《随园食单》所载,"扬州发酵最佳,手捺之不盈半寸,放松仍隆然而高"②;馅心用三丁,即鸡丁、肉丁、笋丁制成,鸡丁选用既肥且嫩的隔年母鸡,肉丁选用膘头适中的五花肋条,笋丁则根据季节选用口感脆嫩的新鲜竹笋,要求鸡丁大、肉丁中、笋丁小,且颗粒分明。三丁包子的特点是:口似鲫鱼嘴,外形如荸荠,颈口波浪式皱褶多达三十二道,即"荸荠鼓形鲫鱼嘴,三十二纹折味道鲜";包子皮吸收了馅心的卤汁,松软鲜美;馅心软硬相应,鲜香脆嫩,咸中带甜,甜中有脆,油而不腻,充分展现了扬州茶点极致精细的独特之处。富春茶点制作技艺已收录于国家级第二批和江苏省第一批非物质文化遗产名录。

二 苏帮茶点

《吴县志》载,"或粉或面和糖制成糕、饼、饺、馓之属,形色名目不一,用以佐茶,故统名茶食,亦曰茶点。苏城最著……"③苏帮茶点是苏州传统茶点,大都为米、面制作的干性佐茶食品,外形小巧别致,"力求精美",口味"概皆五味调和,惟多用糖"。④ 苏帮茶点沿袭苏州人"讲求饮食闻于时"的饮食习惯,将岁时节令融入茶点制作,随着四时八节的顺序变换花色,因此又有"四季茶食"之称。春季上市"春饼",如酒酿饼、闵饼、枣泥麻饼;夏季上市"夏糕",如绿豆糕、薄荷糕、清凉斗糕;秋季有"秋酥",如酥皮月饼、巧酥;冬季则有重糖重油的"冬糖",如粽子糖、寸金糖、芝麻糖等。

---

① 逯耀东著:《肚大能容:中国饮食文化散记》,生活·读书·新知三联书店2002年版,第240页。
② (清)袁枚撰:《随园食单》,清乾隆五十七年小仓山房刊本。
③ (民国)吴秀之等修,曹允源等纂:《吴县志》卷五十一《物产》,民国二十二年铅字本,成文出版社1970年版,第862页。
④ (清)徐珂编撰:《清稗类钞》第十三册《饮食类·苏州人之饮食》,中华书局1986年版,第6240页。

(一)"春饼"酒酿饼

酒酿饼是春季的苏式代表食品。传说元朝末年,张士诚因误伤人命而带着年迈的母亲一起逃亡,时逢寒食节,母子俩已经几日没有进食,张母更是饿得昏死过去,张士诚因此泣不成声。一老伯见其母子可怜,就用家中仅有的酒糟做饼救了他们。几年后,张士诚称王,为了提醒自己不忘当年的救命恩人,遂下令于寒食节吃酒糟饼,并命名为"救娘饼"。元至正二十七年(1367年),苏州被朱元璋攻破,张士诚被俘,后被押解至金陵自缢而死。此后,苏州城再无人敢称酒糟饼为"救娘饼",但为了表达对张士诚的崇敬之情,于是偷偷改名为"酒酿饼"。

酒酿饼于正月初五上市,三月底落市,以糯米、面粉和酒酿为主要原料。酒酿饼有荤、素之分,品种主要有玫瑰、豆沙、薄荷等味。《调鼎集》中记有一则神仙饼的制作方法,与酒酿饼大致相同,现抄录如下:"糯米一升炁(蒸)饭,加酒曲三两、酒娘半碗,入磁瓶按实,再加凉水五六碗,盖口眠倒放暖处,限一夜,待化,淋下清汁,入洋糖二两、盐末二钱,再量加凉水,用白面十斤或十五斤,调成饼块入盆内,放暖处,候醋起做饼,包馅炁(蒸)食。"①酒酿饼以热食为佳,其特点是:饼面色泽金黄,内皮玉白,馅心则呈鲜艳的玫瑰红色,口感甜肥软韧,油润晶莹,滋味分明。

(二)"夏糕"

绿豆糕是苏州传统的清凉解热的夏令食品,苏州城乡民间都有端午节吃绿豆糕的习俗,且以甪直所出最为著名。绿豆糕有荤、素两类,口味有玫瑰、枣泥、豆沙以及不用馅心的"清水"等。《调鼎集》中记有绿豆糕的三种制法:"将豆煮烂、微捣,和糯米粉,洋糖炁(蒸)糕,或用白面亦可。又,磨粉筛过,加香稻粉三分,脂油、洋糖印糕炁(蒸)。又,录(绿)豆粉一两、水三中碗,加糖搅匀,置砂锅中煮打成糊,取起分盛碗内,即成糕。"②绿豆糕的特点是:外形精致小巧,色泽黑绿,内嵌馅心红润,印纹清晰,入口清凉爽滑柔糯,香甜细腻,麻香可口。

薄荷糕与绿豆糕同属夏令消暑糕点,其制作主料为薄荷、糯米、稻

---

① (清)童岳荐著,张延年校:《调鼎集》卷九《点心部·面饼》,中国纺织出版社2006年版,第289页。
② (清)童岳荐著,张延年校:《调鼎集》卷九《点心部·粉糕》,中国纺织出版社2006年版,第300页。

米,并加糖调味。薄荷糕的色泽淡雅,清爽甘甜,具有清咽、散热等功效。现录《调鼎集》中所载制法如下:"菏(薄)荷晒干、研末,将糖下小锅熬至有丝,先下炒面少许,后下菏(薄)荷末。案上亦洒菏(薄)荷末,乘热泼上,仍用菏(薄)荷末捍(擀)开,切象眼块。又,糯米粉二分,香稻米三分,菏(薄)荷刮极细末,加洋糖,蒸块切。又,将菏(薄)荷浸水,拌糯米粉蒸,或将菏(薄)荷用布包甑底,其气透亦可。"①

（三）"秋酥"

月饼,又称胡饼、宫饼、小饼、月团、团圆饼等,最初是用来供奉月神的祭品,②后来人们取月饼的"团圆之义",将其发展成为农历八月十五中秋节时的节日食品。苏式月饼品种繁多,有猪油、玫瑰、豆沙、甘菜、椒盐等名目,以创立于清代的稻香村所制最负盛名。其制作工艺极为细致,如《调鼎集》所载,"上白细面十斤,以四斤用熟猪油拌匀。六斤用水,略加脂油拌匀。大、小随意作块,用拌图卷,复桿(擀)成饼,加生脂油丁、胡桃仁、橙丝、瓜仁、松仁、洋糖同蒸,加熟干面拌匀作馅,包入饼内,印花上炉烙。分剂时,油面少用,水面多。"③苏式月饼具有皮酥、馅香、色黄、油润、重糖、层酥相叠的特点,入口香甜清爽、松酥易化。目前,稻香村苏式月饼制作技艺与叶受和苏式糕点制作技艺共同被列入第二批江苏省非物质文化遗产名录。

巧酥,又称"巧果",是农历七月初七之夜,即七夕节前后上市的时令茶食。七夕节源于中国传统农耕思想中的原始星辰崇拜,以牛郎星和织女星分别代表"耕"与"织"这两种农耕经济主要生产方式,体现"男耕女织"的传统农耕文明。七夕节实为女人节④,女人们希望通过在这一天祭拜织女星而达成心灵手巧的美好愿望,因此七月初七又称"乞巧节",而食巧酥则是为了表达"乞巧"之意,出售巧酥亦被称为"送巧人"。《清嘉录》载巧酥的旧时制法为,"以白面和糖,绾作苧结之形,油氽令脆者,俗呼为苧结。"⑤是指用白面和糖为原料混合搅拌,打结成环

---

① (清)童岳荐著,张延年校:《调鼎集》卷十《果品部·薄荷》,中国纺织出版社2006年版,第357页。
② 冯骥才:《符号中国·文化遗产卷·非物质》,译林出版社2008年版,第219页。
③ (清)童岳荐著,张延年校:《调鼎集》卷九《点心部·面饼》,中国纺织出版社2006年版,第287页。
④ 王仁湘著:《饮食与中国文化》,人民出版社1993年版,第85页。
⑤ (清)顾禄撰,王迈校点:《清嘉录》卷七《七月·巧果》,江苏古籍出版社1999年版,第149页。

状,再油炸至酥脆即可。现代巧酥制作方法与旧时颇为类似,但步骤更为复杂:首先需要调制两种面团,即以小麦粉和熟猪油为原料,加温水混合搅拌成水调面团;另以绵白糖、植物油、小麦粉、疏松剂加水搅拌成松酥面团;将水调面团与松酥面团按一定比例包制,然后搓成圆形长条,擀平后切成短条,并在短条中心划上刀口,再将短条两段从刀口处上下翻出成环状;将成型的巧酥轻放入油中炸成棕黄色,浮出油面即可起锅摊冷。至今,江苏太仓民间仍然完整保留着七夕节吃巧酥、看巧云、观星斗等一系列民俗活动,太仓市于2008年被江苏省民间文艺家协会授予"七夕文化传承基地"称号。

(四)"冬糖"粽子糖

苏州历来有冬季食糖的习俗,据《清嘉录》载,"土人以麦芽熬米为糖,名曰'饧糖'。寒宵担卖,锣声铿然,凄绝街巷。""饧",也称"饴",吴人称其为糖,"盖冬时风燥糖脆,利人牙齿"。因为冬天干燥,使糖硬脆而不易融化,所以每到冬季寒夜,苏州街巷中即有小贩一边敲着锣,一边担着担子卖糖。正如蔡云《吴歈》所云:"昏昏迷露已三朝,准备西风入夜骄。深巷卖饧寒意到,敲钲浑不似吹箫。"苏州的冬糖虽然原料基本相同,但种类却并不单一,如"出常熟直塘市者,名葱管糖。出昆山如三角粽者,名麻粽糖"①。而这个出自昆山的"麻粽糖",似乎就是现今有"国糖"之誉的粽子糖。粽子糖采用蔗糖配之以玫瑰花、饴糖、松子仁制成,因其糖块形似粽子而得名,以创设于清代的采芝斋所制最负盛名。其具体制法为:将经过烘烤的松子仁、玫瑰花洒在由蔗糖熬制的糖膏上,并用刮刀折叠糖膏,使其冷凝成软糖,将软糖分成小块,揉成圆条状,最后用剪刀将其剪成三角形状并充分冷却即可。粽子糖的特点是坚硬透明,有光泽,可以清晰地看到玫瑰花、松子仁均匀地散布在糖体内,犹如美丽的水晶,食之甘润,芬芳、可口,有松仁和玫瑰的清香味道。目前,采芝斋的苏式糖果制作技术已被列入江苏省第二批非物质文化遗产名录。

总的来说,江苏茶点种类繁多,如扬州富春茶社仅面团制品就多达

---

① (清)顾禄撰,王迈校点:《清嘉录》卷十一《十一月·饧糖》,江苏古籍出版社1999年版,第201—202页。

数十种,近年来更有众多创新点心品种出现;苏州四季茶食中的面团制品主要分为团、圆、糕、粽四大类,而且会随着季节变换实时更新口味和花色,仅传统品种即有百余种;"冬糖"更有明货、炒货、软糖、特味四大类150余个品种之多。①江苏茶点种类的复杂和多样与优越的环境条件和丰富的原料资源有着密不可分的关联。优越的自然环境条件使江苏自古即成为富饶之地、鱼米之乡,全省遍植稻、麦、林果、花卉、蔬菜等粮食和经济作物,是猪、鸡、鸭等小畜禽的养殖基地,也是海水和淡水养殖中心。源远流长的稻文化以及多种农作物、畜禽、水产品为江苏饮食文化的形成和发展提供了充足的食材资源,是江苏茶点品种丰富、花色繁多的物质基础。

此外,江苏茶点注重时令,益于养生。以农耕文明为基础的中国饮食历来注重岁时饮馔,讲求以"四时七十二候"和与之相关的众多节日的变化来调换饮食内容,在表达美好寓意、寄托内心希望的同时,达到尝鲜、防病、治病、健身和养生的目的。如袁枚在《随园食单》中就专设"时节须知"一节,以示时令与饮食之间的密切联系。其载:"夏日长而热,宰杀太早,则肉败矣;冬日短而寒,烹饪稍迟,则物生矣。冬宜食牛羊,移之于夏,非其时也;夏宜食干腊,移之于冬,非其时也。辅佐之物,夏宜用芥末,冬宜用胡椒。当三伏天而得冬腌菜,贱物也,而竟成至宝矣;当秋凉时而得行鞭笋,亦贱物也,而视若珍馐矣。有先时而见好者,三月食鲥鱼是也。有后时而见好者,四月食芋艿是也。其他亦可类推。有过时而不可吃者,萝卜过时则心空,山笋过时则味苦,刀鲚过时则骨硬。所谓四时之序,成功者退,精华已竭,褰裳去之也。"②江苏茶点在遵循岁时节令方面表现得尤为突出,如苏州茶点中的酒酿饼,正月初五上市、三月十二落令,春季食用有益气、生津、活血、散结的功效;又如绿豆糕,三月初上市、七月底落令,夏季食用可清热解毒、祛暑止渴;再如月饼和巧酥,在中秋和七夕食用不仅表达了团圆美满的良好愿望,而且重糖多油的特点亦可补充身体在夏季流失的营养;而以蔗糖和松仁为主要原料的粽子糖,富含热量和植物蛋白、脂肪,在冬季食用有助于补充

① 汪小洋、周欣主编:《江苏地域文化导论》,东南大学出版社2008年版,第86页。
② (清)袁枚撰:《随园食单》,清乾隆五十七年小仓山房刊本。

能量和养分。不仅如此,苏州每一节日都有应时糕点,如正月各式年糕、元宵节团子、二月初二撑腰糕、三月初三眼亮糕、清明节青团子、四月绿豆糕、端午节粽子、六月米枫糕、七月豇豆糕、八月糍团、冬至冬至团、腊月送灶团等。① 如此饮食配餐,既可以尝到当季食物最鲜美的滋味,又可遵循"医食同源"或"药食同源"的传统观念,即认为食物具有一定的药理作用,以食当药,达到防病、治病与健身、养生兼顾的效果。而将食物与节日联系在一起,则是人们表达美好寓意、寄托内心希望的重要途径之一。

江苏茶点还具有做工精细、艺术性强等特点。味道是食物的第一要素,而在中国饮食文化中,除了注重味道带来的味觉享受以外,还讲究食物的形与色,以满足视觉享受,达到既可增进食欲,又能陶冶性情的目的。江苏茶点制作技术极为重视食物的形与色,善于通过造型、装饰、色彩等方面营造艺术氛围,从而展现精湛技艺。如被誉为"扬州双绝"的翡翠烧卖和千层油糕,前者馅心绿色透过薄皮,形如碧玉,色如翡翠;后者外形为半透明状的菱形方块,呈芙蓉色,整块油糕共分六十四层,层层糖油相间,层次清晰,糕面布以红绿丝,色彩极为美观。苏州茶食则将岁时节令、民间信仰、传说等民俗内容融入糕点的设计之中,创造出能表达独特艺术风格和地域文化特色的精巧、雅致、多样的造型,并运用食材本身的色彩,以加色、配色、缀色、润色等技巧进行装饰搭配,既能达到"先色夺人"的要求和自然和谐的艺术效果,又能保证食物的天然本质。

第三节 文学艺术

清代江苏茶文学艺术形式依然以茶诗、茗壶、茶画、茶书等为主,但发展大多呈衰微之势,且内容上也有一定的重复性。这一时期比较独特的文学艺术形式是地方志中的茶叶资料,以及史料中记载的茶事传

---

① 苏州大学非物质文化遗产研究中心编:《东吴文化遗产(第二辑)》,生活·读书·新知三联书店2008年版,第227页。

说。方志门目详细,记录了丰富的茶业与茶文化内容,极大充实了茶书等文献资料,而茶事传说则为江苏茶文化平添了一抹传奇色彩。

一 茶画

清代江苏绘画名家辈出。清初南京作为绘画中心之一,拥有被世人称为"清初六大家"的王时敏、王鉴、王原祁、王翚、恽寿平、吴历;号称"金陵二溪"的髡残(石溪)和程正揆(青溪);还有以龚贤为首,包括樊圻、高岑、邹喆、吴宏、叶欣、胡慥、谢荪的"金陵八家"。清中后期,盐运商业兴盛的扬州渐成画家们的活动中心,活跃着"扬州八怪"以及丁皋、方士庶、李寅、袁江、袁耀等著名画家与画派。这些绘画名家创作了众多以山水、人物、花鸟等为主题的风格各异、雅俗共赏的绘画作品,共同推动了江苏乃至全国绘画的发展。在此影响下,江苏茶画也有发展,王翚、李鱓、汪士慎、金农、黄慎等人均有名作传世。只是与明代相比,已无繁荣势头。

王翚《石泉试茗》《秋树昏鸦图》

王翚(1632—1717年),字象文、石谷,号耕烟外史、天放闲人、雪笠道人等,常熟人。他出身于绘画世家,自幼嗜画,极具天赋,师从王鉴,又受王时敏悉心指导。王时敏和王鉴都是江苏太仓人,因此有"江左二王"之称,是清初著名文人画家,擅画山水。王翚虽为后辈,且受二人指导,却能集前人之大成,渐自成家。

《石泉试茗》,纵96.7厘米,横60.3厘米。画上作者自题:"石泉新汲煮砂铛,竹色云腴两斗清。为问习池邀酒伴,何如莲视觅茶盟。丙子立冬后三日,仿香光居士笔意。耕烟散人王翚。"乾隆皇帝亦题诗:"崇山为障带清池,取水烹茶便且宜。著个胎仙茗鼎侧,知伊善反魏家诗。壬寅仲秋中浣,御题。"

《秋树昏鸦图》,纸本设色,纵118.0厘米,横73.7厘米。此画内容虽与茶无直接关系,但画幅上方作者自题茶诗一首:"小阁临溪晚更嘉,绕檐秋树集昏鸦,何时再借西窗榻,相对寒灯细品茶。补唐解元诗。壬辰正月望前二日,耕烟学人王翚。"

除上述两幅茶画作品以外,作者另有康熙五十四年(1715年)所作《松林幽居》存世。

李鱓《壶梅图》《煎茶图》

李鱓（1686—1762年），字宗扬，号复堂，兴化人，"扬州八怪"之一。《壶梅图》画面由一柄大茶壶、一折枝梅花和一把大芭蕉扇构成，画上题："峒山秋片，茶烹惠泉。贮砂壶中，色香乃胜。光福梅花开时，折得一枝归，吃两壶，尤觉眼耳鼻舌俱游清虚世界，非烟人可梦见也。"《煎茶图》画面为一炭火盆，盆内木炭上置一柄茶壶，盆中插一双火钳，旁有一把大芭蕉扇。画款"腹糖里善制"五字行书。

汪士慎《巢林先生小像》《墨梅图》

汪士慎（1686—1759年），字近人，号巢林、溪东外史等，安徽休宁人，寓居扬州，"扬州八怪"之一。他嗜茶，爱梅，尤爱画梅。《巢林先生小像》为作者手端茶杯作欲啜状的自画像。《墨梅图》长卷纵30.4厘米，横701.3厘米，现藏于浙江省博物馆。图中为墨梅，未涉及茶事，但题诗却表达了此画为作者饮茶得意时的作品。诗云："西唐爱我癖如卢，为我写作煎茶图。高杉矮屋四三客，嗜好殊人推狂夫。时予始自名山返，吴茶越茗箸裹满。瓶瓮贮雪整茶器，古案罗列春满碗。饮时有得写梅花，茶香墨香清可夸。万蕊千葩香处动，桢枝铁干相纷拿。淋漓扫尽墨一斗，越瓯湘管不离手。画成一任客携去，还听松声浮瓦缶。"

金农《玉川先生煎茶图》

金农（1687—1763年），字寿门、司农、吉金，号冬心先生、曲江外史等，浙江杭州人，侨居扬州，为"扬州八怪"之首。他自幼聪慧，喜钻研经史诗文，好金石、鉴赏、收藏等，50岁之后开始绘画创作，终成大家。《玉川先生煎茶图》，纸本设色，纵24.4厘米，横31.0厘米。此画绘制于乾隆二十四年（1759年），为金农《山水人物图册》之一。画面描绘卢仝在芭蕉阴下煮泉烹茶的情景。图右上角题："玉川先生煎茶图，宋人摹本也。昔耶居士。"

黄慎《武夷采茶图》

黄慎（1687—约1770年），初名盛，字恭寿、躬懋等，号瘿瓢子，又号东海布衣，福建宁化人，客居扬州，"扬州八怪"之一。《武夷采茶图》，纸本设色，纵131.0厘米，横59.7厘米。画中绘有一位老者偎坐坡岸，面前置一盛满茶叶的竹篮。画面右上题识:"采茶深入鹿麋群,自剪荷衣积绿云。寄我峰头三十六,消烦多谢武夷君。"署"黄慎"名款。

高翔《煎茶图》

高翔(1688—1753年),字凤冈,号西唐、犀堂、山林外臣,扬州人,"扬州八怪"之一。擅山水,亦能作花卉、肖像。高翔与汪士慎交好,《煎茶图》即是他为汪士慎所绘,厉鹗题:"巢林先生爱梅兼爱茶,啜茶日日写梅花。要将胸中清苦味,吐作纸上冰霜桠。"

李方膺《梅兰图》

李方膺(1695—1754年),字虬仲,号晴江、秋池等,南通人,"扬州八怪"之一。出身官宦之家,曾任乐安县令、兰山县令等职,后被罢官,去官后寓扬州,在南京、扬州等地以卖画为业。擅画"三友""四君子"题材,尤以墨梅著称。① 《梅兰图》,纸本墨笔,纵127.2厘米,横46.7厘米。画面由梅、瓶、惠兰、盆以及一壶一杯等构成,造型朴拙,画上所题内容与李鱓《壶梅图》一致。

薛怀《山窗清供图》

薛怀,生卒年不详,字季思、小凤,号竹居老人,桃源(今江苏泗阳)人,居山阳(今江苏淮安),清代乾隆年间画家。此画以茶具入画,作者以简洁笔画勾勒出大小两只茶壶和一只盖碗。画面上题有五代诗人胡峤诗句:"沾牙旧姓余甘氏,破睡当封不夜侯。"另有清代朱显渚所题六言诗:"洛下备罗案上,松陵兼到经中,总待新泉活水,相从栩栩清风。"

阮元《竹林茶隐图》

阮元(1764—1849年),字伯元,号云台、雷塘庵主,晚号怡性老人,扬州仪征人,清代名臣,思想家、经学家、作家、书画家等。《竹林茶隐图》画于道光三年(1823年)其60岁寿辰,现已失传,仅见《揅经宝集》中有《画竹林茶隐图小照自题一律》诗和序为证。序:"时督两广,兼摄巡抚印。抚署东园,竹树茂密,虚无人迹。避客竹中,煮茶竟日,即昔在广西作一日隐诗意也。画竹林茶隐图小照,自题一律。"诗:"万竿修竹一茶炉,试写深林小隐图。岂得常闲如圃老,偶然兼住

---

① 薛永年、杜鹃著:《清代绘画史》,人民美术出版社2000年版,第110页。

亦庐吾。传神入画青垂眼,揽镜开奁自满须。二十余年持使节,谁知披卷是迂儒。"

二 茗壶

清代紫砂茶壶进入繁盛发展阶段,与明代相比,砂泥更为细腻,装饰也颇为多样,且各时期的作品均具有鲜明的风格特征。如康熙至乾隆年间,紫砂壶深受统治者喜爱,因此器形以花货为主,且为满足宫廷审美需求,更注重富丽奢华,以彰显皇家风格。同时还出现浮雕、镂空、泥绘、彩釉等多种装饰方法,并流行钤印盖章,富有浓郁的文化气息。至清中晚期,则回归自然简朴,器型以壶面简洁大方的光货为主,以书法、绘画、篆刻为主要装饰手段,壶艺与文化融合得更为紧密,更注重突出紫砂壶的文化韵味。清代紫砂名家、名壶辈出。主要人物有陈鸣远、邵友兰、蒋贞祥、吴大澂、陈荫千、陈文居、邵友廷、王友兰、金世衡、华凤翔、许龙文、陈汉文、陈鸣远、陈曼生、元茂、杨友兰、惠逸公、葛子厚、杨宝年、杨凤年、杨彭年、冯彩霞、吴月亭、邵景南、申锡、俞国良、王东石、邵大赦、邵大亨、何心舟等。他们创作的紫砂茗壶作品风格多样、个性鲜明,彰显着江苏茶文化的独特气质。

陈鸣远款瓜形壶、松段壶

陈鸣远,号鹤峰,又号石霞山人、壶隐,康熙、雍正间宜兴人,他开创了壶体镌刻诗铭之风,把中国传统绘画书法的装饰艺术和书款方式引入紫砂壶的制作工艺。主要作品有瓜形壶、四足方壶、松段壶、虚扁壶、梅桩壶、英雄壶等。

瓜形壶通高11.2厘米,口径3.0厘米。壶体形似南瓜,壶盖为瓜柄,壶嘴似卷曲瓜叶,壶把为瓜藤。壶身筋囊生动,镌有"仿得东陵式盛来雪孔香"诗句,刻款楷书"鸣远",钤"陈鸣远"阳文篆书方印。

松段壶通高10.5厘米,高6.0厘米,口径8.0厘米,材质为紫砂团泥,泥色呈古老苍松树皮质感。造型以松段一截做壶身,结构极严谨,比例合理协调,整体气势古朴。壶嘴与把手均以老松枝塑成,质朴古雅,挺秀有神,形象逼真;壶盖为嵌入式,口盖紧密无间,盖呈不规则形,有年轮效果。盖钮塑成开叉的松枝及松叶朵朵,与壶身对应以小视大,颇具画龙点睛之效,艺趣盎然。壶底"鸣远"两字楷书刻款,下钤篆书"陈鸣远"三字方印。

图 5-1　陈鸣远款东陵壶(南京博物院藏)

邵大亨款八卦束竹壶

邵大亨,嘉庆、道光间宜兴人,制壶以浑朴见长,气韵温雅。主要作品有八卦束竹壶、仿古壶、鱼化龙壶、素身鼓腹壶等。八卦束竹壶通高8.5厘米,口径9.6厘米,壶身约束六十四支文竹而成,盖及底均以八卦爻象为饰,制技精审,含意深邃,堪称砂壶极品。盖内钤"大亨"楷书阳文瓜子印。

图 5-2　邵大亨款八卦束竹壶(南京博物院藏)

杨彭年款飞鸿延年壶、紫砂镶玉锡包壶

杨彭年,字二泉,号大鹏,嘉庆、道光间浙江桐乡人,善制茗壶,有的浑朴雅致,有的精巧玲珑,且善配泥色,首创捏嘴不用模子和掇暗嘴之工艺,虽随意制成,亦有天然之致,世称"彭年壶"。主要作品有飞鸿延年壶、仿古井栏壶、石瓢、石瓢提梁、半月瓦当壶、紫砂镶玉锡包壶等。

飞鸿延年壶通高11.0厘米,口径8.5厘米,足径12.3厘米。广口,流肩,腹部饱满,阔平底,浅圈足,紫红色砂泥。正面刻"延年壶"三字隶书,背面刻行书"鸿渐于磐,饮食衎衎,是为桑苎翁之器,垂名不刊"19个字,署"曼生为止侯铭"。盖内刻篆书"彭年"阳文款,壶底凸刻篆书"飞鸿延年"款。延年壶是陈曼生与杨彭年合作创制的18种壶式之一。

紫砂镶玉锡包壶通高9.4厘米,口径5.8厘米,底径5.8厘米。圆形,平肩直腹,平底。圆盖,立柱式钮,端把柄,直流。钮、流、柄皆镶玉。紫砂内胎,砂质细润,壶内底钤"杨彭年造"四字阳文印章款。壶体包锡,一面刻花鸟图,另一面镌刻"邓尉春风写一枝",署"以应苣洲三兄清玩",落款"竹坪"。

图 5-3 杨彭年款飞鸿延年壶(北京故宫博物院藏)

邵亮生款圆壶

邵亮生,嘉庆、道光间人,邵家壶传人。此圆壶通高6.7厘米,口径

8.2厘米,足径8.2厘米,栗色砂泥,上有黄砂点,砂质极细。壶扁圆形,大口出唇边,短直流,圆柄,圈足,盖微鼓,圆钮。底刻篆书"邵亮生制"阳文印章款。

图5-4　邵亮生款圆壶(北京故宫博物院藏)

三　茶书

清代江苏茶书在数量上明显少于前朝,选题范围也有所收缩,主要包括三种阳羡茗壶专著《阳羡名陶录》《阳羡名陶续录》和《阳羡名陶录摘抄》,两种苏州虎丘茶专著《虎丘茶经注补》和《松寮茗政》,以及两种综合类茶史著作《茶史》和《茶史补》。

《阳羡名陶录》《阳羡名陶续录》　吴骞撰

吴骞(1733—1813年),字槎客、葵里等,号愚谷、兔床,浙江海宁人,贡生,著名藏书家,且能书工诗,有《愚谷文存》《拜经楼诗集》《拜经楼丛书》传世。吴骞爱好收藏古器遗物,《阳羡名陶录》即是他在收藏、研究宜兴陶壶的过程中,以自己的心得体会并参考周高起《阳羡名壶系》编辑而成。该书撰于乾隆五十一年(1786年)二月左右,并于之后不久首刊于其自印的乾隆《拜经楼丛书》,另有《昭代丛书》本、《美术丛书》本等多种版本。全书分为上、下两卷,上卷内容借鉴周高起《阳羡茗壶系》,并加以充实,包括宜兴紫砂的原始、选材、本艺、家溯四门;下卷为谈丛、文翰二门,是对前人诗文的辑录。该书撰刊后,吴骞又于嘉庆八年(1803年)前后编辑了《阳羡名陶续录》,可以说是《阳羡名陶录》的续编或补遗。《阳羡名陶续录》内容包括宜兴紫砂的家溯、本艺,以及与之相关的谈丛、艺文、乐府、诗。这两本书受到当时江南尚茶文人以及朝臣名士的重视,如清末名臣翁同龢所辑的《瓶庐丛稿》中就收有他书写的《阳羡名陶录》摘抄稿。

《阳羡名陶录摘抄》　翁同龢

翁同龢(1830—1904年),字叔平,号松禅,别署均斋、瓶笙等,别号天放闲人,晚号瓶庵居士,江苏常熟人,咸丰六年(1856年)状元,为同治帝、光绪帝师傅,著名政治家、书法家、艺术家。《阳羡名陶录摘抄》由翁同龢《瓶庐丛稿》中辑出,是作者晚年对吴骞《阳羡名陶录》一书的摘抄,相当于《阳羡名陶录》的"简本"。

《虎丘茶经注补》一卷　陈鉴撰

陈鉴(1594—1676年),字子明,广东化州人,寓居苏州,明末清初名宦,著有《天南酒楼诗集》《江夏史》等。《虎丘茶经注补》是陈鉴在清顺治十二年(1655年)迁居苏州虎丘之后所著。该书主要是对陆羽《茶经》中有关苏州虎丘茶资料的补注,内容较为芜杂,依照《茶经》分为"一之源、二之具、三之造、四之水、五之煮、六之饮、七之出、八之事、九之撰、十之图",共十部分。现存清康熙三十四年(1695年)霞举堂刻本,线装(《檀几丛书》一集卷四十九),国家图书馆、南京图书馆等藏。

《松寮茗政》(辑佚)　卜万祺撰

卜万祺,生卒年不详,约出生于明末,浙江嘉兴人。《松寮茗政》约撰写于顺治年间(1644—1661年),书中简要介绍了苏州虎丘茶的产地、采制、品鉴,以及寺僧苦于官府索取茶叶等故事。该书未见于藏书室书目,"虎丘茶"内容出自《续茶经》。

《茶史》　刘源长辑

刘源长,字介祉,号介翁,淮安府山阳县(今江苏淮安)人。明万历天启间诸生,辑书颇多。《茶史》是刘源长晚年所辑,经补订后于康熙十六年(1677年)成书,由其子谦吉刊刻,当时刘源长已卒。全书共两卷,第一卷包括茶之原始、茶之名产、茶之分产等,第二卷包括品水、明泉、古今名家品水等,后附陆羽事迹十一则。主要刊本有刘谦吉刻本,刘乃大附《茶史补》重刻本等。

《茶史补》一卷　余怀撰

余怀(1616—约1696年),字澹心,无怀,号曼翁、广霞、壶山外史、寒铁道人等,福建莆田人,长居江宁(今江苏南京),因此自称江宁余怀、白下余怀,晚年移居苏州,清初文学家,著有《板桥杂记》《东山谈苑》等有关南京的地志和笔记,以及《味外轩文稿》《研山草堂文集》等。《茶史补》成书于康熙十七年(1678年)或稍前,是余怀对刘源长《茶史》一书的增补,故名《茶史补》,内容主要是对前人所撰茶业内容的摘录。该书有清永州刻本(附《茶史》后),国家图书馆藏;道光十三年(1833年)吴江世楷堂刻印(《昭代丛书·辛集》卷四十四),国家图书馆、南京图书馆等藏;光绪二年(1876年)重印《昭代丛书》本,中国农业大学农史研究室、西北农林科技大学农业历史研究所藏;清刻本(附《茶史》后),国家图书馆藏。

四　典故传说

江苏茶事由来已久,最早可追溯至西汉时期。其形式多样,包括生活故事、民间寓言、轶事、神话和传说等。内容宽泛,涉及名茶、名泉、茶俗、茶事以及人物等诸多方面。江苏各地均有关于茶叶的典故和传说,虽然未必真实可靠,但这些在史书中记载和民间广泛流传的或神奇或美丽的典故传说,无疑为江苏茶文化增添了趣味和传奇色彩。

(一)汉王刘秀"课童艺茶"

周高起《洞山岕茶系》载,"相传古有汉王者,栖迟茗岭之阳,课童艺茶。"① 是说汉王刘秀曾在宜兴山区的茗岭课童艺茶。但在《宜兴荆溪县新志》中记载,"茗岭,产佳茗,俗称闽岭,乡音误也。岭有庙,祀柳宿,柳主草木,为茶神也,俗误刘秀,赤帝之孙,祀主鹑火。茶神之赛几与刘伶酒帝同著于姓刘之天矣。又有泉出于庙后,澄停石上,可就饮而不可汲取,其泉旁产茶,名庙后茶。"② 也就是说,所谓汉王刘秀课童艺茶的传

---

① (明)周高起:《阳羡茗壶系》。转引自朱自振、沈冬梅、增勤编著:《中国古代茶书集成》,上海文化出版社2010年版。
② (清)施惠、钱志澄修,吴景墙等纂:《光绪宜兴荆溪县新志》卷一《山记》,江苏古籍出版社1991年版,第34页。

说,其实是在明朝时茗岭茶神庙建立以后,人们把茶神和东汉光武帝牵强联系起来的不实说法。① 虽然汉王于茗岭课童艺茶的传说不实,但江苏茶业的起始时间最迟不会晚于秦汉的论断仍为不争的事实。

(二)"蛇种"茶

据《咸淳毗陵志》记载,唐开元(713—741年)中,稠锡禅师驻杖于宜兴南岳寺,南岳寺有真珠泉,禅师品饮此泉,但觉"清甘可口",于是说"以此泉烹桐庐茶,不亦称乎。未几,有白蛇衔茶子置麓侧,自是种滋蔓,味倍佳。时人争致官府征需无艺,寺僧苦之,有题壁间曰:官符星火催新焙,反使山僧怨白蛇,遄亦无余种矣。"②《广群芳谱》亦称,宜兴南岳寺附近的茶树是由"白蛇衔茶子坠寺前"而来,故名"蛇种"。③ 另据《续茶经》载,"土人重之,每岁争先饷遗,官司需索、修贡不绝。迨今方春采茶,清明日县令躬享白蛇于卓锡泉亭,隆厥典也。后来檄取,山农苦之,故袁高有'阴岭茶未吐,使者牒已频'之句。郭三益诗:官符星火催春焙,却使山僧怨白蛇。"④表明"蛇种"茶因滋味绝佳而被列为贡茶,山农亦因此饱受檄取之苦。从史料所记载的时间、产地和修贡情况分析,"蛇种"茶即为唐代知名贡茶"阳羡茶"。

(三)五色土

吴骞在《阳羡名陶录》中记载了一则关于紫砂泥的传说,"相传壶土所出,有异僧经行村落,日呼曰:卖富贵土! 人群嗤之。僧曰:贵不欲买,买富何如? 因引村叟,指山中产土之穴。及去,发之,果备五色,烂若披锦。"⑤《粟香随笔》亦载:"阳羡复有茗壶,始于明时鼎山、蜀山,为丛萃之所。初用紫泥素质,后用五色彩油。相传昔有异僧绕白砀、青龙、黄龙诸山,指示土人曰:'卖,富贵。'上人异之,凿山得五色土,因为壶。"⑥

---

① 朱自振:《太湖西部"三兴"地区茶史考略》,《农业考古》1990年第1期,第298—306页。
② (宋)史能之撰:《咸淳毗陵志》卷十五《山水》,清嘉庆二十五年刊本,成文出版社1983年版,第3601页。
③ (清)汪灏等编:《广群芳谱》卷十八《茶谱一》,上海书店1985年版,第440页。
④ (清)陆廷灿:《续茶经》。转引自朱自振、沈冬梅、增勤编著:《中国古代茶书集成》,上海文化出版社2010年版。
⑤ 郑培凯、朱自振主编:《中国历代茶书汇编校注本》,香港商务印书馆2007年版,第871页。
⑥ 谢永芳校点:《粟香随笔》粟香三笔卷四《茗壶》,凤凰出版社2017年版,第549—550页。

相传,某日一个形貌怪异的云游僧人路过太湖之滨的一个普通村落,他向村民高喊:"卖富贵土,卖富贵土",并向村叟指引山中产富贵土之处。起初村民嗤笑僧人不知所指,后来按其指点凿山,果然挖得五彩缤纷、灿烂若锦缎的泥土。此后,村民开始以此"富贵土"烧制器皿,竟然出现了缤纷的色彩效果。这种"备五色"的"富贵土"即为产于宜兴丁蜀的紫砂泥,而用其烧制出的器皿正是享誉世界的紫砂陶。

(四)碧螺姑娘①

相传西洞庭山上有一位名叫碧螺的姑娘,她与东洞庭山的小伙子阿祥互相爱慕。有一年初春,太湖中出现一条恶龙,不仅骚扰太湖居民,而且还要碧螺姑娘做他的"太湖夫人"。阿祥为保护村民和碧螺,一个人与恶龙搏斗七天七夜,终于将其制服,然而阿祥自己也因伤势过重而奄奄一息。后来碧螺姑娘在阿祥与恶龙搏斗的地方发现一颗小茶树,便一直精心培育它,直到茶树发芽。之后碧螺接连数日采回嫩绿的芽叶,泡茶给阿祥喝,阿祥竟一天天地好起来,可是碧螺姑娘却因过度劳累而离开了人世。阿祥将碧螺姑娘埋在那颗茶树旁边,而人们为了纪念她,便称这种茶叶为"碧螺春"。

(五)元慎趣笑庆之嗜茗

这是一则北魏贵族趣笑吴人生活习惯的茶事。陈庆之心患急痛之病,求人解治,杨元慎称自己能治,于是庆之也就听凭元慎治疗。元慎即含一口水,往庆之身上一喷,口中念道,"吴人之鬼,住居建康,小作冠帽,短制衣裳,自呼阿侬,语则阿傍。菰稗为饭,茗饮作浆。呷啜蓴羹,唼嗍蟹黄。手把豆蔻,口嚼槟榔。乍至中土,思忆本乡。急手速去,还尔丹阳。"②

(六)朱元璋巧答贡生③

相传明太祖朱元璋定都南京以后,非常重视选拔人才,因此每次经过国子监都要去视察一番。一次晚宴过后,朱元璋又到国子监,刚刚落座即有厨人献上香茗。朱元璋酒后口渴,遂将杯中之茶一饮而尽,因觉

---

① 陈宗懋主编:《中国茶经》,上海文化出版社1992年版,第657—659页。
② (北魏)杨衒之著,杨勇校笺:《洛阳伽蓝记校笺》卷二《城东》,中华书局2006年版,第113页。
③ 姚国坤、庄雪岚等编著:《茶的典故》,农业出版社1991年版,第92—93页。

香甜无比,于是又喝一杯,心旷神怡之际赏赐厨人官带一副。这一举动惊动了国子监内的考生,其中有位贡生不服气,便故意在院中高吟,"十载寒窗下,何如一盏茶"。朱元璋听罢面不露色地高声吟道,"他才不如你,你命不如他"。

(七) 张则之嗜茶

张则之,丹徒人,明末清初鉴赏家、收藏家。他嗜饮茶,尤其善于甄别水性,而且有一习惯,即出门通常随身携带经他品鉴过的水。如《清稗类钞》所载:"丹徒张则之,名孝思,嗜茶,有茶癖。谓天地间物,无不随时随境随俗而有变迁,茶何独不然。陆羽《茶经》有古宜而今未必宜,有今然而古未必然,茶亦有世轻世重焉。其嗜茶也,出入陆氏之经,酌古准今,定其不刊之宜,神明变化,得乎口而运乎心矣。且善别水性,若他往,必以已品定之水自随。能入其室而尝其茶者,必佳士也。"

五 方志

方志,也叫地方志,是记述地方情况的历史资料。早在《周礼》中就有外史"掌四方之志"①的记载,《越绝书》《吴越春秋》《华阳国志》等也属早期的方志范畴。隋唐以后,方志的编撰愈发受到重视,如隋炀帝曾在大业年间"普诏天下诸郡,条其风俗物产地图,上于尚书"②;唐贞观年间编纂的《括地志》体量达 550 卷,德宗时更规定州郡图经要每三年(后改为五年)一修,极大推动了各地方志的撰刊。③ 宋代方志编纂得到进一步发展,编写周期更为密集,体例和内容也更加完善。如北宋吴县学者朱长文所纂的《吴郡图经续记》,成书于元丰七年(1084 年),全书共三卷:上卷包括封域、城邑、户口、坊市、物产、风俗、门名、学校、州宅、南园、仓务、海道、亭馆、牧守、人物;中卷包括桥梁、祠庙、宫观、寺院、山、水;下卷包括治水、往迹、园第、冢墓、碑碣、事志、杂录。以《吴郡图经续记》为基础,成书于南宋光宗绍熙二年(1191 年)的《吴郡志》类目更为

---

① (清)阮元校刻:《十三经注疏·清嘉庆刊本》周礼注疏卷二十六《外史》,中华书局 2009 年版,第 1771 页。
② (唐)魏徵等撰:《隋书》卷三十三志二十八《经籍二》,中华书局 1973 年版,第 988 页。
③ 朱自振编:《中国茶叶历史资料续辑·导言》,东南大学出版社 1991 年版,第 6—7 页。

庞杂,此志由范成大纂修,类目包括沿革、分野、户口税租、土贡、风俗、城郭、学校、营寨、官宇、仓库场务、坊市、古迹、封爵、牧守、题名、官吏、祠庙、园亭、山、虎丘、桥梁、川、水利、人物、进士题名、土物、宫观、府郭寺、郭外寺、县记、冢墓、仙事、浮屠、方技、奇事、异闻、考证、杂咏、杂志等三十九门。这两部地方志内容全面、丰富,完整记录并保存了宋代苏州的珍贵历史信息。宋代江苏方志中还有一部体例成熟、内容丰富的《咸淳毗陵志》。此志由史能之纂修,于咸淳四年(1268年)问世,是现存最早的常州方志。其叙地理、诏令、官寺、秩官、文事、武备、风土、祠庙、山水、人物、词翰、财赋、仙释、寺观、陵墓、古迹、祥异、碑碣、纪遗等类目,每个类目下又分若干细目,体例井然、内容全面、繁简适宜,为此后的方志编纂带来深远影响。

  方志发展至明代进入繁荣阶段。明成祖朱棣曾"诏天下府州县皆修志书"①,并颁布纂修凡例,以统一各地编修志书的体例和内容。清代更是方志成书的高峰期,有学者统计,清代方志数量占现存方志总数的80%。② 从顺治朝开始,就有《河南通志》《陕西通志》等省级方志,康熙朝下令编修一统志,乾隆亲自审阅编成《一统志》,嘉庆时又颁令重修《一统志》。在官方大力倡导下,各地编撰方志之风大盛。如《江南通志》即是康熙二十二年(1683年),清廷为修《一统志》而下令各省纂修通志时,由两江总督于成龙,同江苏巡抚余国柱、安徽巡抚徐国相等,聘王新命、张九征等历时半年编纂而成。此志在雍正年间经删冗补漏后,又于乾隆元年(1736年)刊刻,故现存康熙二十三年和乾隆元年两部。与《江南通志》的情况类似,很多州县的方志都经过频繁修订,这在经济发达的江南地区尤为常见。如江苏《仪征县志》存康熙七年(1668年)、道光三十年(1850年)和光绪十六年(1890年)三部;《盱眙县志》存乾隆十一年(1746年)、同治十二年(1873年)和光绪十七年(1891年)三部;《江都县志》有雍正七年(1729年)、乾隆八年(1743年)、光绪七年(1881年)和民国十年(1921年)四部。

  方志是专门记述某一地区历史和地理情况的综合性著作,且明清

---

① 王继宗校注:《永乐大典·常州府清抄本校注》,中华书局2016年版,第14页。
② 朱自振编:《中国茶叶历史资料续辑·导言》,东南大学出版社1991年版,第8页。

以来常有固定的体例要求,因此记述内容具有显著的一致性。以乾隆《江南通志》为例,包括舆地、河渠、食货、学校、武备、职官、选举、人物、艺文、杂志等十志,每志又分若干目,如舆地志下分疆域、山川、风俗、古迹、寺观等,食货志下分田赋、盐法、物产等,门目详细,内容丰富。从方志类目上看,茶作为一种植物,本应属于"物产"一类,但从茶的植物属性衍生出的文化属性所涉及的内容却极为广泛,因此有关茶的内容在方志的物产、山川、艺文、风俗、古迹、寺观等多个类别中均有记录,甚至贡赋、人物、仙释等类别中也会提及茶税、贡茶以及名士饮茶轶事等。因此,方志一直是研究地方茶文化的重要参考资料。

江苏地方志中所记载的茶文化内容主要集中在苏州、常州、无锡,南京和扬州亦较为丰富,其他地区则记载较少。现择主要方志及内容摘录如下:

(一)苏州

(宋)朱长文纂《吴郡图经续记》,元丰七年(1084年)。卷下,杂录:洞庭山水月茶。

(宋)范成大纂修《吴郡志》,宋绍定二年(1229年)重刊本。卷二十九,土物:虎丘石井、吴松江水。

(明)张德夫、皇甫汸纂修《长洲县志》,万历二十六年(1598年)。卷四,人物:陆龟蒙;卷七,艺文:《甫里先生传》《茶诀》等。

(清)顾诒禄纂修《虎邱山志》,乾隆三十二年(1767年)。卷四,山水:虎邱山、陆羽石井等;卷十,物产:虎邱茶;卷十六、卷十八,艺文:李流芳《虎邱僧房夏夜试茶歌》、范必英《第三泉》等、濮淙《虎邱茶》等。

(清)李光祚、顾诒禄纂修《长洲县志》,乾隆十八年(1753年)。卷十六,山阜:茶坡泉;卷十七,物产:山茶;卷五十一,物产二:水月茶,碧螺春茶,虎丘茶。

(清)金玉祖纂《太湖备考》,乾隆五十年(1785年)。卷五,泉:无碍泉、惠泉等;卷六,物产饮馔之属:茶。

(清)沈德潜纂修《元和县志》,乾隆五年(1740年)。卷十五,山阜:虎丘石井泉;卷十六,物产:虎丘茶。

(清)沈藻采纂修《元和唯亭志》,道光二十八年(1848年)。卷八,古迹:六泾泉。

(清)李铭皖、冯桂芬纂修《苏州府志》,光绪九年(1883年)。卷八,水:吴淞江水、六品泉等;卷二十,物产饮馔之属:茶。

(清)郑钟祥、庞鸿文纂修《常昭合志稿》,光绪三十年(1904年)。卷一,山形:虞山冽泉、玉蟹泉;卷六,风俗:立夏风俗;卷四十六,物产:本山茶。

(清)金吴澜、汪堃、朱成熙纂修《昆新两县续修合志》,光绪六年(1880年)。卷三十四,游寓:陆龟蒙嗜茶。

(民国)连德英、李传元纂修《昆新两县续补合志》,民国十一年(1922年)。卷七,古迹:第六泉。

(民国)徐溥纂修《光福志》,民国十八年(1929年)。卷三,水:邓尉山七宝泉。

(民国)曹允源纂修《吴县志》,民国二十二年(1933年)。卷十九,舆地考:虎丘石井;卷五十一,物产二:水月茶,碧螺春茶,虎丘茶;卷五十二,风俗一:七家茶;卷五十七,艺文考三,卷五十八下,艺文考八:《茶谱》《茶具图》《茗曝偶谈》《茶话》《虎丘茶经补助》;卷七十八,杂记一,卷七十九,杂记二:虎丘寺石井,碧螺春茶。

(清)王新命、张九征纂修《江南通志》,康熙二十三年(1684年)。卷七,山川:苏州府六品泉、石井泉,常州府唐贡山、陆子泉;卷二十四,物产:常州府茶。

(清)尹继善、黄之隽纂修《江南通志》,乾隆元年(1736年)。卷十二,舆地志二苏松二府:金山,茶山,楞伽山;卷十三,舆地志三山川:常州府荆南山,唐贡山,茗岭山;卷十四,舆地志山川四:扬州府蜀冈,第五泉;卷二十五,舆地志关津一:江宁府荆溪县张渚镇;卷三十二,舆地志古迹三:常州府茶舍;卷三十三,舆地志古迹四:扬州府春贡亭,时会堂;卷八十六,食货志物产:江宁府茶,苏州府茶,常州府岕茶;卷一百九十五,杂类志纪闻:唐代宗时陆羽品试南零水。

(二) 常州

(宋)史能之纂修《咸淳毗陵志》,嘉庆二十五年(1820年)刊本。卷十三,土产:常州产茶;卷十五,山水:唐贡山,蒿山,啄木岭,陆子泉,真珠泉(卓锡泉),於潜泉;卷十九,人物遗逸:陆龟蒙嗜茶;卷二十二,卷二十三,词翰:《茶山贡焙歌》《茗坡》《陆羽茶泉》《焦千之求惠山泉》《游惠山》《题惠山泉》《留题惠山寺》等;卷二十七,古迹:茶舍。

(明)晏文辉、唐鹤征纂修《武进县志》,万历三十三年(1605年)。卷二,地理二乡都:茶巢岭。

(清)武俊、陈玉基纂修《武进县志》,康熙二十三年(1684年)。卷四十二,艺文:茶诗《访陆羽处士不遇》。

(清)徐一经纂修《溧阳县志》,康熙六年(1667年)。卷三,古迹:《补茶经》,产茶。

(清)阮升基、宁楷纂修《宜兴县志》,嘉庆二年(1797年)。卷一,山川:南岳山、茗岭山、离墨山,阳羡茶;土产:茶叶。

《宜兴县旧志》,重刻雍正间本。卷一,风俗:赛茶神,土产茶叶,茗壶;卷三,杂税:贡茶;卷九,古迹:茶舍;卷十,艺文:《卓锡泉记》《送陆鸿渐南山采茶》;卷末,艺术:制壶名手陈鸣远。

《宜兴县旧志》,嘉庆二年(1797年)。卷一,山川:南岳山,茗岭山,离墨山,唐贡山,啄木岭,真珠泉(卓锡泉),於潜泉;卷末,艺术:金沙寺僧,供春等制壶名手。

(清)黄冕、李兆洛纂修《武进阳湖县合志》,道光二十三年(1843年)。卷二,山川:茶巢岭,境会亭,高氏父子泉。

《常州赋》,光绪四年(1878年)重刊乾隆间本。茶巢岭,茶舍,茶山路,陆子泉,唐贡山,茗岭,珍珠泉,於潜泉,紫砂壶,红筋茶,芥茶等。

(清)卢思诚、季念贻、夏炜如纂修《江阴县志》,光绪四年(1878年)。卷三,山川:香山寺产茶。

(清)施惠、潘树辰、吴景墙纂修《宜兴荆溪县新志》,光绪八年(1882年)。卷一,山:茗岭,离墨山,南岳山,唐贡山,及诸山所产之茶;卷八,人物:制壶名手杨彭年;卷九,名胜:真珠泉(卓锡泉),於潜泉;卷末,摭失:境会亭。

《重刊续纂宜荆县志》,光绪八年(1882年)。卷九,艺文:《阳羡名陶录序》。

(清)桐泽、庄毓铉、陆鼎翰纂修《武阳志余》,光绪十四年(1888

年)。卷一,山川:茶山,茶山路,金沙泉,境会亭,茶巢岭等。

(三)无锡

(清)秦锡淳纂修《锡金志外》,道光二十三年(1843年)刊本。卷二,艺文:《尝惠山泉》《惠山名胜志》等。

(清)裴大中修、秦缃业纂《无锡金匮县志》,光绪七年(1881年)。卷三,水泉:第二泉(陆子泉);卷三十一,物产:横山雪浪庵本山茶;卷三十二,艺文:杨万里《题陆子泉上祠堂》;卷四十,杂识:惠山泉相关典故等。

(民国)陈善谟、徐保庆、周志靖纂修《光宣宜荆续志》,民国九年(1920年)。卷六,实业:阳羡垦牧树艺公司。

(清)丁兆基、江国凤纂修《金坛县志》,光绪十一年(1885年)。卷一,土产:方山茶。

(民国)冯煦纂修《金坛县志》,民国十年(1921年)刊本。卷一,舆地志·物产:茶叶;卷二,山水志·山水:方山茶。

《无锡县志》,民国十一年(1922年)。卷三上,事物:陆羽人物介绍;卷三下,学校:第二泉(陆子泉);卷四,辞章:《即惠山烹茶》《题惠山》。

(四)南京

(明)周晖纂《金陵琐事》,万历三十八年(1610年)。卷一,泉品:金陵二十四泉。

(清)洪炜、汪铉纂修《六合县志》,康熙二十三年(1684年)。卷十二,茶书:《茗笈》。

(清)马光祖修、(宋)周应合纂《重刊景定建康志》,嘉庆六年(1801年)。卷十九,山川:摄山白乳泉、钟山水。

(清)武念祖、陈栻纂修《上元县志》,道光四年(1824年)。卷四,山川:摄山白乳泉,品外泉,珍珠泉。

(清)莫祥芝、甘绍盘、汪士铎纂修《上江两县志》,同治十三年(1874年)。卷三,考山:钟山水,摄山品外泉,牛首山茶,吉山茶,雨花台雨花泉;卷七,考食货:钟山茶,摄山茶,天阙茶;卷二十八,摭佚:金陵二十四泉。

(清)夏锡宝、侯宗海纂修《江浦埠乘》,光绪十七年(1891年)。卷一,物产:浦口女儿红茶;卷四,山水下:定山卓锡泉。

《金陵物产风土志》,光绪三十四年(1908年)。牛首山茶,栖霞山茶,五台山茶,钟山一勺泉,嘉善寺梅花水,永宁庵雨花泉等。

(民国)柳诒征、王焕镳纂修《首都志》,民国二十四年(1935年)。卷三,山陵上:钟山水,茶圃;卷四,山陵下:摄山白乳泉,试茶亭,牛首山茶,吉山茶等。

(清)曹袭先纂修《句容县志》,乾隆十五年(1750年)修光绪二十六年(1900年)重刊本。卷一,舆地志物产:乾茶。

(清)张绍堂、萧穆纂修《句容县志续纂》,光绪三十年(1904年)。卷六,物产:空青茶,云雾茶。

吴寿宽纂修《高淳县乡土志》,民国二年(1913年)印宣统三年(1911年)本。物产:茶叶;商务:运销茶叶。

(五)扬州

(清)陆朝玑、程梦星纂修《江都县志》,雍正七年(1729年)。卷七,历代风俗:蜀冈茶;卷八,山川:蜀冈,蜀井,南零水,第五泉;卷十二,古迹:春贡亭,时会堂,茶园;卷十八、卷十九,艺文:《罢扬州贡茶敕》、晁无咎《扬州杂咏》。

(清)五格黄相、程梦星纂修《江都县志》,光绪七年(1881年)重印乾隆八年(1743年)本。卷四,山川:南零水,第五泉;卷十六,古迹:春贡亭,时会堂,茶园;卷三十二,杂记:比较大明寺水与蜀井。

(民国)钱祥保、桂邦杰纂修《江都县续志》,民国十年(1921年)。卷六,实业:扬州风俗;卷七,物产:茶。

(清)吴鹗峙、厉鹗纂修《甘泉县志》,乾隆七年(1742年)。卷三,山川:蜀冈,第五泉,蜀井;卷四,物产:蜀冈茶,禅智寺茶;卷十一、卷十二,古迹:春贡亭,茶园,禅智寺,时会堂。

(民国)钱祥保、桂邦杰纂修《甘泉县续志》,民国十年(1921年)。卷七,物产考:茶。

(清)胡崇伦、陈邦桢纂修《仪征县志》,康熙七年(1668年)。卷九,寓贤列传:陆羽试南零水。

(清)王检心、刘文淇纂修《仪征县志》,道光三十年(1850年)。卷三,风俗:产茶;卷五,山川:古东园塘,慧日泉,江北第一泉。

《仪征县志》,光绪十六年(1890年)重刊道光三十年(1850年)本。卷四十七,杂类志纪闻:陆羽试南零水。

(清)叶滋森、褚翔纂修《靖江县志》,光绪五年(1879年)。卷十六,名胜:长安寺圣井。

(六)镇江

(清)凌焯、徐锡麟纂修《丹阳县志》,光绪十一年(1885年)。卷二十九,风土物产:土茶。

(清)何绍章、吕耀斗纂修《丹徒县志》,光绪五年(1879年)。卷十七,物产:五州山云雾茶。

(民国)张玉藻、高觐昌纂修《续丹徒县志》,民国十九年(1930年)。卷五,物产:五州山云雾茶,碧螺春茶。

(清末民初)于树滋纂修《瓜洲续志》,民国十六年(1927年)。卷二,山川:中泠泉;卷二十八,杂录:镇江中泠泉。

(七)淮安、连云港及其他

(清)郭起元、秦懋坤纂修《盱眙县志》,乾隆十一年(1746年)。卷四,山川:玻璃泉;卷十二,古迹:秀岩玻璃泉。

(清)方家藩、傅绍曾纂修《盱眙县志》,同治十二年(1873年)。卷二,物产:茶树。

(清)王锡元纂修《盱眙县志稿》,光绪十七年(1891年)。卷二,山川:秀岩玻璃泉。

(清)金秉祚、丁一寿、周龙官纂修《山阳县志》,乾隆十四年(1749年)。卷十七,古迹:茶陂。

(清)唐仲冕、汪梅鼎纂修《海州直隶州志》,嘉庆十六年(1811年)。卷十,舆地考物产:宿城山茶;卷十六,食货杂征:榷茶,海州茶;卷二十五,寺观:悟正庵云雾茶。

《海州文献录》,道光二十五年(1845年)。卷十六,考证:宿城山云雾茶。

(清)谢尧淮、许乔林纂修《云台新志》,道光十七年(1837年)。卷十一,物华:宿城山茶。

(清)邬承显、吴从信纂修《邳州志》,乾隆十五年(1750年)。卷十,艺文:小山泉。

(民国)李佩恩、张相文纂修《泗阳县志》,民国十五年(1926年)。卷十九,实业物产:茶,购茶。

(清)梁悦馨、莫祥之、顾曾焕、顾曾烜纂修《通州直隶州志》,光绪元年(1875年)。卷二,山川:狼山乳泉。

第六章　近代的江苏茶文化

中国传统茶业与茶文化经过明清以来的长足发展,在茶树栽培技术、茶园管理、茶叶加工技术、茶文化内涵等方面愈发成熟与丰富。在国内茶业发展水平较高和茶文化广泛传播的基础上,茶叶出口贸易迅速扩大,中国茶成为全球性的畅销商品。虽然清末的茶业发展受国际市场竞争影响,茶叶出口一度锐减,茶园荒芜,产业颓败,但是在不断探索和尝试下,中国传统茶业开始向近代茶业转型。而在此期间,江苏再一次起到了积极的引领作用。

第一节　引领传统茶业向近代转化

晚清至民国是茶业大起大落的时期,究其原因,一方面是中国茶业发展自身存在问题,而另一方面则是国际市场竞争的结果。起初西方无茶,也无饮茶习惯。自17世纪初荷兰人把茶运销西欧以后,这种中国特有的被称为"草药汁液"的神奇饮料,很快就在欧洲和全球范围风行,中国茶业也在出口需求的拉动下急剧发展起来。但至19世纪80年代中期,随着英、荷等国南亚殖民地植茶、制茶的发展,中国曾经独占的国际茶叶市场被迅速抢占,进而导致国内茶业发展陷入低谷。茶叶出口贸易与国内茶业形势由顶峰骤然坠向低谷,对当时仍陶醉于咸同时期茶业繁荣的各地官绅和茶商、茶农来说,无疑是一次沉重的打击。在感到迷惘的同时,如何重振、复兴茶业,也成为了清末民初有关各界探讨和实践的重要课题。

一 茶叶外销的兴衰

17世纪初,荷兰人将茶叶从澳门运至欧洲,由此拉开华茶外销的序幕,中国茶逐渐被西方人认识并接受。进入18世纪,由于世界茶叶市场对中国茶的需求量不断攀升,茶叶逐渐取代生丝和丝织品,成为众多国家对华贸易中最为主要的商品。以中英茶叶贸易为例,有数据统计,1790—1800年广州年均出口英国茶叶毛重约1900万磅;1812—1820年超过3000万磅,而且这些数据还不包括从欧洲大陆和爱尔兰走私到英国的茶叶量;1817—1833年,平均每年出口到英国的茶叶货值占广州土货出口总值的比重为63.3%,也就是说,广州每年贸易收入的一大半都来自茶叶;1834年,英国东印度公司的专卖权被终止,但就在那一年,英国从广州进口的主要商品中,茶叶仍居首位,达到3200万磅;至鸦片战争前夕,东印度公司从广州购买的茶叶量超过4000万磅。① 鸦片战争后,英国对中国茶需求量仍然不断攀升,鉴于茶叶贸易的重要性和茶叶本身的季节性,英国商人力求运输迅速,于是渐渐淘汰航行缓慢的东印度船,以一种诨名"茶车"的军舰式船只取而代之。茶叶贸易也随着航运速度的提升,以惊人的速度迅猛发展。1846年输入英国茶叶5650万磅;1886年中国与英国的茶叶贸易水平达到最高峰,出口总量约为3亿磅。②

除英国以外,荷兰、美国、法国、瑞典、丹麦、比利时、普鲁士、热那亚、意大利等众多国家,也积极开展对中国的茶叶贸易。如法国、荷兰、丹麦、瑞典四国与广州的茶叶贸易一直稳步发展,在有些贸易年份中,四国所购买的茶叶数量甚至超过英国。美国与中国的茶叶贸易发展可以说是后来居上。独立战争之前,北美殖民地的茶叶来源一直被英国掌控,直至美国独立后,中美才正式展开直接茶叶贸易。1784年,美国

---

① 姚贤镐编:《中国近代对外贸易史资料1840—1895》,中华书局1962年版,第一册,第269、254—255、279页。
② (美)威廉·乌克斯著,中国茶叶研究社译:《茶叶全书》,中国茶叶研究社1949年版,上册第44页,下册第55页。

商船"中国女皇号"取道好望角到达广州,并于第二年满载中国茶叶、丝绸等商品返抵纽约,获利颇丰。这次划时代的航行拉开了美国与广州茶叶贸易的序幕,此后每个贸易季度都有美国商船到广州进行贸易。据统计,1784—1794年间,广州与美国的茶叶贸易量为年均139万磅;1806—1807年贸易季度,激增至940万磅;1812—1814年的美英战争使美国的对外贸易急剧下降,但是战争结束之后的4年之内,美国与广州的茶叶交易量便从144万磅急速回升到772万磅;第一次鸦片战争前夕,茶叶贸易量创历史最高,达到1933万磅。① 美国所购买的茶叶在满足本国需要的同时,还转运至欧洲和走私到英国,甚至直接从广州运至英国的殖民地,这一操作给手握对华贸易垄断权的英国东印度公司带来极大挑战。②

图6-1 清乾隆时期彩绘广州鸟瞰图(大英图书馆藏)

总的来说,从18世纪初至鸦片战争前,随着世界市场对中国茶需求的不断扩展,茶叶出口贸易一直处于持续增长态势,很多来华贸易的外国商船购物单上甚至只有茶叶一种商品。在全球市场对茶叶需求量飞速增长的同时,中国茶叶出口贸易也在清代中国经济中占据着重要的位置。然而长期以来,在中国和西方的相互贸易中,发达的手工业、农业以及庞大的国内市场使中国可以不需要进口外国商品,这就导致

---

① 姚贤镐编:《中国近代对外贸易史资料1840—1895》,中华书局1962年版,第一册,第286—296页。
② 汪敬虞著:《十九世纪西方资本主义对中国的经济侵略》,人民出版社1983年版,第12页。

英、美等国无法用本国商品,而只能以白银换取他们所需的茶叶和丝绸等土产。全球白银都随着茶叶的出口而流入中国,欧洲因此爆发了严重的白银危机。随着茶叶贸易的迅猛发展,手握贸易垄断权的英国东印度公司,一方面从对中国的茶叶贸易中获得巨额税收和利润,另一方面也出现了严重的贸易逆差。于是,他们从18世纪70年代起,开始用棉纺织品从印度换取大量鸦片,再将鸦片从印度运至中国来换取茶叶,逐渐构建起"东方三角贸易体系",以平衡贸易逆差。

最初,鸦片是作为药材由葡萄牙人合法限量输入中国的,每年输入的鸦片不超过200箱。① 但是,随着英国东印度公司开始用鸦片抵销进口茶叶造成的巨额入超,通过走私进入中国的鸦片数量快速增长,至18世纪末已达年均4113箱②,清政府已经不得不通过严厉的禁烟措施制止鸦片流入。然而,鸦片却通过非法走私的方式,更加大量地进入中国。至19世纪,进入中国的鸦片数量快速增长。1821—1827年,年均9708箱;1828—1835年,年均18712箱;1836—1839年即鸦片战争前夕,年均进口鸦片数量高达35445箱。③ 鸦片加速流入中国的同时,白银从中国倒流西方的年增长速度同样十分惊人。1826—1830年,年均359万两;1830—1834年,年均547万两,其中1833—1834年的白银流出量竟高达964万两。④

为了避免"以中国有用之财,填海外无穷之壑"⑤的情形愈发恶化,道光年间继续厉行禁鸦片分销和禁偷漏纹银的章程。章程规定,到广州贸易的外国商船要出具无鸦片的字据,如果"装载鸦片来粤,一经查出,即不许开舱,驱逐回国";当洋商的贸易结束离开广州时,需确保"并无掺和纹银",一经查出,"不论银数多寡,照数倍罚充公",并将相关人等一并治罪。⑥ 为了逃避清政府的查禁,部分英国商人和葡萄牙人相互

---

① 姚贤镐编:《中国近代对外贸易史资料1840—1895》,中华书局1962年版,第一册,第319页。
② 姚贤镐编:《中国近代对外贸易史资料1840—1895》,中华书局1962年版,第一册,第339页。
③ (美)马士著,张汇文译:《中华帝国对外关系史》,生活·读书·新知三联书店1957年版,第1卷,第238—240页。
④ 姚贤镐编:《中国近代对外贸易史资料1840—1895》,中华书局1962年版,第一册,第344页。
⑤ 姚贤镐编:《中国近代对外贸易史资料1840—1895》,中华书局1962年版,第一册,第347页。
⑥ 姚贤镐编:《中国近代对外贸易史资料1840—1895》,中华书局1962年版,第一册,第352—353页。

勾结,把澳门变成他们走私鸦片的基地。鸦片的大量输入不仅使中国白银大量倒流西方,而且造成了一系列严重的社会问题,终于导致1839年的虎门销烟运动。英国殖民者为了捍卫他们贩卖鸦片的利益,于次年发动了震惊世界的第一次鸦片战争。然而,这场战争只是全球茶叶连锁效应产生的第一个结果,在英国、中国和印度的三角贸易中,"英国是主宰,印度是工具,中国是最终的牺牲品。"①

鸦片战争后,中国政府被迫签订《南京条约》,条款之一就是要求中国开放广州、上海、福州、厦门、宁波五处为通商口岸,实行自由贸易。虽然增设通商口岸导致茶叶价格降低以及各口岸之间的竞争,但当时中国茶独霸世界市场,因此茶叶出口贸易仍然极其兴旺。就以上海与广州的竞争来说,以前十三行②垄断茶叶贸易时,从广州出口的茶叶须先从福建、江西、江苏、浙江、安徽等地运至广州,费时费力。一路上不仅要雇用挑夫、劳工,还要雇人保护银两货物,以免沿途被抢匪所劫,而且清政府还在沿途设立税卡征收茶税。所以从产地将茶叶运至广州出口,所花费的车费、船费、劳工费和税费等数额相当庞大。上海虽然开放较晚,但因其距离茶叶产区更近,所以通商之后优势即刻显露出来,茶叶出口贸易也就逐渐由广州转移到了上海。福建、浙江、安徽、江苏所产的茶叶都以距离较近的上海作为市场。据统计,上海在1846年的出口额仅占全国茶叶出口的七分之一,至1851年便提高到三分之一,1852年的茶叶出口量就已超过广州。而且上海距杭州、苏州、南京等大城市也很近,更容易收购生丝和丝织品。虽然国内港口之间存在竞争,但有赖于世界市场对茶叶需求的不断扩大,华茶销量依然持续扩张。1844—1858年,华茶出口量从7000万磅增至10300万磅。③ 虽然此时的英国工业已经强大到"足以把机制产品销往全世界的任何角落",但是"仍旧生产不出什么值得中国人民广泛欢迎的廉价工业品"④,

---

① 仲伟民:《茶叶和鸦片在早期经济全球化中的作用——观察19世纪中国危机的一个视角》,《中国经济史研究》2009年第1期,第96—105页。
② 广州十三行是清政府指定专营对外贸易的垄断机构,从1686年设立至1856年被毁,行使茶叶贸易垄断权近两个世纪。
③ 姚贤镐编:《中国近代对外贸易史资料1840—1895》,中华书局1962年版,第一册,第509页。
④ 严中平主编:《中国近代经济史1840—1894》,经济管理出版社2007年版,上册,第235页。

所以英国仍然无法通过其工业产出品贸易来平衡国内不断增长的茶叶进口量。与此同时,由于鸦片输入中国数量的不断增加,茶叶销量的持续增长并未缓解清政府的财务窘境。19世纪50年代,平均每年输入中国的鸦片数量都在6万箱以上。① 茶叶出口贸易即便仍然处于繁荣发展期,但其贸易收入基本都被鸦片消耗掉了。

19世纪70年代,西方自由资本主义开始向垄断资本主义过渡,国际资本主义的社会生产力出现了新的发展形势。而清政府当时正处在农民起义的沉重打击之下,为了维持政权不得不在一定程度上寻求外国势力的支持,并以进一步开放内地市场作为一项交换条件,从而愈加深化了中国经济的半殖民地性质。被卷入世界市场的茶叶出口贸易,虽然遭遇其他植茶国家的冲击,但并未立即受到严重影响,而且由于当时全球茶叶市场的需求不断增加,茶叶消费量仍以惊人的速度增加。

另外,西方国家交通运输业的变革也使中国茶叶出口量在竞争之下仍能保持持续增长的势头。19世纪中叶以后,被称为"现有各种发明的综合体系"的钢制轮船逐渐取代最大载重量不足1000吨的快剪船,被用于茶叶国际运输。1870年,途经埃及的第一艘英国商船到达中国,标志着苏伊士运河的正式通航。新航线的航程比绕道好望角的旧航线缩短一半,仅需55至60天,使得中国茶叶能够提早运达伦敦,而且商船从此无需结伴航行,又避免了茶叶同时涌入伦敦。② 再者,1871年中国与欧洲电报线路的建成,也大大降低了洋商到中国贸易的风险,从而进一步刺激了茶叶贸易的发展。对中国茶叶贸易而言,西方社会的工业进步无疑是一把双刃剑。早年贸易中的茶叶定价受中国商人支配,而新航线开通和电报启用则使中国的交易主导权被伦敦市场取代。茶叶的价格和销量从以前受数量与质量的供求关系支配,转变成受伦敦存货量和英国、欧洲的销路以及消费者需求支配,中国茶商再也无法控制茶叶市场。商船航运时间的缩短和载重量的增加,在使中国茶叶出口量迅速扩大的同时,也使中国逐渐失去了在全球茶叶市场中的领导地位。

---

① 严中平主编:《中国近代经济史 1840—1894》,经济管理出版社 2007 年版,上册,第 276 页。
② 姚贤镐编:《中国近代对外贸易史资料 1840—1895》,中华书局 1962 年版,第二册,第 949—950 页。

穆尔在《美国国民工业史》中认为,在英国人眼里,"殖民地应该为着宗主国的利益而存在,在这个意义上,殖民地应该生产宗主国所需要的东西,应该向宗主国提供可以出售其产品的市场。"①而其南亚殖民地刚好具备生产宗主国所需茶叶的客观条件,同时也能为宗主国所出售的棉纺织品提供市场。基于上述双重条件,英属印度、锡兰(今斯里兰卡),荷属爪哇等地的植茶、制茶工业迅速发展起来。

以印度茶为例。英属印度早在1780年就已经尝试种植中国茶种,1834年英属印度在加尔各答成立了茶叶委员会,进一步讨论在印度种植中国茶树的可能性,寻找适合种植茶叶的地区,并派遣委员会秘书戈登到中国研究茶树栽培技术和茶叶加工方法,同时采办茶籽、茶树以及雇用中国茶工。1838年有三箱阿萨姆小种和五箱阿萨姆白毫,共计350磅印度茶叶被运往英国伦敦,并于第二年以高价拍卖售出。② 当时即有评价说,阿萨姆茶即使不能超过中国茶叶,也会与中国茶叶相等。此外,被剥夺了对华贸易垄断权的东印度公司也更加迫切地想要发展英属印度的植茶、制茶产业,为此于1848年派遣"茶叶经济间谍"罗伯特·福琼进入中国内地,要求他从中国盛产茶叶的地区挑选出最好的茶树树苗和种子,并负责运送到加尔各答,再从加尔各答最终运抵喜马拉雅山,同时从中国招聘有经验的专业制茶师,以发展英属印度的茶叶种植与加工技术。1840年阿萨姆公司成立,印度茶业逐步进入科学发展时期,其他茶叶公司亦如雨后春笋般纷纷设立,印度茶叶生产和消费快速发展。19世纪70年代以后,印度茶业发展迅猛,茶叶出口量从1870年的1315万磅激增至1879年的3848万磅;进入80年代后,涨幅继续扩大,1886年的茶叶出口量达到7686万磅,是1879年的两倍之多。③ 另外,印度茶叶出口量的增长情况也可以从其占英国茶叶消费量的比例中得到反映。1871年华茶占英国销量的91.3%,而且1876年以前,英国茶叶销量的增加主要由中国和印度共同分担;但是从1876

---

① 张友伦主编:《美国通史第2卷·美国的独立和初步繁荣 1775—1860》,人民出版社2002年版,第193页。
② (美)威廉·乌克斯著,中国茶叶研究社译:《茶叶全书》,中国茶叶研究社1949年版,上册,第80页。
③ 姚贤镐编:《中国近代对外贸易史资料 1840—1895》,中华书局1962年版,第二册,第1193页。

年起,华茶销量停滞不前,茶商只要能买到印度茶,就不会要中国茶,所以 1876 年以后英国茶叶销量的增加全部来自印度茶。① 这种情况可以说是整个中国茶叶出口贸易衰落的征兆。到 1887 年,英国茶叶消费量中印度茶所占比重已与华茶持平。华茶的出口份额不仅在英国市场上被印度抢占,在世界茶叶市场上所占比例也逐年减少,至清末已完全被印度赶超。

锡兰从 18 世纪末开始进行茶树栽培试验,但均以失败告终。不过锡兰具备有利于茶叶种植和生产的自然环境条件,到 19 世纪后半叶,植茶业终于发展起来,植茶面积和茶园数量均迅速增长。据统计,1880 年锡兰茶园数量只有 13 个,1883 年就达到 110 个,到 1885 年茶园数量竟达 900 个之多。② 迅速增加的茶园数量正是锡兰茶业兴旺发展的直接反映。19 世纪 90 年代以后,锡兰茶业发展进入鼎盛时期,由于采用先进的生产方式和科学的管理方法,锡兰茶叶的产量也持续上升,为不断增长的茶叶出口提供保障。锡兰茶占世界茶叶销量的比重也由 1887 年的 3.09% 迅速提高到 1900 年的 24.64%。③

除英属印度和锡兰以外,荷属爪哇在 19 世纪初也开始尝试种植茶叶,但未获成功。从 1826 年开始,爪哇启动新一轮的植茶、制茶试验,此次活动由荷兰贸易公司的茶叶技师雅可布逊和植物学家史包得负责和指导。从 1828 年至 1833 年,雅可布逊六次考察中国,为爪哇带回大量茶籽、茶苗、茶工、茶具以及植茶、制茶技术。④ 1835 年,所产制的茶叶首次在阿姆斯特丹出售,但因其品质不良,价格低于英属印度茶。1877 年,爪哇茶叶首次输入伦敦,但仍未能引起市场反响。直到 1880—1890 年,爪哇茶的品质和出口量才开始不断提高,1885 年在英国的销量甚至高于锡兰茶。⑤ 至清代末年特别是 1908—1912 年,爪哇

---

① 姚贤镐编:《中国近代对外贸易史资料 1840—1895》,中华书局 1962 年版,第二册,第 1192 页。
② 姚贤镐编:《中国近代对外贸易史资料 1840—1895》,中华书局 1962 年版,第二册,第 1189 页。
③ 陶德臣:《英属锡兰茶业经济的崛起及其对中国茶产业的影响与打击》,《中国社会经济史研究》2008 年第 4 期,第 74—88 页。
④ 陶德臣:《荷属印度尼西亚茶产述论》,《农业考古》1996 年第 2 期,第 254—258 页。
⑤ (美)威廉·乌克斯著,中国茶叶研究社译:《茶叶全书》,中国茶叶研究社 1949 年版,下册,第 61 页。

茶平均每年的出口货值高达4450万镑,位列世界茶叶出口的第四位。①

总的来说,鸦片战争之后,英国以红茶为主的茶叶消费总量和人均消费量均逐年升高。到20世纪初,英国每年消费的茶叶接近3亿磅。② 然而,在茶叶消费量急速攀高的同时,华茶出口量却呈下降趋势。显而易见,其中不断扩大的茶叶量差都被印度、锡兰、爪哇等国抢占了。

除了红茶被印度、锡兰以及爪哇抢占英国及欧洲市场以外,中国绿茶出口美国也遭遇日本的竞争。1856年,日本输入美国的茶叶仅50箱,1857年有400箱,1859年则增加到了10万箱。1860年,日本模仿中国的茶叶制造方法取得了成功,其输往美国的茶叶数量急剧增加。虽然,至1860年中国的绿茶出口在美国进口贸易中仍占据显著地位,约占每年进口总额的60%—80%,但其重要性已呈衰落趋势。19世纪70年代,日本成功与美国建立茶叶贸易联系,输入美国的绿茶数量逐年增加。美国市场对日本绿茶的接受大大刺激了日本绿茶的生产,其产量和出口量均大幅升高,到1874—1875年贸易季度,日本出口美国的绿茶为2250万磅,超过中国的2000万磅。③ 美国的茶叶进口量以惊人的速度大幅增长,但其与中国的茶叶贸易则无可挽回地衰落下去。19世纪70年代,平均每年输入美国的茶叶数量高达5954万磅,然而其中华茶所占比例不足六分之一。到清代结束,输入美国的茶叶数量仍然持续增长,其中多是日本绿茶,中国茶数量已是微乎其微了。

长期以来,国际茶叶贸易主要就是中国与其他国家的茶叶贸易。中国既是唯一能够向世界提供茶叶的国家,也是世界各国茶商购买和批发茶叶的唯一场所。其他国家不产茶,或生产的茶叶尚未形成大规模的商业买卖关系,所以即便国内茶产业本身存在着茶叶品质低下、茶叶利润偏低、茶商茶农缺乏资金、茶税较高等诸多缺陷,但是国际茶叶出口贸易一直为中国所主导。但从19世纪中叶以后,英国和荷兰首先

---

① 陶德臣:《荷属印度尼西亚茶产述论》,《农业考古》1996年第2期,第254—258页。
② (美)威廉·乌克斯著,中国茶叶研究社译:《茶叶全书》,中国茶叶研究社1949年版,下册,第133页。
③ 姚贤镐编:《中国近代对外贸易史资料1840—1895》,中华书局1962年版,第一册,第656页、653页,第二册,第1198页。

在其南亚殖民地大力发展植茶业并获成功,印度与锡兰所产红茶畅销于英国,日本绿茶抢占美国市场,中国茶叶贸易江河日下。由中国一国到多个国家同时出口茶叶,使得中国茶叶出口先是从数量上螺旋式下降,由高峰期的年均超过200万担,迅速降至1913年的144万担。① 与此同时,茶叶占中国土货出口总值的比重也大幅降低。1894年,茶叶仅占中国主要出口商品的24.9%;1913年,更跌落至8.4%。②

随着茶叶出口贸易的衰落,茶叶外销受阻,茶商手中的茶叶难于售出,即使有少量成交,所获之利也不足以维持生计,迫使茶农、茶商不得不转而从事其他行业,导致茶庄茶行纷纷倒闭,茶产业从业人员逐渐减少。茶农在茶叶产销链条中所处的位置距离生产最近,却离市场最远,这就导致其无法最先了解到市场变化的信息,无法做出及时的反应。再加上茶叶的产出量是由茶园面积和气候条件等因素决定、土地的用途难以迅速转变、茶农对茶叶种植的路径依赖等原因,茶农即使了解到了市场变化的信息,也难以在短期内调整产量或转产,而不像茶商能够根据市场需求随时调整茶叶收购量。因此,当茶叶贸易衰落,茶叶出口量降低,茶商能够适当降低茶叶收购量或压低茶叶价格,以减少滞销带来的一部分经济损失,而茶农只能接受被压低的茶叶价格,滞销、降价的绝大部分压力最终由茶农来承担。茶农从茶叶贸易中无法获得利润,甚至亏本,使其生产积极性受到严重打击,直接导致茶叶产区荒废的局面。茶区面积减少意味着茶叶产量降低,这又反过来使尚在坚持的茶商无法继续经营,纷纷退出茶市。中国茶叶出口贸易终因诸多因素而无法与其他国家相竞争,从而退出国际茶叶贸易市场。

近代江苏茶业的发展形势与全国一致,也处于茶园凋敝、贸易不振的逆境之中。以重点茶区宜兴为例,据陶德臣先生统计,道光后期茶叶产地共计2929亩,至太平天国时期锐减至496.6亩,茶园大面积荒芜,

---

① 姚贤镐编:《中国近代对外贸易史资料1840—1895》,中华书局1962年版,第二册,第1204—1205页。
② 汪敬虞主编:《中国近代经济史1895—1927》,人民出版社2000年版,上册,第198页。

或改为种植山芋等杂粮。① 贸易方面,江苏作为茶叶集散地,所运销之茶"大半系安徽、浙江、江西等省所产,从杭州运来后复在本地拣选焙制,窨以本地之桂花与闽省运来之珠兰花、茉莉花,薰妥后运往北方,全备华人购饮"②。1896 年苏州正式对外开埠,出口茶叶数量有了详细记载,衰落之势变得更加直观。

表 6-1　1896—1931 年苏州茶叶出口量

年份	数量(担)	货值(关两)	年份	数量(担)	货值(关两)
1896	—	—	1914	8363	341987
1897	2719	80572	1915	8640	293087
1898	5222	114586	1916	8991	343897
1899	4328	149770	1917	8904	347294
1900	1448	42601	1918	7397	254893
1901	23379	607523	1919	9020	303519
1902	16735	398947	1920	10286	457225
1903	16339	406515	1921	9787	333281
1904	11708	296867	1922	6975	240047
1905	20765	—	1923	7888	348748
1906	25807	—	1924	7213	320041
1907	13892	—	1925	8118	380992
1908	13290	—	1926	6510	263595
1909	15249	—	1927	7712	361009
1910	13636	545934	1928	6734	331436
1911	13575	557305	1929	7918	380915
1912	10768	392142	1930	5913	383792
1913	10264	397517	1931	4610	276145

资料来源于陆允昌编:《苏州洋关史料(1896—1945)》,南京大学出版社 1988 年版,第 408—409 页。

① 陶德臣:《江苏茶业发展述论》,《农业考古》2013 年第 2 期,第 259—266 页。
② 陆允昌编:《苏州洋关史料(1896—1945)》,南京大学出版社 1988 年版,第 191—192 页。

二 传统茶业衰败之原因

首先,清末局势动荡影响茶叶贸易。两次鸦片战争不仅未能使鸦片走私受到控制,反而使清朝社会更加动荡不安。鸦片走私猖獗,原有的自然经济结构在东南沿海地区开始解体,战争以及由战争引发的一系列社会问题使清王朝在经济上陷入严重危机。与此同时,各地农民起义接连爆发,国力遭受严重打击。比如咸丰元年(1851年)爆发的太平天国起义,是中国近代的一次大规模农民起义。此次起义历时十四年,势力蔓延十八个省,实际控制区域发展到二十三个州府,总面积达150多万平方公里。在内忧外患的双重冲击下,中国社会更加动荡不安,清政府已经无力理会茶叶贸易的兴衰,反而为了应付庞大的军费开支,加大征收苛捐杂税。在清末混乱颓败的历史背景之下,中国的茶叶出口贸易一步步走向衰落。

其次,茶产业本身也存在诸多问题。包括茶叶品质低下、茶农茶商投入过高而利润较低等。茶叶是饮品也是商品,发展越成熟,影响范围越大,对其品质的要求也就越高。茶叶生产的种植、管理、采摘、加工、包装、贮运等各个环节,均与茶叶品质密切相关。纵观清代茶产业,虽然出口贸易极度繁荣,而且从业人员众多、商业组织遍布各地,但彼此之间却是一盘散沙,缺少相互联系和协作。这种过度涣散的状态,直接或间接导致了茶叶产销过程中出现的诸多问题。而这些问题的存在,又严重影响茶叶品质,同时一点点蛀蚀了中国茶在世界茶市上的竞争力。虽然1895年户部员外郎陈炽曾经提出"中国茶务昔盛今衰,其故有三":印度、日本的竞争,洋商的过重抑勒,茶农和茶商相互忌嫉;并提出参用机器、增设小轮、设立公栈、暂减厘捐等补救方法,却并未提到茶树栽培、茶园管理等方面存在的问题和改进办法。①

事实上,健康的生长环境和状态才是保证茶叶品质的根本。然而,茶农只注重茶叶产量却忽略对茶园的养护,导致茶园土壤贫瘠、肥力下降、有机质含量低、土壤质地沙化等理化性质恶化。茶区生态失调会对

---

① 朱自振、韩金科:《中国自制茶机和使用化肥的始期》,《茶业通报》2001年第2期,第45—47页。

茶园的小气候造成影响,自然也会影响茶树生长,降低茶叶品质,而且影响持续时间较长。另外,产茶地区常年植茶,且不按年限更换新茶树,任凭茶树无限期生长,致使所生芽叶因缺乏养分而不够肥壮。用轻薄瘦弱的芽叶制成的成茶,香气低、滋味淡、不耐冲泡。在茶树修整期,没有将枝杈剪去而任其生长,也没有对茶园进行除草、翻地、施肥,茶树得不到充分休养,导致来年发的芽叶"浆汁不能浓厚,香味亦淡",制成茶叶必然口味不佳。只求"茶海一片"而不考虑茶树对土壤和生态条件的要求,势必造成集中繁荣之后的衰败局面。从19世纪80年代开始,随着国际茶叶市场竞争的加剧,品质低下的华茶因缺乏竞争力而逐渐走向衰落。

一方面,在茶叶采摘和加工方面,以种茶为副业的小业主和小农户,采摘数量较少的茶树鲜叶在市场出售的做法,经常使鲜叶因未能及时得到烘焙而萎凋甚至发酵,以此变质鲜叶制成的成茶质量必然受到影响。采摘芽叶没有统一标准,不仅采摘次数偏多,而且连粗老叶、枝条一并采摘混入芽叶的现象普遍存在,对茶叶品质造成严重损害。1870年,茶叶揉捻机通过鉴定并在爪哇推广使用,标志着制茶工艺实现了机械化,而中国的茶叶加工方法依然沿用旧制。印度等国的机械制茶工艺到19世纪80年代已经陆续完成揉茶机、烘茶机、碎茶机、拣茶机、包装机等各项技术的革新。完备的机械化茶叶生产不仅提高了茶叶质量,而且使茶叶的加工成本大大降低。例如,"1500000人手工揉茶的数量,只需要8000架揉捻机即可完成;人工烘干1磅茶叶需要8磅木炭,而烘干机则只需1/4磅"。[①]

另一方面,茶叶包装也存在很多缺陷。包装人员不负责任,将不同地区、不同等级的茶叶混在一起,严重影响茶叶香气。茶叶装箱制度不健全,包装材料和方法不统一,无法起到保护茶叶的作用,从而影响茶叶品质。有些经营者往往舍不得在包装上增加花费:如果铅的价格昂贵,便用厚纸代替铅罐;如果木材缺乏,就把箱板制作得非常薄,一旦木箱破裂,铅罐也会随之破裂,严重损害茶叶品质。

---

① 严中平主编:《中国近代经济史1840—1894》,经济管理出版社2007年版,下册,第792页。

再次，由于茶税等原因导致茶农茶商的投入过高而利润较低的情况，也是导致茶叶出口贸易衰落的原因。晚清时期国际国内形势严峻，两次鸦片战争和列强的勒索已经让清政府陷入财政状况难以为继的地步；为了镇压各地起义所花费的军费，更使国库困窘到"不比一家地主的资财"①。据不完全统计，清政府为镇压起义所花军费约四亿两白银，这还不包括铜钱、米粮以及奏销缺漏和未奏销的支出。清政府为了维持庞大的军事开支不断提高茶税，茶业经营者则必须支付高额税款才能维持商业运营。据英国领事馆的报告记载，"1887年，中国次等功夫茶在上海的离岸价格，已经高出印度和锡兰上等功夫茶在加尔各答和科伦坡的离岸价格；1889年，福州一担功夫茶的包装、运费和捐税支出，几乎相当于在伦敦的全部销售价格。"② 相比之下，中国在国际市场上的竞争对手，如出产绿茶的日本和出产红茶的印度，不仅采用成本较低的机器制茶，而且"绝无厘金、入市税或出口税的征敛"③；锡兰为了推销本国茶叶，每磅补贴三分五厘④。然而华茶的税务始终居高不下，就连中国香港的洋商都因印度所产的茶叶质量较好且价格较低，而舍近求远地购用印度茶叶，更不用说其他国家的茶商了。⑤

为保护民族产业，政府通常会采取符合国际贸易惯例的税收制度，即征收较低出口税和较高进口税。但清政府历年出口平均税率都高于进口平均税率，有的年份甚至高出一倍以上。也就是说，19世纪中国的进出口贸易税率与国际惯例相悖，这一现象充分反映出当时中国经济的半殖民地性质。这种半殖民地特性在当时主要的进口商品鸦片和出口商品茶叶上表现得尤为突出。从1867年到1885年，虽然鸦片的进口税率有所提高，但茶叶的平均出口税率也在增长，且仍高于前者。19世纪末，华茶在国际茶市中逐渐丧失优势，在这种情况下，清政府仍然不能通过降低茶叶出口税率的方式改善茶产业，反而为了征收高额

---

① 严中平主编：《中国近代经济史1840—1894》，经济管理出版社2007年版，上册，第431页。
② 严中平主编：《中国近代经济史1840—1894》，经济管理出版社2007年版，下册，第922—923页。
③ 汪敬虞：《中国近代茶叶的对外贸易和茶业的现代化问题》，《近代史研究》1987年第6期，第1—23页。
④ 陈勇：《晚清时期的茶税与徽州茶叶贸易》，《合肥师范学院学报》2008年第4期，第77—80、129页。
⑤ 拱北海关志编辑委员会编：《拱北关史料集》，拱北海关印刷厂1998年版，第14页。

税收扩充国库,放任畸形进出口税率问题的存在,导致本国茶叶出口贸易的竞争力越来越弱,最终被其他国家所取代。

茶业的兴盛与否在一定程度上受制于茶叶税收的轻重。毋庸置疑,清末繁重的茶税是降低华茶在国际市场上竞争力的重要原因之一。中国茶商以个体小农经营为主,没有股东资本,茶商在茶叶贸易中缺乏可周转的资金。以上海出口为例,茶商需要支付茶叶到上海的运费和上海沿岸贸易税,虽然沿岸贸易税在茶叶运往国外时可以退还,但商人手中可以周转的资金太少,请捐客垫付的利息又很高,导致大部分从事茶叶贸易的商行因此而倒闭。缺乏资金还使茶商既无法购买植茶土地、制茶机器和设备,也无法进行科学试验、选育和改良茶树和茶叶品种,更无法通过市场调查了解顾客的要求变化以便及时调整经营策略。可以说,中国的茶叶产销商人对国际市场的需求懵懂无知,这使供求双方之间产生隔膜,从而造成茶叶出口贸易的衰落。比如英国人喝茶习惯加入牛奶,这就要求茶汤具有较高的浓度,而与味道较淡的中国茶相比,印度茶的香气更持久,滋味更浓厚,所以更受英国乃至整个欧洲市场的欢迎。当时就有权威人士评价,印度茶是最有前途的茶叶。中国茶商与国际市场相隔离,造成他们在茶叶贸易中墨守成规,最终被市场竞争所淘汰。这一点,从福州出口红茶数量的变化即可看出,1882年福州出口红茶649755担,1891年降至335651担,不到十年时间,出口量减少了近一半。① 再比如美国人喜欢生活便利,印度茶则投其所好,在包装上保证"无论至美国何处,皆可于杂货店购得同号同种",于是美国人对印度茶"饮之成癖",最终专爱"装于小罐中之茶味矣"。②

在资金严重缺乏的情况下,茶业从业者只能通过借取高利贷维持经营,以致在重商主义大行其道的氛围下,高利贷资本逐渐成为经济关系中最为活跃的一环。随着茶叶贸易的发展,茶叶市场上逐渐出现了经营放贷业务的外商银行。他们以较低利率贷款给洋行,洋行转贷给买办商人,买办商人再以较高利息转贷给茶商;茶商则通过压低茶叶的收购价格,把重重盘剥全部转嫁到茶农身上;茶农在如此残酷的商业高

---

① 姚贤镐编:《中国近代对外贸易史资料1840—1895》,中华书局1962年版,第三册,第1467页。
② 陶德臣:《英属印度茶业经济的崛起及其影响》,《安徽史学》2007年第3期,第5—12页、44页。

利贷剥削之下,通常处于极其悲惨的局面,落得"终岁载植辛勤,不获一饭之饱"。① 这条压榨茶农的贷款购买茶叶的商业链,不仅保证了出口商的货源,而且能使放贷者利用利率工具操纵茶叶市场、控制茶叶价格。按照茶叶市场的供求规律,在一般情况下,"息贵则办茶者少而买茶者多,利权可以独擅,故洋商以及买办诸色人等下至茶栈中之侍役,皆沾利益;息贱则办茶者多而买茶者少,利亦因之愈少"。② 就是说,如果利率上升,内地茶商负担加重,对茶叶的购买力下降,茶农则不得不降低茶叶价格,而洋商则可趁机压价从中获利;反之,如果利率下跌,内地茶商抢购茶叶,多运多贩造成茶叶积压,同样会导致茶叶降价。所以无论利率如何变动,洋商始终坐享其成,无往而不利。茶商则只能任人宰割,被迫压价出售茶叶,导致亏损倒闭,大小茶商不论资本多寡无人能够幸免于此,终使茶叶贸易衰败。

第四,茶叶利润过低也是导致出口贸易衰败的原因。中国经营茶叶贸易的散商较多,因其资本有限,但求尽快卖茶获利。这使得市场上的茶叶或制作粗糙、烟熏受潮,或气味不佳、掺杂劣茶,售价较低,严重影响茶叶利润。另外还有报告称,茶行派到产茶地区收购茶叶的人员威胁和虐待茶农,茶农便故意掺杂劣茶以泄愤,茶叶品质降低,销售价格及利润自然不会太高。洋商因深知茶叶经营者不会将茶叶留待来年再销,而以市场主人的安闲态度对待茶市,百般挑剔以使茶叶价格一跌再跌,直至最后才按低于常年20%左右的价格交易。另外,中国茶业本身存在的技术落后、运营分散、资金匮乏、信息闭塞和厘税繁重等缺陷,也决定了华茶的成本高于在资本主义大生产环境下制作的印度茶、锡兰茶等茶叶的价格。较高成本与较低利润使中国茶商在茶叶贸易中损失惨重,茶庄倒闭,茶市败坏,并且还要继续遭受损失,如此恶性循环最终导致茶叶贸易瘫痪。

一般情况下,"生产周期越短的生产事业,越能适应市场的变换,调整产销;反之,生产周期越长,则适应周期变换的能力就越低。"③茶叶生

---

① 严中平主编:《中国近代经济史 1840—1894》,经济管理出版社 2007 年版,下册,第 883—884 页。
② 严中平主编:《中国近代经济史 1840—1894》,经济管理出版社 2007 年版,下册,第 885 页。
③ 严中平主编:《中国近代经济史 1840—1894》,经济管理出版社 2007 年版,下册,第 918—919 页。

产属于后者。茶树地上部从第一次生长休止开始至营养生长和生殖生长均进入旺盛期,需要6—8年,在这期间茶农基本没有直接经济收益;只有到了茶树生长进入产茶旺盛期之后,茶农才能分年取得收益,在此期间如若遭受重大市场冲击,茶农被迫为减小损失而降低茶价,只能获取较低利润。随着市场竞争的持续恶化,茶农长期无法收回所投成本,难免陷入困境。由此可见,出口茶叶单位销售价格持续下降,又是中国茶叶出口贸易衰落的一种直观体现。

总体来说,中国茶叶生产是在以"小农经济和家庭作坊相结合"的经济条件下,即以农村农民的自然经济为主导的条件下发展起来的。茶叶商品生产的发展加剧了封建压迫的程度,同时,封建压迫又反过来加速了农民和手工业者的破产,茶叶经营者亦不能幸免。吴觉农在《中国茶业改革方准》中曾感叹:"中国茶业现状这样晦暗,失败到这步田地,一言以蔽之,无非人家能够改良,以图进步;我们只会保守……"①因此,积极整顿茶业,去弊兴利,大力引进西方近代科学技术,也已是"势所必行"了。19世纪末至20世纪初,中国茶业正是在这种改革声浪中,推进和实践了对古代或传统茶业的近代化。

三 茶业改良与振兴

19世纪末,改良茶业的呼声日渐高涨,并开始付诸行动。福州茶商率先实行机器制茶,据1897年英印《热地农学报》发表的一篇关于福州茶业的文章记载:中国机器制茶,"乃去年(1896年)忽露机倪,即从福州起点","去年送入英国者,数不甚多,约在一千五百包左右"。其中一部分茶叶是从前(似指1895年以前)用旧法制成的陈茶,大多数是1896年派人去印度学习归国后用新法加工的茶。1896年,福州茶商还在英国商人的协助下筹建并成立了"福州机器造茶公司"。据英国人非尔哈士特在1896年参观福州茶厂后所说的该厂茶机情况,就有"卷叶之机五,焙叶之机三"及"统用蒸器鼓一具"。② 温州也于同时期开始采用机器制茶,如《农学报》第二期的上海"西字报"记载:"中国招商普济

① 中国茶叶学会编:《吴觉农选集》,上海科学技术出版社1987年版,第16页。
② 陶德臣:《近代中国机器制茶业的兴起》,《农业考古》2017年第2期,第81—89页。

船,前日进吴淞口,带有温州红茶样,系用泰西机器制成者。往岁温州红茶,西人皆不喜欢,以焙制不如法也。今改用新法,色味并嘉,迥异往年。由此以观,中国若一律改用机器焙制,何患茶利不日增哉。"①除福州、温州外,汉口、祁门、台北等地也纷纷购置烘干机等设备,尝试机器制茶。

与此同时,一些主张洋务和提倡学习日本、欧美的有识之士,在派员出国调查学习、普及推广茶叶科学技术方面,也积极开展了一系列工作。光绪二十四年(1898年)《农学报》中《奏折要录》记载:"闻福州商人,至印度学习,归用机器焙制,去岁(1897年)出口四万箱,获利甚厚。"②光绪三十一年(1905年),两江总督周馥派出时任江宁(今江苏南京)盐司督理茶政盐务的道员郑世璜,以及翻译、书记、茶司、茶工等人,赴印度、锡兰考察种茶、制茶和烟土税则事宜。回国后,郑世璜向周馥和清政府农工商部呈递了《印锡种茶制茶考察暨烟土税则事宜》《改良内地茶业简易办法》等多份条陈,其中还有一份内容翔实的"印锡种茶制茶"的考察报告。报告中除了力陈中国茶业必须改革之外,对印度、锡兰的植茶历史、气候、茶厂情况、茶价、茶种、茶叶采制、茶园管理、茶叶产量、茶叶机器、装箱,一直到锡兰绿茶工艺以及机器制茶公司章程等,都逐一作了记载。③ 这份报告由清政府农工商部和川东商务局等机构多次翻印成册,广为散发,至民国时期仍有单位校勘发行。1914—1924年,民国政府先后派出朱文精、葛敬应、胡浩川、陈鉴鹏、陈序鹏等茶业界人士赴日留学并考察日本茶业发展;1935年又派出吴觉农、柯仲正赴爪哇、锡兰、印度、日本等考察茶业,以探寻中国茶业振兴路径。④ 此外,在引进和传播近代种茶、制茶技术方面,还翻译、编辑出版了光绪二十九年(1903年)康特璋的《红茶制法说明》、宣统二年(1910年)高葆真的《种茶良法》(英译本)等技术专著;印发《农学报》《时务报》《译书公会报》《湘报》等宣传、普及近代科技的报刊,这些著作和报

---

① 史念书:《清末民初我国各地茶业振兴纪实》,《农业考古》1991年第2期,第212—220、210页。
② 陶德臣:《清末中国茶叶科技的初步建立》,《中国茶叶》2011年第6期,第32—35页。
③ (清)郑世璜:《印锡种茶制茶考察报告》,引自郑培凯、朱自振主编:《中国历代茶书汇编校注本》,香港商务印书馆2007年版,第1102—1113页。
④ 权启爱:《民国时期的中国茶机及其对茶机发展的影响》,《中国茶叶》2017年第8期,第18—21页。

刊在传播西方近代茶叶科学技术方面也起到了显著作用。

清末民初,各地还纷纷设立茶叶试验场,发展茶叶科学研究,南京在此期间起到了积极的引领作用。如郑世璜率团队考察回国后,在南京建立了江南植茶公所,以钟山为总部,建茶园170亩,青龙山为分部,建桃园茶园350亩,开展植茶、制茶等茶业试验。① 紫金山麓的江南植茶公所不仅成为中国第一个茶叶试验场,而且还是全国改良之模范,带动各地纷纷设立试验场。1909年,湖北设立羊楼洞茶业示范场;1910年,江西设立宁州茶业改良公司,四川雅州成立茶业公司;1915年,农商部在祁门设立模范种植场,江西成立宁茶振植有限公司。②

图6-2 江南植茶公所遗址

与此同时,为了振兴中国茶业,发展茶务教育、培养茶业专门人才的举措陆续开展。如1898年9月,光绪帝在批准刑部主事萧文昭办学意见的奏文中,就批谕"于已开通商口岸及产丝茶省份,迅速设立茶务学堂及蚕桑公院"的御旨,只是不久"戊戌变法"失败,开办茶务学堂之

---

① 陶德臣:《江苏茶业发展述论》,《农业考古》2013年第2期,第259—266页。
② 陶德臣:《清末中国茶叶科技的初步建立》,《中国茶叶》2011年第6期,第32—35页。

事搁浅。直至1904年,在张百熙、张之洞等"重订学堂章程"的奏折中,才重提于产茶省份"设立茶务学堂"之事。① 虽然与蚕学、农务学堂相比,茶务学堂的创办时间稍晚,但近代茶务课程早在1899年湖北创办的农务学堂就已经开设。在农务学堂招生告示公布的七门课程中,明确列有"茶务""蚕茶"两门,可见茶学教育已成为当时的主要课程。至于茶业开班办学,则以1907年开办的"四川通省茶务讲习所"为最早,但其实际创立时间是1910年8月,地址在灌县,后迁至成都。继而办学的有宣统元年(1909年)创建的四川峨眉县"蚕桑茶业传习所"和湖北羊楼洞茶场附设讲习所。宣统三年(1911年)元月十一日,两江总督张人俊在"设茶务讲习所"的奏折中指出,"宁垣(南京)为南洋适中之地,拟设茶务讲习所,专收茶商子弟及与茶务有关系之地方学生",所需"开办常年经费,均有皖南茶税局拨支,学生毕业以农工商部之艺师、艺士等职分别委用。"②此后,茶务讲习所在湖南长沙、安徽休宁、云南宜良、安徽六安等地均有开设,培养了一批茶叶技术、茶业经济等方面的人才,在传播茶业科技、发展茶叶教育和科研工作上做出了积极贡献。

另外,自20世纪初始,为了提升茶叶的知名度,中国开始参加国内外举办的有关博览会及赛会。1900年,中国台湾地区出产的茶叶和日本茶一起亮相于"巴黎世界大博览会农民馆"。1904年,清政府派官员率商民参加美国圣鲁易博览会。1910年,南京召开了中国历史上第一次全国性博览会,即南洋劝业会。此次博览会由两江总督端方和江苏巡抚陈启泰于1908年11月合奏举办,江宁候补道陈琪负责具体筹办事宜,江苏著名绅商张謇、虞洽卿、李平书等参与经办,并形成了一个以南京为中心、远及东南亚的完整筹备网络。③ 博览会以"振兴全国实业、建造南京市面、补助社会教育"为宗旨,自1910年6月5日至11月29日,历时半年之久,全部赛品达百万余件,共分24部444类,规模极为盛大。④ 其中,茶业部分为茶商、制茶、出口茶检查三门,共15类⑤,展

---

① 陶德臣:《中国近现代茶学教育的诞生和发展》,《古今农业》2005年第2期,第62—67页。
② 陶德臣:《中国近现代茶学教育的诞生和发展》,《古今农业》2005年第2期,第62—67页。
③ 洪振强:《南洋劝业会与晚清社会发展》,《江苏社会科学》2007年第4期,第204—210页。
④ 马敏:《清末第一次南洋劝业会述评》,《中国社会经济史研究》1985年第4期,第73—78页。
⑤ 洪振强:《南洋劝业会与晚清社会发展》,《江苏社会科学》2007年第4期,第204—210页。

出制茶器具模型、植茶标本以及多地名茶等①。赛会评出一等奖(奏奖)66名、二等奖(超等奖)214名、三等奖(优等奖)426名、四等奖(金牌奖)1218名、五等奖(银牌奖)3345名,共5269名。② 其中,茶叶展品获8个奏奖、19个超等奖、16个优等奖、38个金牌奖和65个银牌奖。③ 江苏碧螺春茶即在此次赛会中获奖,如民国《丹徒县志》所载:"碧螺春茶,见南洋劝业会审查给奖册……宣统二年列入劝业会获金牌。"④1915年巴拿马国际博览会在美国旧金山举行,参展前各省成立了筹备赛会事务局,并由江苏省发起,专门召开了研究茶叶出品的会议,着重解决调查、制造、包装三个方面的问题。此次博览会中,江苏多种名茶获奖,包括江苏江宁陈雨耕雨前茶、宜兴戴长青(德元隆茶号)雀舌金针茶、江苏Wing Ya Gin 茶、江宁永大茶栈绿金针茶获得金质奖章;江苏忠信昌绿茶获得银质奖章。⑤

这些努力一步步缩小了中国茶业科技与国外的差距,使古代或传统茶业开始向近代方向蹒跚举步。

第二节 传统生态茶园的发展与实践

中国传统生态思想以儒、释、道为文化内核,旨在追求人与自然的和谐统一。在这一过程中,提出了一系列保护环境和尊重生命的理念。这些思想的形成受到了特定地理环境、政治状况、经济条件和思想文化等因素的影响,并在此基础上催生了精耕细作的农业生产体系。茶文化在漫长的历史发展中吸纳并融合了传统生态智慧,形成了一套专门的生态理念。这一理念在近代江苏茶园中得到完美的呈现,并对当今

---

① 朱慧颖:《博览会与茶业近代化初探——以南洋劝业会为中心》,《淮阴师范学院学报(哲学社会科学版)》2016年第6期,第771—774页、790页。
② 洪振强:《南洋劝业会与晚清社会发展》,《江苏社会科学》2007年第4期,第204—210页。
③ 朱慧颖:《博览会与茶业近代化初探——以南洋劝业会为中心》,《淮阴师范学院学报(哲学社会科学版)》2016年第6期,第771—774页、790页。
④ 朱自振编:《中国茶叶历史资料续辑》,东南大学出版社1991年版,第190页。
⑤ 陶德臣:《中国茶在巴拿马赛会声誉鹊起》,《民国春秋》1994年第3期,第46页。

生态茶园建设仍具有深远影响。

一 洞庭山茶果间作生态茶园

洞庭山位于太湖东南部,气候宜人、土壤肥沃、物产丰富,且历史悠久、文化底蕴深厚,是著名的花果之山、名茶之都和历史文化名山。洞庭山由低山、丘陵、山坞、浅坞等地貌组成,缓坡土层较厚,土壤肥沃,植被密集、保水性好。洞庭山地处北亚热带湿润性季风气候带,在太湖水体的调节作用下,呈现四季分明、水量丰沛和无霜期较长等气候特征。优越的自然条件宜于果树、茶树以及多种植物生长,如北宋文人苏舜钦在《苏州洞庭山水月禅院记》所载:"……皆以树桑栀甘柚为常产,每秋高霜余,丹苞朱实,与长松茂树相差,间于岩壑间望之,若图绘金翠之可爱。"①洞庭山的林果种类主要有杨梅、柑橘、枇杷、板栗、银杏、梅、柿、桃、枣、李、杏等;茶树品种除当地洞庭种以外,还有福鼎大白茶、迎霜、槠叶种等引进良种。② 丰富的茶果资源为洞庭山碧螺春茶产区成为我国著名茶果间作生态茶园提供了良好的资源条件。

除了优越的自然环境条件,洞庭山还拥有源远深厚的历史文化积淀。据考古发掘证明,早在旧石器时代晚期,洞庭山一带已有人类居住。春秋时为吴地盛境,史载西洞庭山消夏湾之东的明月湾是"吴王玩月处"③。在此后漫长的历史发展中,洞庭山凭借其资源优势,成为人口众多、经济发达、人文荟萃之地,由此吸引众多文人雅士踏足此地,为洞庭山留下了诗文书画等珍贵的文化遗产。范仲淹《洞庭山》诗咏:"吴山无此秀,乘暇一游之。万顷湖光里,千家橘熟时。平看月上早,远觉鸟归迟。近古谁真赏,白云应得知。"④北宋学者王得臣称:"吴松江有洞庭山,韦苏州诗、皮陆唱和所言'洞庭',及近时子美诗曰'笠泽鱼肥人脍玉,洞庭橘熟客分金',皆在吴江矣。"⑤元代书画家赵孟頫曾绘《洞庭东

---

① 曾枣庄、刘琳主编:《全宋文》卷八七八《苏舜钦五·苏州洞庭山水月禅院记》,上海辞书出版社2006年版,第85页。
② 谢燮清、章无畏等编著:《洞庭碧螺春》,上海文化出版社2009年版,第40—43页。
③ (明)王鏊撰:《姑苏志》卷三十三《古迹·明月湾》,文渊阁四库全书本。
④ (宋)范仲淹撰:《范文正集》卷四《律诗》,文渊阁四库全书本。
⑤ 周义敢、周雷编:《苏舜钦资料汇编》宋代《王得臣》,中华书局2008年版,第26页。

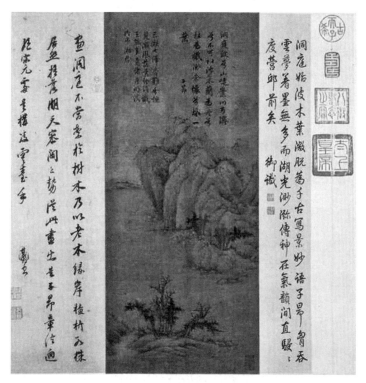

图 6-3 赵孟頫《洞庭东山图》(上海博物馆藏)

山图》来表现洞庭东山的秀美景致。这些丰富多彩的文化资源不仅是苏州茶文化遗产的重要内容,同时也为洞庭山茶果间作生态茶园平添了浓厚的文化色彩。

碧螺春产区是著名的茶果间作区。茶与其他植物间作的栽培方法早在明代即已形成,如罗廪《茶解》所载,"茶固不宜杂以恶木,唯桂、梅、辛夷、玉兰、玫瑰、苍松、翠竹与之间植,足以蔽覆霜雪,掩映秋阳。其下可植芳兰、幽菊清芳之物;最忌菜畦相逼,不免渗漉,滓厥清真。"①由此可见,茶树与林果一同栽培,彼此根脉相通,既能使茶吸林果之芬芳,又有利于改善茶园小气候环境、抑制茶园杂草生长以及为茶树遮阴避阳,从而有效提高茶叶产量和品质。

自 20 世纪 70 年代开始,洞庭山的果林中逐渐有小片条栽茶园镶嵌其间,并渐成规模,至今已发展成为我国生态茶园的典范。据调查,

---

① (明)卢之颐撰:《本草乘雅半偈》卷七《本经下品二》,四库全书本。

图6-4 洞庭山茶果间作生态茶园(邹光旗 摄)

西山重点茶区主要分布在秉常、石公堂里、东村、衙甪里、东河、缥缈村一带,东山重点茶区主要分布在莫厘、碧螺、双湾、陆巷村一带。① 洞庭山区茶树主要与枇杷、杨梅、柑橘、板栗等果树混合种植,其间作方式分别为:茶树分布于果树梯田两边,茶树分布于果园四周,茶树栽种于果树株行间,茶树栽种于果园道路旁。② 碧螺春茶也正是通过这种生态栽培方式孕育出芽叶细嫩、汤色鲜艳、香气鲜浓、滋味鲜醇的"一嫩三鲜"的优良品质。

二 钟山梅茶、桂茶间作生态茶园

钟山,汉代始名,三国时改称"蒋山",东晋改为"紫金山",位于南京市东北的中山门外,宁镇山脉西端。钟山地处北温带和亚热带之交,气候水土条件优越,林木繁茂,植物品种丰富,参天松柏和大片桂花、梅林是钟山引以为傲的自然景致。南京自六朝便有植梅、探梅、赏梅的习

---

① 谢燮清、章无畏等编著:《洞庭碧螺春》,上海文化出版社2009年版,第44—45页、18页。
② 谢燮清、章无畏等编著:《洞庭碧螺春》,上海文化出版社2009年版,第45页。

俗,已延续1500多年,且至今不衰。1958年以后,中山陵园管理处在梅花山开辟荒山,大量栽植梅花,梅花品种达200余种,为"中国四大梅园"之一。钟山桂花的栽植历史可追溯至宋代,南宋年间明庆寺后的"桂岭"已颇具规模。民国时期,桂岭、无梁殿等地大量植桂,当时的国民政府主席林森的别墅即因周围遍植桂树而名曰"桂林石屋"。中华人民共和国成立以后,灵谷寺景区大量栽植桂树,1993年更建成总面积达113.3公顷的桂花专类园,种植桂树近2万株。

图6-5 梅花山景观

1931年,为点缀环境和发展茶叶生产,钟山风景区的灵谷寺、梅花山和美龄宫一带种植茶树300余株,后于抗战期间被毁,至中华人民共和国成立以后逐渐恢复。1958年,江苏省委为纪念革命烈士,组织人员以祁门槠叶种、宜兴小叶种、鸠坑种和龙井43号等引进茶树品种研制"雨花茶",并获成功。雨花茶自问世以来,凭借其优秀品质多次获得国家和部省级优质名茶称号,是全国十大名茶之一,也是国家标准的地理标志产品,其制作技艺被列入国家级非物质文化遗产名录。

雨花茶的加工流程主要包括采摘、摊放、杀青、揉捻、整形、干燥等。雨花茶在清明前后开采,以一芽一叶初展为标准,要求芽叶嫩度均匀,长度约2—3厘米,通常500克特级雨花茶约含芽叶5万个。鲜叶采回后,需拣剔不符合标准的芽叶,然后在室温20℃左右的条件下,以2—3厘米的厚度摊放3—4小时,使鲜叶散发部分水分,促使茶多酚等生化

图 6-6 钟山梅茶间作生态茶园

成分发生轻微变化,从而消除成品茶的青涩味,增加鲜醇度。将摊放后的茶叶以"高温杀青、嫩叶老杀、老叶嫩杀、嫩而不生、老而不焦"的原则进行杀青,杀青采用"抖闷结合,以抖杀为主,适当闷杀"的方法,锅温约140—160℃,历时约5—7分钟,至叶质柔软、折梗即断、透发清香时即起锅摊凉。[1] 杀青后的芽叶需进行8—10分钟的揉捻,目的是使茶汁微出,并达到初步成条的效果。整形干燥包括理条、搓条和抓条,是形成雨花茶独特外形的关键工序。整形干燥的初始锅温为85—90℃,待茶叶稍干时降至60—65℃,待六七成干时再提高至75—85℃。[2] 在此过程中,茶叶在锅内被反复拉条、摩擦、搓紧,从而形成细紧、浑圆、光滑的外形,历时约10—15分钟。成形的雨花茶毛茶还需进行分级,并用50℃左右的文火烘焙30分钟,至足干后才为成品茶。雨花茶的品质特点是"紧、直、绿、匀",即形似松针,条索紧直浑圆,两端略尖,锋苗挺秀,茸毫隐藏,色泽墨绿,香气浓郁高雅,滋味鲜醇,汤色绿而清澈,叶底嫩匀明亮。

---

[1] 陈宗懋主编:《中国茶经》,上海文化出版社1992年版,第136—140页。
[2] 王镇恒等主编:《中国名茶志》,中国农业出版社2008年版,第56—57页。

图6-7 雨花茶炒制

如今,雨花茶产区已扩大至雨花、栖霞、浦口、江宁、江浦、六合、溧水、高淳等地,但仍以散布于灵谷寺和梅花山一带的雨花茶园最具特色。初春梅花斗艳,金秋丹桂飘香,茶树与梅林、桂林间作,既达到相依共生的效果,又展现了相映生辉的如画景致,形成了优美的梅茶共生、桂茶共生园林景观和生态旅游环境。

三 溧阳天目湖林茶间作生态茶园

溧阳位于江苏西南端,唐武德三年(620年),析溧水县东境置新溧阳县,始名"溧阳";天复三年(903年)始建溧阳城;1990年8月设溧阳市,隶属常州市管辖。拥有1100多年悠久建城历史的溧阳具有深厚的文化底蕴。

溧阳属亚热带季风区,气候温和湿润,四季分明,雨量充沛,日照充足,境内丘陵山区土壤含硒量较高,适合有机作物生长,是江苏省重点林区和干果林生产基地。溧阳下辖的天目湖镇是著名的天目湖旅游度假区所在地。天目湖区周围群山环抱,湖水清澈甘冽,动植物种类繁多,自然生态环境极为优越。凭借此环境优势,溧阳大力发展生态农业,形成了山区以桑、茶、果、林、中药材以及食草畜禽为主体,平原圩区以优质粮油、花卉、蔬菜、水产等农产品为重点的生态农业体系。据康熙《溧阳县志》记载,"邑之南多山,饶有茶、纸、梓、竹、梨、枣、柿、漆之材,其他皆平田。"[①]表明茶叶、林果自古即在溧阳山区广泛种植。1999年,溧阳引进白茶品种,并以精细的加工工艺创制出独特的名优绿茶品种——天目湖白茶。天目湖白茶凭借其色如玉霜、香气浓烈、滋味鲜醇的独特品质,以及茶氨酸含量高于普通绿茶的2倍以上,具有显著的抗辐射、抗氧化、降血脂、降血糖等保健功能而深受消费者青睐。如今,溧阳地区已经形成了较为完善的林茶间作种植模式,并建有高标准无性系良种复合生态茶园,种植茶树品种包括福鼎大白茶、安吉白茶、龙井长叶、浙农113、浙农117、黄金桂等。采用茶树与桂花、银杏、广玉兰、紫玉兰、香梅、红枫等名贵树种间作的生态种植模式,并于茶园上部套种吊瓜,茶园地表铺设干草、散养草鸡。这种方式既能起到为茶树遮掩、防霜的效果,又能有效抑制虫害发生,保证茶叶原料的优良品质。

图6-8 天目湖生态茶园

四 湖㳇阳羡茶生态茶园

湖㳇,寓意"太湖之父",位于宜兴市南部。湖㳇镇始建于春秋时期,自古即为商贾云集之地,更因"日进斗银",而有"银湖㳇"之称。至今已有1200多年建镇史的湖㳇镇是江苏著名历史文化名镇,拥有众多

[①] 吴觉农编:《中国地方志茶叶历史资料选辑》,农业出版社1990年版,第60页。

文化景观。如千年古刹磐山崇恩寺,号称"天下第一祖庭",相传为乾隆皇帝生父出家修行之地;张公福地洞灵观是道教发祥地,道教鼻祖张天师曾在此传经布道;陶祖圣境是宜兴手工制陶历史的发源地,相传也是战国时期范蠡和西施的循迹之处;此外,湖㳇还是抗金名将岳飞与金兀术大战的百合场。从古至今,众多文人墨客驻足湖㳇,创作了诸多文学艺术作品,留下了珍贵的文化资源。

湖㳇地处大山环抱之中,拥有独特的丘陵盆地和优越的自然条件,山高林密,盛产毛竹、茶叶、杨梅、银杏、板栗以及多种山珍果品,素有"竹的海洋""茶的绿洲"等美誉。"天子未尝阳羡茶,百草不敢先开花"。宜兴自六朝时期即为名茶产地,湖㳇更是阳羡茶的主要产区。自唐肃宗年间(756—761年),阳羡茶被列为贡茶,并在当地设立我国第一个官方管理的贡茶制作场所之后,湖㳇茶业的发展进入繁盛期。至今,湖㳇一带仍保留诸多古代贡焙遗迹。从盂峰山至杨岭近10公里的山坡上仍生长着大量野生茶树,阳羡茶场境内还留有成片的野生茶园。

图6-9　阳羡茶园

阳羡雪芽是以唐代阳羡茶、明代罗岕茶的历史发展脉络为传承依据,由无锡市茶研所与宜兴市林业局合作,于1984年恢复创制的炒青绿茶,被视为宜兴第三代名茶代表。其制作工艺主要有采摘、杀青、揉捻、干燥等程序。① 采摘、摊晾：谷雨前采一芽一叶初展、半展鲜叶，拣剔掉单片、鱼叶、病虫叶等不符合要求的芽叶后，以2—3厘米的厚度摊放3—4小时(阴雨天摊放4—6小时)，使鲜叶散失部分水分和青草气。高温杀青：杀青温度初为160—180℃，渐次降至100—120℃，以"先抛后闷、抛闷结合"的手法使芽叶光泽消失、叶质柔软，以便进行揉捻，约需4—5分钟。轻度揉捻：将杀青叶摊凉后，揉捻4—5分钟，使之初步成条，注意不可揉出茶汁。整形干燥：在80—85℃的温度范围内，以"边理边搓、搓理结合"的手法揉搓茶叶，目的是使其成条，并显露出茸毛，发出香气，此步骤约需25—30分钟。阳羡雪芽的品质特点为：成茶外形紧直匀细，翠绿显毫，内质香气清雅，滋味鲜醇，汤色清澈，叶底嫩匀完整。曾被农业部和商业部评为全国名茶，并在1995年荣获第二届中国农业博览会金奖。

2006年，湖㳇镇始建阳羡茶文化生态园，拓殖良种茶，并建成了卢仝草堂、贡茶坊、七碗居、茶膳坊、茗沁廊以及阳羡茶文化博物馆等一系列茶文化景点。其中，阳羡茶文化博物馆在研究、展示和推广历史名茶方面作出了许多有益尝试，如馆内设有复制唐代贡茶的贡茶坊，采用采茶、蒸茶、捣茶、拍茶、焙茶、穿茶、封茶等饼茶特有程序复原历史名茶的制作工艺。这种视觉上的直观展示不仅增强了参观内容的趣味性，而且有助于游客对传统制茶工艺的了解，感受茶文化的魅力。

五　雪浪山生态茶园

雪浪山，又名"横山"，位于无锡市以西15公里。雪浪山拥有优越的自然环境条件和悠久的人文历史资源，因此虽然不属太湖七十二峰之列，却享有"太湖第一峰"的美誉。据考古发掘证明，早在6000多年前，雪浪山周边就有先民生活，目前已发现庵基墩、洪口墩和赤马嘴三个马家浜文化遗址。雪浪山地灵人杰、人文荟萃，无锡历史上第一位状元蒋重珍就出自此地，并形成了以状元读书之地"蒋子阁"为核心的科

---

① 王镇恒、王广智主编：《中国名茶志》，中国农业出版社2008年版，第54—55页。

举系列文化景观,包括状元路、状元亭、状元桥以及无锡科举文化馆等。雪浪山下还有一处宋代古寺,名为横山寺。该寺始建于淳熙年间(1174—1189年),初名"敬福庵",明代改为"横山寺"。

雪浪山的产茶历史可追溯至宋代,清康熙年间始植杭州龙井茶苗于山顶雪浪庵,乾隆年间,雪浪山茶被刑部尚书秦惠田举荐入贡,从此本山茶成为贡茶,并且一直持续至晚清。据史料记载,"横山雪浪庵有数十株,山僧于谷雨前采之,曰本山茶,香味不减洞庭碧螺春"①。如今的雪浪山茶园是20世纪80年代以后才逐渐发展起来的,现属于雪浪山农业生态景观的一部分,其中仍保留着148株始于清代的贡茶树。茶园与周边千亩茶田相连,游人既可以登临山顶的御茶楼观景品茗,也可以置身茶园之中,亲自体验采茶、制茶、泡茶的乐趣,而且还可选择在茶艺馆中欣赏传统的茶艺表演。

六 云台山云雾茶生态茶园

云台山,古称"郁州山""苍梧山",位于连云港市东北30公里处,主峰五女峰,海拔625米,为江苏最高峰。云台山原为黄海中的岛屿,直至18世纪初期,由于海涨沙淤等因素,才与大陆相连成陆地。当地气候湿润、土壤肥沃,拥有1700余种野生植物,是江苏重要的野生植物资源库。

云台山自古即被誉为"东海第一胜境",是"海内四大灵山"之一,又因明嘉靖年间道教兴盛而有"七十一福地"之誉。位于云台山花果山的三元宫,被明神宗封为"天下名山寺院",清康熙皇帝亦亲题"遥镇洪流"匾额以示敬意。此外,历代文人墨客留于山中的游踪手迹,亦为云台山增添了珍贵的文化内涵。

凭借优越的自然和社会条件,连云港在宋代即成为我国著名茶叶产区和重要的茶叶集散地。不仅所产之茶品质优良、易于贩售,而且南方茶叶可通过连云港而销往北方的广大区域。元代以后,连云港茶园因受战乱影响而荒芜,明清时期有所恢复,鸦片战争之后彻底衰败。今

---

① (清)裴大中等修,秦缃业等纂:《无锡金匮县志》卷三十一《物产》,清光绪七年刊本,成文出版社1970年版,第529页。

天所说的云雾茶创制于清末民初。当时广东候补直隶知州宋治基联合海州士绅沈云霈等招商集股成立"树艺公司",于云台山地区栽种茶树,研制云雾茶,并一举获得南洋劝业会奖,云雾茶因此再度名声大噪。中华人民共和国成立以后,云台山茶业得到大力发展。

云雾茶的制作工艺主要包括采叶、摊放、杀青、揉捻、做形、干燥。采叶需在清明前后进行,选择一芽一叶初展芽叶为原料,经摊放、拣剔后,进行杀青、揉捻、做形。做形包括理条、搓条和抓条三个过程,成形后的云雾茶形似眉状、条索紧结浑圆、锋苗挺秀、白毫显露。云雾茶以其香高持久、滋味鲜浓、汤色绿而清澈、叶底细嫩成朵、匀整明亮的品质特征,与洞庭山碧螺春茶、南京雨花茶并列为江苏三大名茶。近年来,云台山云雾茶园已发展成为江苏较大的茶叶生产基地和自然风景区,其茶产业基地荣获"江苏省现代特色产业基地"称号。

主要参考文献

一 古代与近代文献

1. (北魏)杨衒之著,杨勇校笺:《洛阳伽蓝记校笺》,中华书局2006年版。
2. (汉)刘文典撰,冯逸、乔华点校:《淮南鸿烈集解》,中华书局1997年版。
3. (汉)司马迁撰:《史记》,中华书局2003年版。
4. (后晋)刘昫等撰:《旧唐书》,中华书局1975年版。
5. (后唐)冯贽编:《云仙散录》,中华书局,中华经典古籍库版。
6. (晋)常璩:《华阳国志》,嘉庆十九年题襟馆藏版。
7. (晋)陈寿撰,陈乃乾校点:《三国志》,中华书局1959年版。
8. (晋)干宝撰,汪绍楹校注:《搜神记》,中华书局1979年版。
9. (晋)葛洪撰,胡守为校释:《神仙传校释》,中华书局2010年版。
10. (民国)李长傅编著:《江苏省地志》,民国二十五年铅印本,成文出版社1983年版。
11. (民国)钱祥保等修,桂邦杰纂:《续修江都县志》,民国十五年刊本,成文出版社1975年版。
12. (民国)吴秀之等修,曹允源等纂:《吴县志》,民国二十二年铅字本,成文出版社1970年版。
13. (明)白胤昌著,莫丽燕、杨海娜整理,冀东审订:《容安斋苏谈》,三晋出版社2010年版。
14. (明)董其昌著:《画禅室随笔》,华东师范大学出版社2012年版。
15. (明)冯梦龙辑:《智囊补》,明积秀堂刻本。

16. (明)冯梦祯撰:《快雪堂漫录》,乾隆奇晋斋丛书本。

17. (明)高棅编纂,汪宗尼校订,葛景春、胡永杰点校:《唐诗品汇(全七册)》,中华书局 2015 年版。

18. (明)高濂著,赵立勋校注:《遵生八笺校注》,人民卫生出版社 1993 年版。

19. (明)顾璘撰:《山中集》,文渊阁四库全书本。

20. (明)顾起元撰:《客座赘语》,中华书局 1987 年版。

21. (明)黄一正辑:《事物绀珠》,明万历刻本。

22. (明)李东阳撰,周寅宾、钱振民校点:《李东阳集》,岳麓书社 2008 年版。

23. (明)李日华撰:《六研斋笔记》,礼部尚书曹秀先家藏四库本。

24. (明)李时珍撰,《本草纲目》,四库全书本。

25. (明)李诩撰,魏连科点校:《戒庵老人漫笔》,中华书局 1982 年版。

26. (明)卢之颐撰:《本草乘雅半偈》,四库全书本。

27. (明)陆粲撰:《庚巳编》,中华书局 1987 年版。

28. (明)钱穀辑:《吴都文粹续集》,文渊阁四库全书本。

29. (明)申嘉瑞修,李文纂:《(隆庆)仪真县志》,明隆庆刻本。

30. (明)沈德符撰:《万历野获编》,中华书局 1959 年版。

31. (明)沈周撰:《石田诗选》,文渊阁四库全书本。

32. (明)宋濂等撰:《元史》,中华书局 1976 年版。

33. (明)田汝成辑撰:《西湖游览志余》,上海古籍出版社 1980 年版。

34. (明)屠隆撰,秦跃宇点校:《考槃余事》,凤凰出版社 2017 年版。

35. (明)王鏊撰:《姑苏志》,文渊阁四库全书本。

36. (明)王鏊撰:《震泽集》,文渊阁四库全书本。

37. (明)王锜撰,张德信点校:《寓圃杂记》,中华书局 1984 年版。

38. (明)王士性撰,吕景琳点校:《广志绎》,中华书局 1981 年版。

39. (明)王廷相著,王孝鱼点校:《王廷相集》,中华书局 1989 年版。

40. (明)王象晋辑:《二如亭群芳谱》,明天启元年刊本。

41. (明)文洪撰:《文氏五家集》,文渊阁四库全书本。

42. (明)文震亨著:《长物志(图版)》,重庆出版社 2008 年版。

43. (明)文震亨著,陈植校注:《长物志校注》,江苏科学技术出版社 1984 年版。

44. (明)文徵明撰:《甫田集》,文渊阁四库全书本。

45. (明)吴宽撰:《家藏集》,文渊阁四库全书本。

46. (明)谢肇淛著:《五杂俎》,吴航宝树堂藏板,明刊本。

47. (明)徐光启撰,石声汉校注:《农政全书校注》,上海古籍出版社1979年版。

48. (明)徐渭撰:《徐渭集》,中华书局1983年版。

49. (明)叶子奇撰:《草木子》,中华书局1959年版。

50. (明)周晖撰,张增泰点校:《金陵琐事;续金陵琐事;二续金陵琐事》,南京出版社2007年版。

51. (南朝陈)徐陵编,(清)吴兆宜注,程琰删补,穆克宏点校:《玉台新咏笺注》,中华书局1985年版。

52. (南朝梁)沈约撰:《宋书》,中华书局2003年版。

53. (南朝梁)陶弘景编:《本草经集注(辑校本)》,人民卫生出版社1994年版。

54. (南朝梁)萧子显撰:《南齐书》,中华书局1972年版。

55. (南朝宋)范晔撰,(唐)李贤等注:《后汉书》,中华书局1965年版。

56. (南朝宋)刘义庆撰,徐震堮著:《世说新语校笺》,中华书局1984年版。

57. (南朝宋)山谦之纂:《吴兴记》,清光绪十七年刻云自在龛丛书本。

58. (清)曹袭先纂修:《句容县志》,清乾隆十五年刊本,成文出版社1974年版。

59. (清)查慎行著,王友胜校点:《苏诗补注》,凤凰出版社2013年版。

60. (清)陈𬱟纕等修,倪师孟等纂:《吴江县志》,成文出版社1975年版。

61. (清)陈作霖编:《金陵琐志》,清光绪二十六年刊本,成文出版社1970年版。

62. (清)董诰等编:《全唐文》,中华书局1983年版。

63. (清)高士钥修,五格等纂:《江都县志》,清乾隆八年刊,光绪七年重刊本,成文出版社1983年版。

64. (清)顾苓撰:《塔影园集》,华东师范大学出版社2014年版。

65. (清)顾禄撰,王迈校点:《清嘉录》,江苏古籍出版社1999年版。

66. (清)顾嗣立、席世臣编:《元诗选癸集》,中华书局2001年版。

67. (清)顾嗣立编:《元诗选·三集》,中华书局1987年版。

68. (清)顾炎武撰,(清)黄汝城集释,秦克诚点校:《日知录集释》,岳麓书社1994年版。

69. (清)顾诒禄撰:《虎丘山志》,文海出版社1975年版。

70. (清)郝懿行著,安作璋主编:《郝懿行集》,齐鲁书社2010年版。

71. (清)何文焕辑:《历代诗话》,中华书局1981年版。

72. (清)弘历制:《御制诗集》,文渊阁四库全书本。

73. (清)金友理撰:《太湖备考》,江苏古籍出版社1998年版。

74. (清)李斗著,王军评注:《扬州画舫录》,中华书局2007年版。

75. (清)李铭皖等修,冯桂芬等纂:《苏州府志》,清光绪九年刊本,成文出版社1970年版。

76. (清)厉鹗撰:《樊榭山房续集》,文渊阁四库全书本。

77. (清)刘源长辑:《茶史》,蒹葭堂藏本翻刻本。

78. (清)陆廷灿撰:《续茶经》,文渊阁四库全书本。

79. (清)穆彰阿,潘锡恩等纂修:《大清一统志》,四库全书本。

80. (清)裴大中等修,秦缃业等纂:《无锡金匮县志》,清光绪七年刊本,成文出版社1970年版。

81. (清)彭定求等编:《全唐诗》,中华书局1960年版。

82. (清)钱谦益编,许逸民、林淑敏点校:《列朝诗集》,中华书局2007年版。

83. (清)阮升基等修,宁楷等纂:《宜兴县志》,清嘉庆二年刊本,成文出版社1970年版。

84. (清)阮元校刻:《十三经注疏:清嘉庆刊本》,中华书局2009年版。

85. (清)施惠、钱志澄修,吴景墙等纂:《光绪宜兴荆溪县新志》,江苏古籍出版社1991年版。

86. (清)施润章撰:《学余堂诗集》,文渊阁四库全书本。

87. (清)孙星衍撰,陈抗、盛冬另点校:《尚书今古文注疏》,中华书局1986年版。

88. (清)唐仲冕等修,汪梅鼎等纂:《海州直隶州志》,清嘉庆十六年刊本,成文出版社1970年版。

89. (清)童岳荐著,张延年校:《调鼎集》,中国纺织出版社2006年版。

90. (清)汪灏等编:《广群芳谱》,上海书店1985年版。

91. (清)王夫之著:《王船山诗文集》,中华书局1962年版。

92.（清）王检心修，刘文淇纂：《（道光）重修仪征县志》，清光绪十六年刻本。

93.（清）王士禛著，袁世硕主编：《王士禛全集》，齐鲁书社2007年版。

94.（清）王应奎撰，王彬、严英俊点校：《柳南随笔》，中华书局1983年版。

95.（清）吴之振、（清）吕留良、（清）吴自牧选，（清）管庭芬、（清）蒋光煦补：《宋诗钞：全四册》，中华书局1986年版。

96.（清）徐珂编撰：《清稗类钞》，中华书局1986年版。

97.（清）许乔林辑：《海州文献录》，清道光二十五年刻本。

98.（清）许治修，（清）沈德潜、顾诒禄纂：《乾隆元和县志》，江苏古籍出版社1991年版。

99.（清）玄烨制：《圣祖仁皇帝御制文集》，文渊阁四库全书本。

100.（清）严可均编：《全上古三代秦汉三国六朝文》，中华书局1958年版。

101.（清）佚名：《句容县志续纂》，清光绪二十年刊本。

102.（清）尹会一、程梦星等纂修：《扬州府志》，清雍正十一年刊本，成文出版社1975年版。

103.（清）尹继善、黄之隽纂修：《江南通志》，文渊阁四库全书本。

104.（清）袁景澜撰，甘兰经、吴琴校点：《吴郡岁华纪丽》，江苏古籍出版社1998年版。

105.（清）袁枚撰：《随园食单》，清乾隆五十七年小仓山房刊本。

106.（清）张廷玉等撰：《明史》，中华书局1974年版。

107.（清）张怡撰，魏连科点校：《玉光剑气集》，中华书局2006年版。

108.（清）张英撰：《文端集》，文渊阁四库全书本。

109.（清）周中孚撰，黄曙辉、印晓峰标校：《郑堂读书记》，上海书店出版社2009年版。

110.（清）朱彬撰，饶钦农点校：《礼记训纂》，中华书局1996年版。

111.（清）朱彝尊选编：《明诗综》，中华书局2007年版。

112.（宋）蔡絛撰，冯惠民、沈锡麟点校：《铁围山丛谈》，中华书局1983年版。

113.（宋）蔡襄撰：《端明集》，四库全书本。

114.（宋）蔡正孙撰，常振国、降云点校：《诗林广记》，中华书局1982年版。

115. (宋)曾慥编纂,王汝涛等校注:《类说校注》,福建人民出版社1996年版。
116. (宋)晁补之撰:《鸡肋集》,四库全书本。
117. (宋)程俱撰,张富祥校证:《麟台故事校证》,中华书局2000年版。
118. (宋)范成大撰,陆振岳点校:《吴郡志》,江苏古籍出版社1999年版。
119. (宋)范仲淹撰:《范文正集》,文渊阁四库全书本。
120. (宋)洪适撰:《盘洲文集》,四库全书本。
121. (宋)黄庭坚撰,(宋)任渊等注,刘尚荣校点:《黄庭坚诗集注》,中华书局2003年版。
122. (宋)乐史撰,王文楚等点校:《太平寰宇记》,中华书局2007年版。
123. (宋)李昉等编:《太平广记》,中华书局1961年版。
124. (宋)李焘撰,上海师范大学古籍整理研究所、华东师范大学古籍研究所点校:《续资治通鉴长编》,中华书局2004年版。
125. (宋)李心传撰:《建炎以来系年要录》,中华书局1988年版。
126. (宋)陆游著,蒋方校注:《入蜀记校注》,湖北人民出版社2004年版。
127. (宋)陆游撰:《剑南诗稿》,四库全书本。
128. (宋)马光祖修,周应合编纂:《景定建康志》,清嘉庆六年刊本。
129. (宋)梅尧臣撰:《宛陵集》,四库全书本。
130. (宋)孟元老著:《东京梦华录(外四种)》,古典文学出版社1956年版。
131. (宋)孟元老著,姜汉椿译注:《东京梦华录全译》,贵州人民出版社2008年版。
132. (宋)欧阳修、(宋)祁撰:《新唐书》,中华书局1975年版。
133. (宋)欧阳修著,李逸安点校:《欧阳修全集》,中华书局2001年版。
134. (宋)欧阳修撰,李伟国点校:《归田录》,中华书局1981年版。
135. (宋)钱易撰,黄寿成点校:《南部新书》,中华书局2002年版。
136. (宋)强至撰:《祠部集》,四库全书本。
137. (宋)阮阅撰:《诗话总龟》,四库全书本。
138. (宋)沈括著,胡道静校证:《梦溪笔谈校证》,上海古籍出版社1987年版。
139. (宋)史能之撰:《咸淳毗陵志》,清嘉庆二十五年刊本,成文出版社1983年版。

140. (宋)司马光编著,(元)胡三省音注,标点资治通鉴小组校点:《资治通鉴》,中华书局1956年版。

141. (宋)四水潜夫辑:《武林旧事》,西湖书社1981年版。

142. (宋)苏轼撰,(明)茅维编,孔凡礼点校:《苏轼文集》,中华书局1986年版。

143. (宋)苏轼撰,(清)王文诰辑注,孔凡礼点校:《苏轼诗集》,中华书局1982年版。

144. (宋)苏辙著,陈宏天、高秀芳点校:《苏辙集》,中华书局1990年版。

145. (宋)谈钥纂:《嘉泰吴兴志》,宋嘉泰元年修,章氏读骚如斋抄本,成文出版社1984年版。

146. (宋)王谠撰,周勋初校证:《唐语林校证》,中华书局1987年版。

147. (宋)王钦若等编纂,周勋初等校订:《册府元龟》,凤凰出版社2006年版。

148. (宋)杨万里撰,辛更儒笺校:《杨万里集笺校》,中华书局2007年版。

149. (宋)姚宽撰,孔凡礼点校:《西溪丛语》,中华书局1993年版。

150. (宋)叶梦得撰,宇文绍奕考异,侯忠义点校:《石林燕语》,中华书局1984年版。

151. (宋)张邦基撰,孔凡礼点校:《墨庄漫录》,中华书局2004年版。

152. (宋)张敦颐撰,王进珊校点:《六朝事迹编类》,南京出版社1989年版。

153. (宋)张君房编,《云笈七签》,中华书局2003年版。

154. (宋)张世南撰,张茂鹏点校:《游宦纪闻》,中华书局1981年版。

155. (宋)赵佶著,沈冬梅、李涓编著:《大观茶论(外二种)》,中华书局2013年版。

156. (宋)赵明诚著,刘晓东、崔燕南点校:《金石录》,齐鲁书社2009年版。

157. (宋)赵明诚撰,金文明校证:《金石录校证》,上海书画出版社1985年版。

158. (宋)赵希鹄著,《调燮类编》,人民卫生出版社1990年版。

159. (宋)周煇撰,刘永翔校注:《清波杂志校注》,中华书局1994年版。

160. (宋)朱长文纂修:《吴郡图经续记(宋元方志丛刊)》,中华书局1990年版。

161. (宋)祝穆辑:《新编古今事文类聚》,乾隆癸未积秀堂翻刻本。

162. (宋)祝穆撰,(宋)祝洙增订,施和金点校:《方舆胜览》,中华书局2003年版。

163. (宋)庄绰撰,萧鲁阳点校:《鸡肋编》,中华书局1983年版。

164. (唐)杜牧撰,何锡光校注:《樊川文集校注(上下)》,巴蜀书社2007年版。

165. (唐)房玄龄等撰:《晋书》,中华书局1974年版。

166. (唐)封演撰,赵贞信校注:《封氏闻见记校注》,中华书局2005年版。

167. (唐)高适著,刘开扬笺注:《高适诗集编年笺注》,中华书局1981年版。

168. (唐)韩鄂原编,缪启愉校释:《四时纂要校释》,农业出版社1981年版。

169. (唐)李白撰,安旗等笺注:《李白全集编年笺注》,中华书局2015年版。

170. (唐)李延寿撰:《南史》,中华书局1975年版。

171. (唐)李肇著:《唐国史补》,上海古籍出版社1979年版。

172. (唐)陆羽著,沈冬梅编著:《茶经》,中华书局2010年版。

173. (唐)陆贽撰,王素点校:《陆贽集》,中华书局2006年版。

174. (唐)王维撰,陈铁民校注:《王维集校注》,中华书局1997年版。

175. (唐)韦应物撰,孙望校笺:《韦应物诗集系年校笺》,中华书局2002年版。

176. (唐)魏徵等撰:《隋书》,中华书局1973年版。

177. (唐)杨晔撰:《膳夫经手录》,明朱丝栏钞本。

178. (魏)王弼撰,楼宇烈校释:《周易注:附周易略例》,中华书局2011年版。

179. (元)方回选评,李庆甲集评校点:《瀛奎律髓汇评》,上海古籍出版社1986年版。

180. (元)顾瑛辑,杨镰、祁学明、张颐青整理:《草堂雅集》,中华书局2008年版。

181. (元)马端临撰,上海师范大学古籍整理研究所、华东师范大学古籍研究所点校:《文献通考》,中华书局2011年版。

182. (元)脱脱等撰:《宋史》,中华书局1977年版。

183. （元）王祯著，王毓瑚校注：《农书》，农业出版社1981年版。

184. （元）辛文房撰，周绍良笺证：《唐才子传笺证》，中华书局2010年版。

185. 曾枣庄、刘琳主编：《全宋文》，上海辞书出版社2006年版。

186. 曾枣庄主编：《宋代序跋全编》，齐鲁书社2015年版。

187. 丁传靖辑：《宋人轶事汇编》，中华书局1981年版。

188. 傅璇琮主编：《唐才子传校笺(第1册)》，中华书局2002年版。

189. 何锡光校注：《陆龟蒙全集校注》，凤凰出版社2015年版。

190. 洪本健编：《欧阳修资料汇编》，中华书局1995年版。

191. 黄仁生、罗建伦校点：《唐宋人寓湘诗文集》，岳麓书社2013年版。

192. 孔凡礼撰：《苏轼年谱》，中华书局1998年版。

193. 李之亮笺注：《欧阳修集编年笺注》，巴蜀书社2007年版。

194. 李之亮笺注：《苏轼文集编年笺注》，巴蜀书社2011年版。

195. 梁太济、包伟民著：《宋史食货志补正》，中华书局2008年版。

196. 刘学锴、余恕诚著：《李商隐文编年校注》，中华书局2002年版。

197. 逯钦立辑校：《先秦汉魏晋南北朝诗》，中华书局1983年版。

198. 马蓉等点校：《永乐大典方志辑佚》，中华书局2004年版。

199. 任国维主编：《祁寯藻集》，三晋出版社2015年版。

200. 沈冬梅、李涓编著：《大观茶论(外二种)》，中华书局2013年版。

201. 唐圭璋编：《词话丛编》，中华书局1986年版。

202. 唐圭璋编：《全宋词》，中华书局1965年版。

203. 汪圣铎点校：《宋史全文》，中华书局2016年版。

204. 王继宗校注：《永乐大典·常州府清抄本校注》，中华书局2016年版。

205. 王明著：《抱朴子内篇校释》，中华书局2002年版。

206. 王天海、王韧校释：《意林校释》，中华书局2014年版。

207. 吴觉农编：《茶经述评》，中国农业出版社1987年版。

208. 吴觉农编：《中国地方志茶叶历史资料选辑》，农业出版社1990年版。

209. 夏婧点校：《奉天录：外三种》，中华书局2014年版。

210. 谢永芳校点：《粟香随笔》，凤凰出版社2017年版。

211. 徐培均著：《秦少游年谱长编》，中华书局2002年版。

212. 杨镰主编：《全元诗》，中华书局2013年版。

213. 赵景深、张增元编:《方志著录元明清曲家传略》,中华书局1987年版。

214. 赵逵夫主编:《历代赋评注》,巴蜀书社2010年版。

215. 郑培凯、朱自振主编:《中古历代茶书汇编校注本》,商务印书馆2007年版。

216. 周义敢、周雷编:《梅尧臣资料汇编》,中华书局2007年版。

217. 周义敢、周雷编:《苏舜钦资料汇编》,中华书局2008年版。

218. 周祖譔主编:《历代文苑传笺证》,凤凰出版社2012年版。

219. 朱自振、沈冬梅、增勤编著:《中国古代茶书集成》,上海文化出版社2010年版。

220. 朱自振编:《中国茶叶历史资料续辑》,东南大学出版社1991年版。

二 现代论著

1. 陈彬藩主编:《中国茶文化经典》,光明日报出版社1999年版。
2. 陈慈玉著:《近代中国茶业之发展》,中国人民大学出版社2013年版。
3. 陈公水主编,陈公水、徐文明、张英基编著:《齐鲁古典戏曲全集》,中华书局2011年版。
4. 陈师曾著:《中国绘画史》,民主与建设出版社2017年版。
5. 陈文和主编:《嘉定王鸣盛全集》,中华书局2010年版。
6. 陈文华著:《长江流域茶文化》,湖北教育出版社2004年版。
7. 陈宗懋主编:《中国茶经》,上海文化出版社1992年版。
8. 陈宗懋主编:《中国茶叶大辞典》,中国轻工业出版社2000年版。
9. 丁以寿编著:《中国茶文化》,安徽教育出版社2011年版。
10. 冯骥才著:《符号中国・文化遗产卷・非物质》,译林出版社2008年版。
11. 葛剑雄著:《中国移民史(第二卷)》,福建人民出版社1997年版。
12. 拱北海关志编辑委员会编:《拱北关史料集》,拱北海关印刷厂1998年版。
13. 关剑平著:《茶与中国文化》,人民出版社2001年版。
14. 关剑平著:《文化传播视野下的茶文化研究》,中国农业出版社2009年版。
15. 梁嘉彬著:《广东十三行考》,广东人民出版社1999年版。

16. 廖宝秀文字撰述:《也可以清心:茶器、茶事、茶画》,台北"故宫博物院"2002年版。

17. 陆允昌编:《苏州洋关史料(1896—1945)》,南京大学出版社1988年版。

18. 逯耀东著:《肚大能容:中国饮食文化散记》,生活·读书·新知三联书店2002年版。

19. 潘春芳著:《中国陶瓷名品珍赏丛书——紫砂》,人民美术出版社1998年版。

20. 钱仲联主编:《清诗纪事》,凤凰出版社2004年版。

21. 阮浩耕:《茶馆风景》,浙江摄影出版社2003年版。

22. 沙志明著:《紫砂收藏与鉴赏》,南京出版社2009年版。

23. 沈冬梅著:《茶与宋代社会生活》,中国社会科学出版社2007年版。

24. 石涛等著:《近世以来世界茶叶市场与中国茶业》,社会科学文献出版社2020年版。

25. 苏州大学非物质文化遗产研究中心编:《东吴文化遗产(第二辑)》,生活·读书·新知三联书店2008年版。

26. 孙机著:《中国古代物质文化》,中华书局2014年版。

27. 汪敬虞主编:《中国近代经济史1895—1927》,人民出版社2000年版。

28. 汪敬虞著:《十九世纪西方资本主义对中国的经济侵略》,人民出版社1983年版。

29. 汪小洋、周欣主编:《江苏地域文化导论》,东南大学出版社2008年版。

30. 王健华主编:《你应该知道的200件宜兴紫砂》,紫禁城出版社2010年版。

31. 王景琳著:《中国古代寺院生活》,陕西人民出版社2002年版。

32. 王玲著:《中国茶文化》,九州出版社2017年版。

33. 王仁湘著:《饮食与中国文化》,人民出版社1993年版。

34. 王思明、李明主编:《江苏农业文化遗产调查研究》,中国农业科学技术出版社2011年版。

35. 王逊著:《中国美术史》,上海人民美术出版社1989年版。

36. 王镇恒、王广智主编:《中国名茶志》,中国农业出版社2008年版。

37. 夏涛主编:《制茶学》,中国农业出版社2014年版。

38. 香港艺术馆编制:《宜兴陶艺——茶具文物馆罗桂祥珍藏》,香港市政局1990年版。

39. 谢燮清、章无畏等编著:《洞庭碧螺春》,上海文化出版社2009年版。

40. 徐秀堂、山谷著:《宜兴紫砂五百年》,上海辞书出版社2009年版。

41. 薛永年、杜鹃著:《清代绘画史》,人民美术出版社2000年版。

42. 严中平主编:《中国近代经济史1840—1894》,经济管理出版社2007年版。

43. 杨江帆、李闽榕主编:《中国茶产业发展研究报告2018》,社会科学文献出版社2019年版。

44. 姚国坤、庄雪岚等编著:《茶的典故》,农业出版社1991年版。

45. 姚贤镐编:《中国近代对外贸易史资料1840—1895》,中华书局1962年版。

46. 袁正、闵庆文主编:《云南普洱古茶园与茶文化系统》,中国农业出版社2015年版。

47. 张国雄著:《长江人口发展史论》,湖北教育出版社2006年版。

48. 张友伦主编:《美国通史·第2卷:美国的独立和初步繁荣1775—1860》,人民出版社2002年版。

49. 赵荣光著:《中国饮食文化史》,上海人民出版社2006年版。

50. 中国茶叶学会编:《吴觉农选集》,上海科学技术出版社1987年版。

51. 中国国际茶文化研究会编:《小农户·高质量·现代化:"三安经验"与中国特色县域茶产业发展》,浙江人民出版社2019年版。

52. 周道振、张月尊辑校:《唐伯虎全集》,中国美术学院出版社2002年版。

53. 周一星著:《城市地理学》,商务印书馆1995年版。

54. 朱光潜著:《谈美》,中华书局2010年版。

55. 朱年著:《太湖茶俗》,苏州大学出版社2006年版。

56. 朱自振编著:《茶史初探》,中国农业出版社1996年版。

三　汉译著作

1. (荷)许里和著,李四龙、裴勇等译:《佛教征服中国》,江苏人民出版社1998年版。

2. (加)卜正民著,方骏、王秀丽等译:《纵乐的困惑:明代的商业与文化》,

生活・读书・新知三联书店 2004 年版。

3. (美)高居翰著,李渝译:《图说中国绘画史》,生活・读书・新知三联书店 2014 年版。

4. (美)罗斯著,孟驰译:《茶叶大盗:改变世界史的中国茶》,社会科学文献出版社 2015 年版。

5. (美)马士著,张汇文译:《中华帝国对外关系史》,生活・读书・新知三联书店 1957 年版。

6. (美)威廉・乌克斯著,中国茶叶研究社译:《茶叶全书》,中国茶叶研究社 1949 年版。

7. (英)格林堡著,康成译:《鸦片战争前中英通商史(中文版)》,商务印书馆 1961 年版。

8. (英)莫克塞姆著,毕小青译:《茶:嗜好、开拓与帝国》,生活・读书・新知三联书店 2009 年版。

四　期刊论文

1. 陈文华:《论中国历代的品茗艺术(续)》,《农业考古》2003 年第 2 期。
2. 陈文华:《浅谈唐代茶艺和茶道》,《农业考古》2012 年第 5 期。
3. 陈勇、黄修明:《唐代长江下游的茶叶生产与茶叶贸易》,《中国社会经济史研究》2003 年第 1 期。
4. 陈勇:《晚清时期的茶税与徽州茶叶贸易》,《合肥师范学院学报》2008 年第 4 期。
5. 陈忠平:《明清时期江南地区市场考察》,《中国经济史研究》1990 年第 2 期。
6. 程明震、曹正伟:《俗化与雅化:唐寅与仇英绘画艺术比较》,《东南文化》2003 年第 9 期。
7. 程启坤:《中国茶文化的历史与未来》,《中国茶叶》2008 年第 7 期。
8. 大同市文物陈列馆、山西云冈文物管理所:《山西省大同市元代冯道真、王青墓清理简报》,《文物》1962 年第 10 期。
9. 单强:《近代江南乡镇市场研究》,《近代史研究》1998 年第 6 期。
10. 高荣盛:《两宋时代江淮地区的水上物资转输》,《江苏社会科学》2003 年第 1 期。
11. 葛娟:《论明代文人茶饮审美取向的转变》,《连云港师范高等专科学校学报》2007 年第 3 期。

12. 耿祝芳:《江苏古茶树资源及其文化价值初探》,《农业考古》2015 年第 5 期。

13. 关剑平:《陆羽的身份认同——隐逸》,《中国农史》2014 年第 3 期。

14. 郭泮溪:《唐代饮茶习俗与中国茶文化之始》,《东南文化》1989 年第 3 期。

15. 郭松义:《清代地区经济发展的综合分类考察》,《中国社会科学院研究生院学报》1994 年第 2 期。

16. 韩金科:《唐代文化思想发展与中国茶文化的形成》,《农业考古》1995 年第 2 期。

17. 何光岳:《神农氏与原始农业——古代以农作物为氏族、国家的名称考释之一》,《农业考古》1985 年第 2 期。

18. 何璐、闵庆文、袁正:《澜沧江中下游古茶树资源、价值及农业文化遗产特征》,《资源科学》2011 年第 6 期。

19. 何鑫、杨杰:《明代茶画艺术研究》,《福建茶叶》2017 年第 3 期。

20. 洪振强:《南洋劝业会与晚清社会发展》,《江苏社会科学》2007 年第 4 期。

21. 胡小军:《清代广州茶叶外贸的兴衰及其社会影响》,华南师范大学博士学位论文,2007 年。

22. 黄纯艳:《论北宋中期的茶法变动》,《云南大学人文社会科学学报》2000 年第 2 期。

23. 黎世英:《宋代茶叶在财政上的作用》,《南昌大学学报(社会科学版)》1995 年第 2 期。

24. 黎世英:《宋代的茶叶政策史实综述》,《农业考古》1992 年第 2 期。

25. 李北人:《炎帝神农氏和他的贡献》,《民族论坛》1998 年第 1 期。

26. 李斌城:《唐人与茶》,《农业考古》1995 年第 2 期。

27. 李朝昌、邓慧群、诸葛天秋:《广西野生古茶树现状、问题及保护利用建议》,《广西农学报》2018 年第 4 期。

28. 李清泉:《宣化辽墓壁画散乐图与备茶图的礼仪功能》,《故宫博物院院刊》2005 年第 3 期。

29. 李三原:《陕西茶文化考论》,《西北大学学报(哲学社会科学版)》2012 年第 4 期。

30. 李晓:《北宋榷茶制度下官府与商人的关系》,《历史研究》1997 年第 2 期。

31. 刘春燕:《宋代的茶叶"交引"和"茶引"》,《中国经济史研究》2012 年第 1 期。

32. 刘军丽:《明代吴中文人茶画创作与艺术境界探析》,《农业考古》2012 年第 5 期。

33. 刘科伟:《城市空间影响范围划分与城市经济区问题探讨》,《西北大学学报(自然科学报)》1995 年第 2 期。

34. 刘双:《明代茶艺中的饮茶环境》,《信阳师范学院学报(哲学社会科学版)》2011 年第 2 期。

35. 路国权、蒋建荣等:《山东邹城邾国故城西岗墓地一号战国墓茶叶遗存分析》,《考古与文物》2021 年第 5 期。

36. 马敏:《清末第一次南洋劝业会述评》,《中国社会经济史研究》1985 年第 4 期。

37. 权启爱:《民国时期的中国茶机及其对茶机发展的影响》,《中国茶叶》2017 年第 8 期。

38. 沈冬梅:《论宋代北苑官焙贡茶》,《浙江社会科学》1997 年第 4 期。

39. 沈冬梅:《唐代贡茶研究》,《农业考古》2018 年第 2 期。

40. 盛丰、伭晓笛:《上海:二十世纪三十年代的中国戏曲文化中心》,《复旦学报(社会科学版)》2002 年第 3 期。

41. 史念书:《清末民初我国各地茶业振兴纪实》,《农业考古》1991 年第 2 期。

42. 孙洪升:《唐代榷茶析论》,《云南社会科学》1997 年第 3 期。

43. 孙机:《唐宋时代的茶具与酒具》,《中国历史博物馆馆刊》1982 年第 00 期。

44. 孙军辉:《唐朝政府行为对唐人饮茶习俗的影响》,《江淮论坛》2007 年第 3 期。

45. 陶德臣:《荷属印度尼西亚茶产述论》,《农业考古》1996 年第 2 期。

46. 陶德臣:《江苏茶业发展述论》,《农业考古》2013 年第 2 期。

47. 陶德臣:《近代中国机器制茶业的兴起》,《农业考古》2017 年第 2 期。

48. 陶德臣:《清末中国茶叶科技的初步建立》,《中国茶叶》2011 年第 6 期。

49. 陶德臣：《英属锡兰茶业经济的崛起及其对中国茶产业的影响与打击》，《中国社会经济史研究》2008年第4期。

50. 陶德臣：《英属印度茶业经济的崛起及其影响》，《安徽史学》2007年第3期。

51. 陶德臣：《中国茶在巴拿马赛会声誉鹊起》，《民国春秋》1994年第3期。

52. 陶德臣：《中国近现代茶学教育的诞生和发展》，《古今农业》2005年第2期。

53. 汪敬虞：《中国近代茶叶的对外贸易和茶业的现代化问题》，《近代史研究》1987年第6期。

54. 王进：《明代吴门园林雅集题材绘画与文人雅集的新变》，《美术观察》2015年第7期。

55. 韦志钢、韦灵子：《中国明代茶文化空间特性研究——以中国江南地区为例》，《中国民族博览》2018年第9期。

56. 吴春秋：《虎丘花事追溯》，《苏州杂志》2003年第2期。

57. 吴刚毅：《沈周山水绘画的风格与题材之研究》，中央美术学院博士学位论文，2002年。

58. 吴智和：《明代茶人的茶寮意匠》，《史学集刊》1993年第3期。

59. 席倩、陈玉春、孙彬妹等：《广东古茶树资源保护与利用的对策建议》，《中国茶叶》2020年第10期。

60. 夏亿冰等：《集聚与腹地——地理中心视角的空间关系刻画》，《经济地理》2014年第10期。

61. 项春松：《内蒙古赤峰市元宝山元代壁画墓》，《文物》1983年第4期。

62. 萧国亮：《清代广州行商制度研究》，《清史研究》2007年第1期。

63. 徐学书：《广都之野：上古巴蜀农业文明的中心》，《中华文化论坛》2009年第S2期。

64. 徐中舒：《巴蜀文化初论》，《四川大学学报》1959年第2期。

65. 俞为洁：《古人对饭后茶的认识——从苏轼的饭后茶经验谈起》，《农业考古》1993年第2期。

66. 张海英：《明清时期江南地区商品市场功能与社会效果分析》，《学术界》1990年第3期。

67. 张淑娴：《明代文人园林画与明代市隐心态》，《中原文物》2006年第

1期。

68. 张燕清:《略论英国东印度公司对华茶叶贸易起源》,《福建省社会主义学院学报》2004年第3期。

69. 张燕清:《英国东印度公司对华茶叶贸易方式探析》,《中国社会经济史研究》2006年第3期。

70. 章传政、丁以寿等:《徽州明代茶叶加工技术及其影响》,《中国茶叶加工》2009年第3期。

71. 赵荣光:《杭州茶文化历史地位与时代价值试论》,《农业考古》2006年第2期。

72. 仲伟民:《茶叶和鸦片在早期经济全球化中的作用——观察19世纪中国危机的一个视角》,《中国经济史研究》2009年第1期。

73. 周荔:《宋代的茶叶生产》,《历史研究》1985年第6期。

74. 朱栋霖:《明清苏州艺术论》,《艺术百家》2015年第1期。

75. 朱慧颖:《博览会与茶业近代化初探——以南洋劝业会为中心》,《淮阴师范学院学报(哲学社会科学版)》2016年第6期。

76. 朱锡坤:《重视我省茶树品种资源调查和利用》,《江苏林业科技》1983年第4期。

77. 朱自振、韩金科:《我国古代茶类生产的两次大变革(一)》,《茶业通报》2000年第4期。

78. 朱自振、韩金科:《中国自制茶机和使用化肥的始期》,《茶业通报》2001年第2期。

79. 朱自振:《关于"茶"字出于中唐的匡正》,《古今农业》1996年第2期

80. 朱自振:《太湖西部"三兴"地区茶史考略》,《农业考古》1990年第1期。

后　记

　　我读研究生时曾为导师朱自振先生录入过一份建议书,建议成立江苏省茶文化学会。手写的文稿洋洋洒洒好几页,如数家珍地列举了江苏茶文化的历史意义和建设茶文化学会的现实需要。虽然那时的我并不了解江苏的茶文化历史有多悠久,茶文化积淀有多深厚,但是老先生费心费力推动的事,我自然记忆深刻。后来继续做茶史研究,涉及的区域越来越多,积累的资料也越来越丰富,但始终也没敢聚焦江苏。因为朱先生常说:我们所在的遗产室是中国第一个开创茶史研究的机构,从万国鼎先生开始,几代人几十年的学术积累传承到现在,在茶文化界是肩负着引领重任的,所以我应该对自己有所要求。恩师谆谆教诲,即使做不到,也绝不能辜负,再说,理想总是要有的,万一实现了呢。慢慢的,"为江苏茶文化做点什么"变成了我心中的一个结,我虽一度做好了跟这个结一起退休的准备,但总会时不时想起,我还有件事没做。

　　一转眼十五六年蹉跎而过,时间真是不带任何滤镜,让我清晰地认识到,理想有时候就只能是理想。虽然令人泄气,但是承认自己能力有限,也就不再纠结去做"大贡献",反而能平心静气地做一点"小工作"。这本书的第一个作用,是为我自己解心结。至于第二个作用,或者说是我内心期望能做到的,就是为学术圈以外的茶文化爱好者提供一本参考书。茶史资料内容繁杂,历朝历代抄录引用极为常见,难免有错讹之处,虽然囫囵读过也不影响理解,但是越传越错、越错越多,也会越发让人觉得我们做茶文化的学者不够专业。所以书中所有引用的史料,我都尽量找到出处并详细注明,希望能呈现一部严谨、准确的江苏茶文化史。第三,虽然本书名为《江苏茶文化史》,但江苏茶文化并非孤立发展,因此本书将江苏茶文化放在中国茶文化的大背景下进行讨论,也可从中窥见中国茶文化的发展进程。

当然,我非史学出身,文献方面或有错漏,敬请广大读者给予批评指正。

刘馨秋
2021年9月于南京